FiNALE Prüfungstraining

Mittlerer Schulabschluss

Basiswissen

Mathematik

Eugen Bauhoff
Dieter Jeschke

westermann

Autoren
Prof. Dr. Eugen Bauhoff
Dr. Dieter Jeschke

FiNALE
Der Online-Test

Druck A³ / Jahr 2013
Alle Drucke der Serie A sind im Unterricht parallel verwendbar.

Redaktion: Dr. Heike Bütow
Kontakt: finale@westermann.de
Layout und Herstellung: Sandra Grünberg
Umschlaggestaltung: Sandra Grünberg
Zeichnungen: Peter Langner
Illustrationen: Dietmar Griese
Satz: media service schmidt, Hildesheim
Druck und Bindung: westermann druck GmbH, Braunschweig

ISBN 978-3-14-**170011**-4

Liebe Schülerin, lieber Schüler,

du weißt bereits, dass für den Erwerb des Schulabschlusses schriftliche Abschlussprüfungen im Fach Mathematik durchgeführt werden. Dir und vielen anderen Schülerinnen und Schülern wird diese Arbeit wahrscheinlich dann leichter fallen, wenn alle über ein gutes Basiswissen verfügen und das Lösen entsprechender Aufgaben ausreichend geübt haben. Einiges wird anders und ungewöhnlich gegenüber den gewohnten Klassenarbeiten sein:

- Umfang und Bearbeitungsdauer sind größer.
- Es wird Wissen benötigt, dessen Behandlung im Unterricht teilweise weit zurückliegt.
- Komplexe Aufgaben verlangen Textverständnis und die Anwendung bzw. eigenständige Entwicklung besonderer Lösungsplanungen.

Natürlich wird deine Mathematiklehrerin oder dein Mathematiklehrer bemüht sein, dich auf diese Abschlussarbeit einzustellen. Aber es ist ganz sicher hilfreich, wenn du dich darüber hinaus selbstständig vorbereitest. Die eigenen Testergebnisse beim Bearbeiten der Tests aus dem Arbeitsheft „**FiNALE**" geben Hinweise darauf, was bis zur Prüfung wiederholt und geübt werden muss. Im Zusammenhang mit dem Arbeitsheft bietet das vorliegende **Basiswissen „FiNALE"** für das selbstständige Wiederholen an:

1. **Basiswissen** zu
   - Arithmetik/Algebra
   - Funktionen
   - Geometrie
   - Stochastik
2. **Aufgabengruppen mit zwei unterschiedlichen Schwierigkeitsstufen**
   Die mit ◆ versehenen Aufgaben sind die schwierigen.
3. **Die Lösungen aller Aufgaben** sollen helfen, die eigenen Lösungen zu überprüfen. Hierbei übernimmst du eine große Verantwortung für dich. Stimmt deine Lösung einer Aufgabe mit der angegebenen Lösung nicht überein, löse diese Aufgabe noch einmal selbst. Bleiben Unstimmigkeiten, dann frage die Mathematiklehrerin bzw. den Mathematiklehrer. Das kann ein wichtiger Hinweis zur Wiederholung von Inhalten des Basiswissens sein.
4. Die **Formelsammlung** für alle Inhaltsbereiche bietet alle grundlegenden Formeln an, die du in der Schule kennengelernt hast. Die Formeln sind nicht immer nach der gesuchten Größe umgestellt. Das musst du selbst tun.
5. **Begriffe und Symbole – Größen, Umrechnungen und Zehnerpotenzen** sind auf den Umschlagseiten innen zusammengestellt. Das ist manchmal wichtig für das Erfassen der mathematischen Inhalte bzw. für das Umrechnen von Größenangaben.

Das „Basiswissen"-Team hat am Seitenrand die Inhaltsbereiche mit einer kleinen Grafik versehen, um dir als Benutzer den Zugang zu den einzelnen Inhalten zu erleichern. Das **FiNALE** „Basiswissen" ist kein Lehrbuch. Es ist eine Zusammenstellung aller grundlegenden Inhalte des Mathematikunterrichts mit Aufgaben zum Wiederholen und Üben sowie entsprechender Aufgabenlösungen. Es wurde unter Berücksichtigung der aktuellen Diskussion über Schülerleistungen am Ende der Schulausbildung sorgfältig zusammengestellt. Damit kannst du dich erfolgreich auf die Abschlussprüfung vorbereiten.

Inhaltsverzeichnis

$\frac{x+y}{2}$

Arithmetik/Algebra

Natürliche Zahlen

Stellenwerttafel

Die Zahlen 0, 1, 2, 3,... heißen **natürliche Zahlen.** Die Menge der natürlichen Zahlen wird mit $\mathbb{N}$ bezeichnet:
$\mathbb{N} = \{0, 1, 2, 3, ...\}$.

Natürliche Zahlen kann man in eine Stellenwerttafel eintragen.

Milliarden			Millionen			Tausender					
HMrd.	ZMrd.	Mrd.	HMio.	ZMio.	Mio.	HT	ZT	T	H	Z	E
					4	3	8	7	6	2	1
			7	0	2	3	5	0	8	3	2
	2	3	0	6	0	4	8	1	0	8	9
4	0	3	0	0	6	5	4	3	8	0	0

1 Schreibe die Zahlen in der Stellenwerttafel. Achte auf die Abstände zwischen den Zahlengruppen (*Beispiel:* 4 387 621).

2 Trage in eine Stellenwerttafel ein. Lies die Zahlen laut vor.
a) 7 500 325 b) 1 237 894 c) 567 040 345 d) 8 007 341 080

Zahlenstrahl

Auf dem Zahlenstrahl sind die natürlichen Zahlen der Größe nach angeordnet. Er beginnt mit 0.

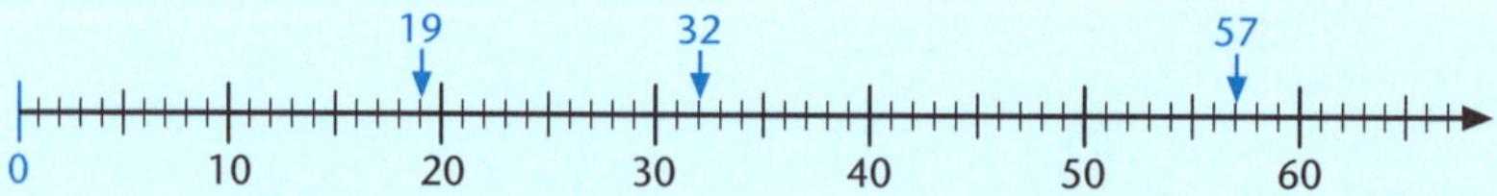

Auf dem Zahlenstrahl liegt die kleinere Zahl links von der größeren.

Beispiele: 19 < 32 57 > 32

1 Wie heißen die markierten Zahlen? Schreibe sie auf.

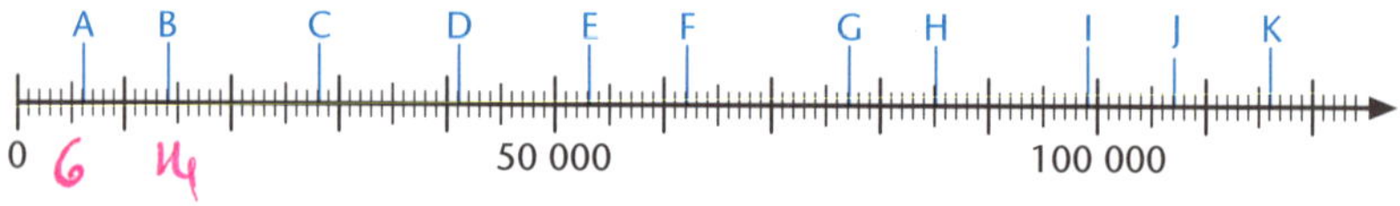

$\frac{x+y}{2}$

Runden

Zahlen müssen oft nicht genau angegeben werden. Man kann sie nach Regeln runden.
Die Ziffer nach der Rundungsstelle ist 0, 1, 2, 3 oder 4: abrunden
Die Ziffer nach der Rundungsstelle ist 5, 6, 7, 8 oder 9: aufrunden
Beispiele: 74 648 gerundet auf Zehner ist 74 650.
74 648 gerundet auf Hunderter ist 74 600.
74 648 gerundet auf Tausender ist 75 000.

1 Runde die Zahlen auf die angegebene Stelle.

a) Zehner	b) Tausender	c) Zehntausender	d) Millionen
661	19 755	23 709	163 765 413
6 117	44 600	4 321 701	67 542 800
9999	500	5 004	501 312

2 Der Reporter im Radio meldet: „In der Arena sind rund 30 000 Zuschauer." Wie viele sind es mindestens, wie viele höchstens?

Rechnen mit natürlichen Zahlen

Addition
22 + 75 = 97
Summand Summand Summe

Subtraktion
78 − 25 = 53
Minuend Subtrahend Differenz

Multiplikation
12 · 5 = 60
Faktor Faktor Produkt

Division
65 : 5 = 13
Dividend Divisor Quotient

1 Schreibe den Rechenausdruck auf und berechne.
a) Die Summe von 23 und 49.
b) Die Differenz von 89 und 34.
c) Das Produkt von 23 und 5.
d) Den Quotienten von 75 und 5.

2 a) Welche Zahl muss man zu 57 addieren, um 96 zu erhalten?
b) Durch welche Zahl muss man 156 dividieren, um 12 zu erhalten?
c) Das Produkt ist 98. Ein Faktor ist 7. Wie heißt der zweite Faktor?
d) Welche Zahl muss man von 81 subtrahieren, um 39 zu erhalten?

3 Die Differenz zweier Zahlen ist 16. Eine der Zahlen ist 27. Wie kann die andere Zahl heißen? Es gibt zwei Möglichkeiten.

$\frac{x+y}{2}$

Rechenregeln

Kommutativgesetze (Vertauschungsgesetze)
Summanden darf man vertauschen. $7 + 8 = 8 + 7$
Faktoren darf man vertauschen. $7 \cdot 8 = 8 \cdot 7$

Assoziativgesetze (Verbindungsgesetze)
In einer Summe darf man beliebig Klammern setzen oder weglassen.
$(18 + 4) + 6 = 18 + (4 + 6) = 18 + 4 + 6$
In einem Produkt darf man beliebig Klammern setzen oder weglassen.
$(3 \cdot 4) \cdot 5 = 3 \cdot (4 \cdot 5) = 3 \cdot 4 \cdot 5$

Distributivgesetze (Verteilungsgesetze)
Summen und Differenzen darf man gliedweise multiplizieren und dividieren. $(10 + 3) \cdot 6 = 10 \cdot 6 + 3 \cdot 6$ $(10 - 4) : 2 = 10 : 2 - 4 : 2$

Man vereinbart:
Punktrechnung geht vor Strichrechnung. $72 : 8 - 2 \cdot 3 = 9 - 6 = 3$
Was in Klammern steht, wird zuerst berechnet. $56 : (12 - 5) = 56 : 7 = 8$

1 Rechne geschickt. Wende die Rechenregeln an.

a) $67 + 76 + 33$
b) $52 + 86 + 48$
c) $78 + 67 + 22$
d) $97 + 76 - 87$
e) $67 - 23 + 53$
f) $5 \cdot 17 \cdot 2$
g) $20 \cdot 73 \cdot 5$
h) $25 \cdot 63 \cdot 4$
i) $4 \cdot 38 \cdot 25$
j) $50 \cdot 76 \cdot 20$
k) $25 \cdot 7 : 5$
l) $22 \cdot 13 : 11$
m) $45 \cdot 28 : 9$
n) $63 \cdot 4 : 7$
o) $36 \cdot 7 : 9$

TIPP: Durch Ausklammern wird die Rechnung manchmal einfacher.
$317 \cdot 9 - 117 \cdot 9 = (317 - 117) \cdot 9$ $651 : 7 + 49 : 7 = (651 + 49) : 7$

2
a) $4 \cdot 89 + 4 \cdot 11$
b) $6 \cdot 13 + 6 \cdot 37$
c) $8 \cdot 29 + 8 \cdot 41$
d) $7 \cdot 84 + 7 \cdot 16$
e) $8 \cdot 24 + 8 \cdot 76$
f) $9 \cdot 56 - 9 \cdot 16$
g) $7 \cdot 83 - 7 \cdot 63$
h) $73 \cdot 8 - 43 \cdot 8$
i) $57 \cdot 7 - 27 \cdot 7$
j) $69 \cdot 6 - 29 \cdot 6$
k) $192 : 8 - 32 : 8$
l) $25 : 25 + 475 : 25$
m) $539 : 7 - 49 : 7$
n) $625 : 5 - 125 : 5$
o) $348 : 4 + 52 : 4$

3 Beachte die Rechenregeln. Vergleiche die Ergebnisse.

a) $70 \cdot 30 + 50$
b) $70 \cdot (30 + 50)$
c) $(70 \cdot 30) + 50$
d) $390 - 40 \cdot 6$
e) $390 - (40 \cdot 6)$
f) $(390 - 40) \cdot 6$
g) $60 + 80 : 40 - 20$
h) $(60 + 80) : (40 - 20)$
i) $60 + 80 : (40 - 20)$

Schriftliches Addieren und Subtrahieren

Rechne von rechts nach links. Achte auf Überträge.

Aufgabe:	1053 + 372	*Aufgabe:*	704 – 286
Überschlag:	1100 + 400 = 1500	*Überschlag:*	700 – 300 = 400
Rechnung:	1053 + 372 1 1425	*Rechnung:*	704 – 286 1 1 418

1

a)	b)	c)	d)	e)
26 650	368 707	56 254	27 368	520 673
+ 38 849	+ 68 568	– 18 168	– 8 679	– 8 083

2

a)	b)	c)	d)	e)
6206	768	483 607	210 075	344 089
+ 4384	+ 2458	+ 241 146	– 149	– 200 798
+ 1776	+ 496	+ 22 764	– 187 659	– 112 073

3 Überschlage zuerst, dann rechne genau.

a) 37 889 + 5068 + 13 290 b) 678 452 – 4560 – 215 307

4 Zu einem Handballspiel kommen 6371 Zuschauer. Die Sporthalle hat drei Eingänge. Durch Eingang A kommen 1897 Personen, durch Eingang B 2036 Personen. Wie viele Personen kommen durch Eingang C in die Halle?

5 Immer zwei Aufgaben haben das gleiche Ergebnis. Du findest die Aufgaben durch Überschlagen. Wie heißen die Ergebnisse?

a)
1685 + 3275
1864 + 2276
2896 + 1244
2458 + 1362
995 + 2825
3689 + 1271

b)
2115 – 1317
7138 – 5217
6690 – 5892
2610 – 689
3897 – 2432
4798 – 3333

6 Alle Aufgaben haben das gleiche Ergebnis. Es steht im farbigen Kästchen. Schreibe die vollständigen Aufgaben auf.

a)	b)	c)	d)
13 805	43 208	133 544	344 221
12 493 + ☐	21 760 + ☐	☐ – 87 869	☐ + 67 545
☐ + 7709	☐ – 7432	56 314 + ☐	500 326 – ☐
34 754 – ☐	52 006 – ☐	214 500 – ☐	178 543 + ☐

$\frac{x+y}{2}$

Schriftliches Multiplizieren und Dividieren

Aufgabe:	417 · 76	*Aufgabe:*	518 : 7
Überschlag:	400 · 80 = 32 000	*Überschlag:*	490 : 7 = 70
Rechnung:	417 · 76	*Rechnung:*	518 : 7 = 74
	29190		49
	2502		28
	31692		28
			0

1 a) 432 · 7; 657 · 8; 808 · 7 b) 876 · 78; 572 · 90; 667 · 17 c) 6506 · 89; 4312 · 31; 8097 · 52 d) 589 · 704; 794 · 500; 631 · 280 e) 871 · 569; 711 · 814; 127 · 561

2 Eine Fabrik liefert 765 Kühlschränke an einen Großhändler zum Preis von 138 € pro Gerät. Wie viel Euro kostet die Lieferung?

3 Hier wurden drei Aufgaben falsch gerechnet. Du findest sie durch Überschlagen. Rechne diese Aufgaben.
a) 7120 : 8 = 89 c) 9282 : 42 = 21 e) 8106 : 21 = 386
b) 3750 : 6 = 625 d) 8372 : 14 = 598 f) 5795 : 19 = 35

4 Durch den Verkauf von 7 gleichen Computermonitoren nimmt ein Fachhändler 1876 € ein. Wie teuer ist ein Monitor?

5 a) 1470 : 6; 2608 : 8; 1134 : 9 b) 1736 : 7; 1456 : 4; 2148 : 3 c) 5984 : 11; 2472 : 12; 8211 : 21 d) 32 220 : 90; 35 770 : 70; 14 600 : 40 e) 16 371 : 51; 11 895 : 39; 19 602 : 22

6 Bei einigen dieser Aufgaben bleibt ein Rest.
a) 412 : 39 b) 5217 : 41 c) 1239 : 59 d) 5632 : 21 e) 2002 : 91

7 Immer zwei Aufgaben haben das gleiche Ergebnis. Du findest die Aufgaben durch Überschlagen. Wie heißen die Ergebnisse?

a)
22 · 63
1053 · 782
918 · 897
56 · 45
208 · 77
72 · 35
143 · 112
77 · 18

b)
3672 : 51
1448 : 4
5832 : 81
2534 : 7
6756 : 12
2079 : 11
7938 : 42
16 327 : 29

Vielfache

2, 4, 6, 8, ... sind **Vielfache** von 2. Man nennt $V_2 = \{2, 4, 6, 8, ...\}$ die **Vielfachenmenge** von 2.

Die gemeinsamen Vielfachen von 4 und 6 sind die Zahlen, die zu $V_4 = \{4, 8, 12, ...\}$ *und* $V_6 = \{6, 12, 18, ...\}$ gehören.
Das **kleinste gemeinsame Vielfache** von 4 und 6 ist demnach 12.

1 Schreibe für jede Zahl die ersten 10 Vielfachen auf. Unterstreiche die gemeinsamen Vielfachen.
a) 2 und 6 b) 6 und 10 c) 8 und 3 d) 15 und 25

2 Wie heißt das kleinste gemeinsame Vielfache?
a) 4 und 10 b) 6 und 12 c) 8 und 20 d) 24 und 16

3 Um 6 Uhr fahren vom Rathausplatz eine Straßenbahn und ein Bus ab. Die Busse fahren im Abstand von 15 Minuten, die Straßenbahnen im Abstand von 6 Minuten. Nach wie viel Minuten fahren zum ersten Mal wieder ein Bus und eine Straßenbahn gleichzeitig ab?

Teiler

1, 2, 3, 5, 6, 10, 15, 30 sind die **Teiler** von 30. Wenn man 30 durch diese Zahlen teilt, bleibt kein Rest. Man nennt
$T_{30} = \{1, 2, 3, 5, 6, 10, 15, 30\}$ die **Teilermenge** von 30.

Die gemeinsamen Teiler von 30 und 12 sind die Zahlen, die zu $T_{30} = \{1, 2, 3, 5, 6, 10, 15, 30\}$ *und* $T_{12} = \{1, 2, 3, 4, 6, 12\}$ gehören.
Der **größte gemeinsame Teiler** von 30 und 12 ist demnach 6.

1 Wie heißen die Teiler von: a) 8 b) 15 c) 24 d) 36 e) 90?

2 Schreibe für jede der beiden Zahlen die Teiler auf. Unterstreiche den größten gemeinsamen Teiler.
a) 12 und 15 b) 18 und 24 c) 4 und 15 d) 64 und 40

3 Eine rechteckige Fläche ist 2,10 m lang und 1,80 m breit. Sie soll mit quadratischen Fliesen belegt werden. Der Baustoffhändler hat Fliesen mit den Seitenlängen 5 cm, 10 cm, 20 cm, 30 cm vorrätig.
Welche Fliesen können ohne Verschnitt verlegt werden?

Teilbarkeitsregeln

Eine Zahl ist genau dann **durch 2 teilbar,** wenn ihre Endziffer eine 0, 2, 4, 6 oder 8 ist.
Eine Zahl ist genau dann **durch 5 teilbar,** wenn ihre Endziffer eine 0 oder 5 ist.
Eine Zahl ist genau dann **durch 4 teilbar,** wenn die letzten beiden Ziffern eine durch 4 teilbare Zahl bilden.
Eine Zahl ist genau dann **durch 8 teilbar,** wenn die letzten drei Ziffern eine durch 8 teilbare Zahl bilden.

Beispiel: 53 976 — 4 teilt 76, also ist 53 976 durch 4 teilbar.
8 teilt 976, also ist 53 976 durch 8 teilbar.

Eine Zahl ist genau dann **durch 3 oder durch 9 teilbar,** wenn ihre Quersumme durch 3 oder durch 9 teilbar ist.

Beispiel: 78 525 hat die Quersumme $7 + 8 + 5 + 2 + 5 = 27$, also ist 78 525 durch 3 teilbar und durch 9 teilbar.

1 Welche der Zahlen sind durch 2 teilbar, welche durch 4?
a) 425; 336; 432; 756 b) 128; 785; 930; 12 012

2 Setze eine Ziffer ein, sodass die entstehende Zahl durch 4 teilbar wird. Es gibt immer mehrere Möglichkeiten.
a) 21□ b) 32□ c) 3□6 d) 25□8 e) 96□4

3 Welche der Zahlen sind durch 3 teilbar, welche durch 9?
a) 175; 189; 268; 963 b) 3264; 7138; 17 524

◆ **4** Setze eine Ziffer ein, sodass die entstehende Zahl durch 9 teilbar wird.
a) 32□5 b) 4□42 c) 703□ d) □0334 e) 5□266

◆ **5** Welche Ziffer kannst du einsetzen, damit die Zahl durch 6 teilbar wird?
a) 5□ b) 8□ c) 3□4 d) 20□2 e) 999□

Alle natürlichen Zahlen größer als 1, die nur durch 1 und sich selbst teilbar sind, heißen **Primzahlen.**
Primzahlen: 2, 3, 5, 11, 31, … Keine Primzahlen: 1, 4, 6, 63, …

1 Schreibe alle Primzahlen auf zwischen
a) 30 und 40 b) 50 und 70 c) 70 und 100

Brüche

Darstellen von Brüchen

ein Ganzes

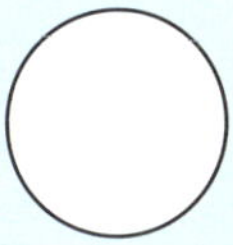

acht gleiche Teile

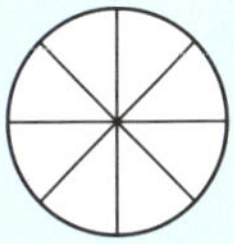

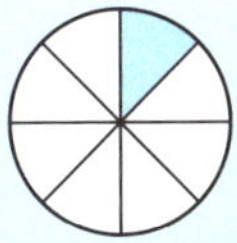

Ein Teil davon ist ein Achtel des Ganzen.

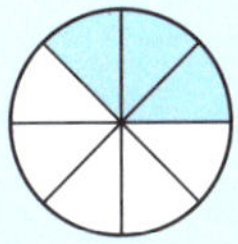

Drei Teile davon sind drei Achtel des Ganzen.

$\frac{3}{8}$ — 3: Zähler, Strich: Bruchstrich, 8: Nenner

Der **Nenner** gibt an, in wie viele gleiche Teile das Ganze zerlegt wird. Der **Zähler** gibt an, wie viele Teile genommen werden.

1 Jede Figur ist ein Ganzes. Welcher Bruchteil des Ganzen ist eingefärbt, welcher ist weiß?

a) 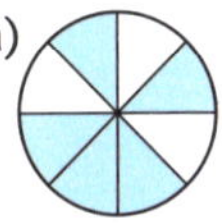

b) 

c) 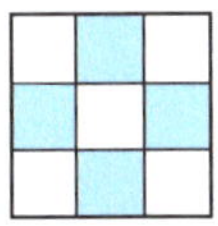

d) 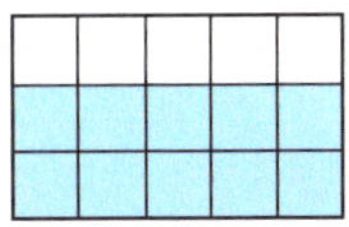

e) 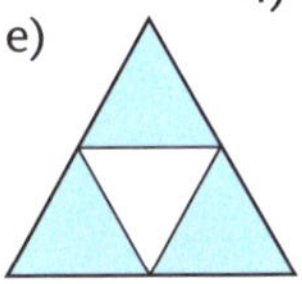

f) 

g) 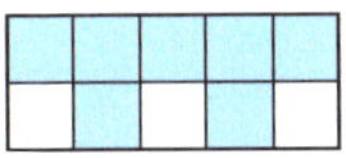

h) 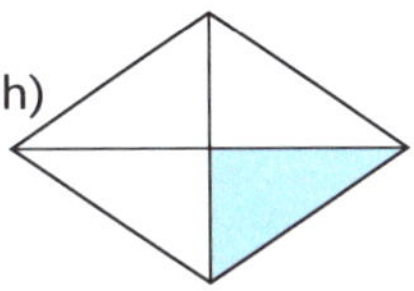

i) 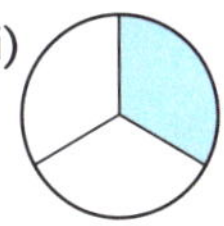

2 Zeichne als Ganzes auf Karopapier ein Rechteck mit a = 6 cm und b = 4 cm. Dann färbe den angegebenen Bruchteil des Ganzen ein.

a) $\frac{1}{2}$ b) $\frac{3}{4}$ c) $\frac{2}{3}$ d) $\frac{5}{6}$ e) $\frac{11}{12}$ f) $\frac{7}{12}$

3 Zeichne einen Streifen mit 20 Karos in dein Heft. Färbe den angegebenen Bruchteil ein.

a) $\frac{1}{2}$ b) $\frac{2}{5}$ c) $\frac{3}{4}$ d) $\frac{7}{10}$ e) $\frac{4}{5}$ f) $\frac{9}{20}$

4 Bestimme die Bruchteile.

a) $\frac{1}{4}$ von 12 b) $\frac{1}{3}$ von 15 c) $\frac{1}{8}$ von 32 d) $\frac{1}{5}$ von 20 e) $\frac{1}{6}$ von 30

$\frac{3}{4}$ von 12 $\frac{2}{3}$ von 15 $\frac{5}{8}$ von 32 $\frac{3}{5}$ von 20 $\frac{3}{6}$ von 30

$\frac{x+y}{2}$

5 Welcher Bruchteil ist es?

a) 4 von 12; 5 von 30
b) 6 von 48; 7 von 28
c) 8 von 40; 8 von 72
d) 10 von 15; 9 von 12
e) 10 von 18; 20 von 25

Erweitern und Kürzen

Ein Bruch wird **erweitert**, indem man Zähler und Nenner mit derselben Zahl (außer 0) multipliziert. Die Größe des Bruchteils bleibt dabei gleich.

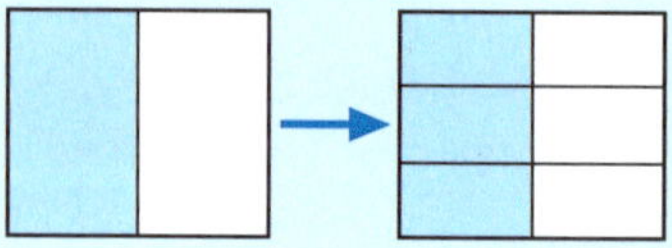

$\frac{1}{2} \overset{\cdot 3}{=} \frac{1 \cdot 3}{2 \cdot 3} = \frac{3}{6}$

Ein Bruch wird **gekürzt**, indem man Zähler und Nenner durch dieselbe Zahl (außer 0) dividiert. Die Größe des Bruchteils bleibt dabei gleich.

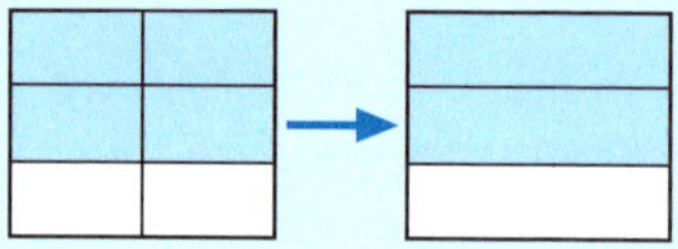

$\frac{4}{6} \overset{:2}{=} \frac{4 : 2}{6 : 2} = \frac{2}{3}$

1 Erweitere die Brüche a) mit 2 b) mit 3 c) mit 5.
$\frac{1}{2}$; $\frac{2}{3}$; $\frac{3}{4}$; $\frac{4}{5}$; $\frac{5}{8}$; $\frac{2}{9}$; $\frac{3}{7}$; $\frac{1}{15}$

2 Erweitere auf den Nenner 24. a) $\frac{1}{3}$; $\frac{2}{3}$; $\frac{3}{4}$; $\frac{5}{8}$ b) $\frac{1}{6}$; $\frac{3}{8}$; $\frac{1}{4}$; $\frac{5}{6}$

3 Wie heißt die fehlende Zahl?

a) $\frac{1}{4} = \frac{5}{\square}$
b) $\frac{4}{5} = \frac{12}{\square}$
c) $\frac{4}{3} = \frac{16}{\square}$
d) $\frac{6}{8} = \frac{18}{\square}$
e) $\frac{1}{2} = \frac{\square}{4}$
f) $\frac{2}{3} = \frac{\square}{6}$
g) $\frac{3}{4} = \frac{\square}{8}$
h) $\frac{5}{6} = \frac{\square}{12}$

4 Die Tischtennis-Abteilung eines Sportvereins hat 48 Mitglieder. Darunter sind 30 Jugendliche. Wie groß ist ihr Anteil?

5 Kürze durch 2. a) $\frac{4}{8}$; $\frac{6}{10}$; $\frac{2}{6}$; $\frac{8}{14}$ b) $\frac{8}{20}$; $\frac{6}{8}$; $\frac{10}{50}$; $\frac{12}{24}$

6 Kürze durch 5. a) $\frac{10}{15}$; $\frac{5}{10}$; $\frac{20}{25}$; $\frac{15}{20}$ b) $\frac{25}{40}$; $\frac{20}{40}$; $\frac{50}{55}$; $\frac{15}{35}$

7 Kürze so weit wie möglich.
a) $\frac{18}{30}$; $\frac{36}{40}$; $\frac{6}{9}$; $\frac{8}{64}$; $\frac{9}{72}$ b) $\frac{15}{36}$; $\frac{20}{100}$; $\frac{64}{80}$; $\frac{16}{24}$; $\frac{18}{54}$

8 Wie heißt die fehlende Zahl?

a) $\frac{6}{8} = \frac{3}{\square}$
b) $\frac{16}{20} = \frac{\square}{5}$
c) $\frac{15}{30} = \frac{1}{\square}$
d) $\frac{9}{24} = \frac{3}{\square}$
e) $\frac{8}{12} = \frac{\square}{3}$
f) $\frac{12}{60} = \frac{\square}{5}$
g) $\frac{10}{100} = \frac{\square}{10}$
h) $\frac{4}{32} = \frac{\square}{8}$

Vergleichen und Ordnen

Brüche kann man am Zahlenstrahl darstellen.

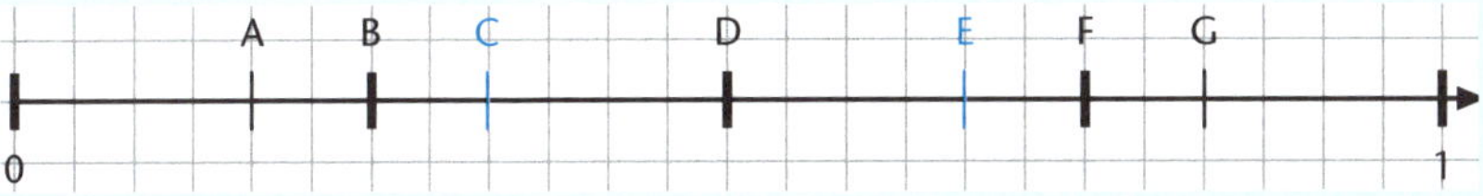

1 Welche Brüche sind am Zahlenstrahl dargestellt?

2 Vergleiche mithilfe der Darstellung. Setze ein: <, > oder =.

a) $\frac{1}{3} \square \frac{1}{4}$ b) $\frac{2}{3} \square \frac{6}{12}$ c) $\frac{3}{4} \square \frac{2}{3}$ d) $\frac{1}{4} \square \frac{1}{6}$ e) $\frac{3}{4} \square \frac{5}{6}$

Brüche mit gleichem Nenner kann man vergleichen. Solche Brüche heißen **gleichnamig.** $\frac{3}{25} < \frac{7}{25}$; $\frac{7}{8} > \frac{6}{8}$

Durch Erweitern und Kürzen kann man Brüche gleichnamig machen.

Beispiel: $\frac{5}{6}$ und $\frac{7}{8}$ gemeinsamer Nenner: 24 $\frac{5}{6} = \frac{20}{24}$ $\frac{7}{8} = \frac{21}{24}$

Es gilt auch: $\frac{5}{6} < \frac{7}{8}$, denn $5 \cdot 8 < 6 \cdot 7$, denn $40 < 42$

1 Vergleiche die Brüche. Setze ein: <, > oder =.

a) $\frac{2}{3} \square \frac{4}{9}$ b) $\frac{4}{7} \square \frac{12}{21}$ c) $\frac{2}{3} \square \frac{3}{5}$ d) $\frac{4}{5} \square \frac{3}{4}$ e) $\frac{5}{8} \square \frac{7}{12}$

2 Mache gleichnamig. Ordne nach der Größe, der kleinste Bruch zuerst.

a) $\frac{1}{2}$; $\frac{11}{20}$; $\frac{3}{4}$; $\frac{3}{5}$; $\frac{1}{5}$; $\frac{7}{10}$ b) $\frac{7}{10}$; $\frac{3}{50}$; $\frac{5}{20}$; $\frac{3}{5}$; $\frac{1}{4}$; $\frac{7}{20}$

Gemischte Zahlen

Ein Bruch, der größer als 1 ist, kann als **gemischte Zahl** geschrieben werden.

$1\frac{3}{4}$ bedeutet $1 + \frac{3}{4}$ $1\frac{3}{4} = \frac{4}{4} + \frac{3}{4} = \frac{7}{4}$

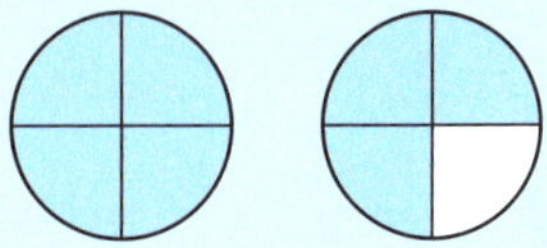

1 Schreibe als Bruch.   a) $1\frac{3}{5}$; $1\frac{2}{3}$; $3\frac{1}{4}$ b) $5\frac{1}{2}$; $2\frac{3}{10}$; $1\frac{7}{8}$

2 Schreibe als gemischte Zahl.   a) $\frac{7}{5}$; $\frac{12}{5}$; $\frac{13}{4}$ b) $\frac{12}{3}$; $\frac{41}{4}$; $\frac{29}{6}$

3 Vergleiche und setze ein: <, > oder =.

a) $2\frac{1}{2} \square 2\frac{1}{3}$ b) $\frac{15}{4} \square \frac{12}{5}$ c) $1\frac{2}{5} \square \frac{8}{5}$ d) $4\frac{3}{5} \square \frac{23}{5}$

$\frac{x+y}{2}$

Addieren und Subtrahieren von Brüchen

Brüche mit gleichem Nenner werden addiert (subtrahiert), indem man die Zähler addiert (subtrahiert) und den Nenner beibehält.

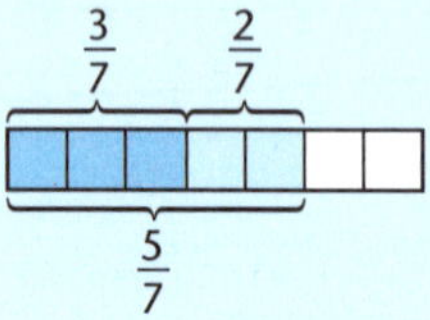

$\frac{3}{7} + \frac{2}{7} = \frac{5}{7}$

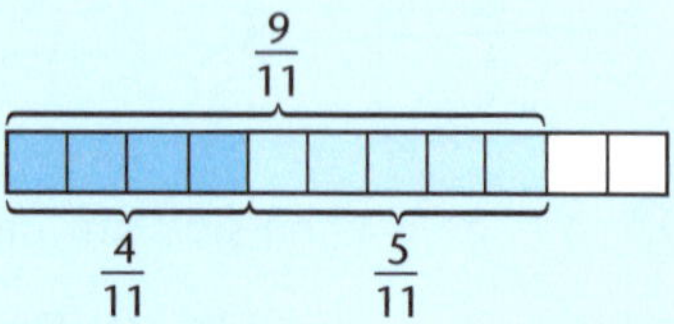

$\frac{9}{11} - \frac{5}{11} = \frac{4}{11}$

Brüche mit verschiedenen Nennern macht man zuerst gleichnamig.

Beispiele: $\frac{1}{2} + \frac{2}{5} =$ $\qquad$ $\frac{3}{4} - \frac{1}{6} =$

gemeinsamer Nenner: 10 $\qquad$ gemeinsamer Nenner: 12

$\frac{1}{2} + \frac{2}{5} = \frac{1 \cdot 5}{2 \cdot 5} + \frac{2 \cdot 2}{5 \cdot 2} = \frac{5}{10} + \frac{4}{10} = \frac{9}{10}$ $\qquad$ $\frac{3}{4} - \frac{1}{6} = \frac{3 \cdot 3}{4 \cdot 3} - \frac{1 \cdot 2}{6 \cdot 2} = \frac{9}{12} - \frac{2}{12} = \frac{7}{12}$

1 a) $\frac{2}{7} + \frac{4}{7}$ b) $\frac{1}{8} + \frac{3}{8}$ c) $\frac{4}{15} + \frac{1}{15}$ d) $\frac{6}{7} - \frac{2}{7}$ e) $\frac{7}{10} - \frac{3}{10}$

2 Schreibe das Ergebnis als gemischte Zahl.
a) $\frac{3}{8} + \frac{7}{8}$ b) $\frac{5}{7} + \frac{3}{7}$ c) $\frac{7}{15} + \frac{14}{15}$ d) $\frac{9}{20} + \frac{17}{20}$ e) $\frac{5}{12} + \frac{7}{12}$

3 a) $\frac{4}{9} + \frac{1}{2}$ b) $\frac{3}{11} + \frac{2}{3}$ c) $\frac{2}{3} - \frac{1}{5}$ d) $\frac{3}{4} - \frac{1}{11}$ e) $\frac{5}{7} - \frac{1}{6}$
$\frac{1}{6} + \frac{4}{7}$ $\quad$ $\frac{3}{4} + \frac{1}{5}$ $\quad$ $\frac{3}{4} - \frac{1}{3}$ $\quad$ $\frac{9}{10} - \frac{1}{3}$ $\quad$ $\frac{3}{4} - \frac{1}{6}$

4 a) $3\frac{4}{9} + 2\frac{1}{9}$ b) $1\frac{3}{4} + 2\frac{1}{6}$ c) $4\frac{4}{5} - 3\frac{3}{5}$ d) $3\frac{2}{3} - 1\frac{1}{2}$ e) $4\frac{1}{6} - 2\frac{1}{2}$
$4\frac{1}{3} + 2\frac{1}{3}$ $\quad$ $2\frac{1}{2} + 1\frac{5}{6}$ $\quad$ $1\frac{5}{7} - 1\frac{1}{7}$ $\quad$ $4\frac{3}{4} - 2\frac{1}{6}$ $\quad$ $5\frac{1}{4} - 2\frac{2}{3}$

◆ **5** a) $\frac{1}{3} + \frac{1}{2} + \frac{1}{6}$ b) $\frac{7}{8} - \frac{1}{2} - \frac{1}{4}$ c) $\frac{11}{12} - \frac{1}{3} - \frac{1}{4}$ d) $\frac{1}{2} + \frac{3}{4} + \frac{2}{3}$
$\frac{1}{3} + \frac{1}{15} + \frac{1}{5}$ $\quad$ $\frac{11}{20} - \frac{1}{4} - \frac{1}{5}$ $\quad$ $\frac{19}{15} - \frac{2}{3} - \frac{1}{5}$ $\quad$ $\frac{5}{6} + \frac{3}{4} + \frac{1}{2}$

6 Von einer Umgehungsstraße wurden im letzten Jahr schon $2\frac{1}{2}$ km fertiggestellt. Jetzt fehlen noch $1\frac{3}{4}$ km. Wie lang wird die Umgehungsstraße?

7 Ein Lkw wiegt leer $1\frac{1}{2}$ t. Das zulässige Gesamtgewicht beträgt $3\frac{1}{4}$ t. Darf ein Stahlträger, der $1\frac{7}{10}$ t wiegt, mit dem Lkw transportiert werden?

Multiplizieren von Brüchen

Brüche werden **multipliziert**, indem man Zähler mit Zähler und Nenner mit Nenner multipliziert.

Beispiele:

$\frac{3}{5} \cdot \frac{3}{4} = \frac{3 \cdot 3}{5 \cdot 4} = \frac{9}{20}$

$\frac{3}{4} \cdot \frac{5}{6} = \frac{\cancel{3}^{1} \cdot 5}{4 \cdot \cancel{6}_{2}} = \frac{5}{8}$

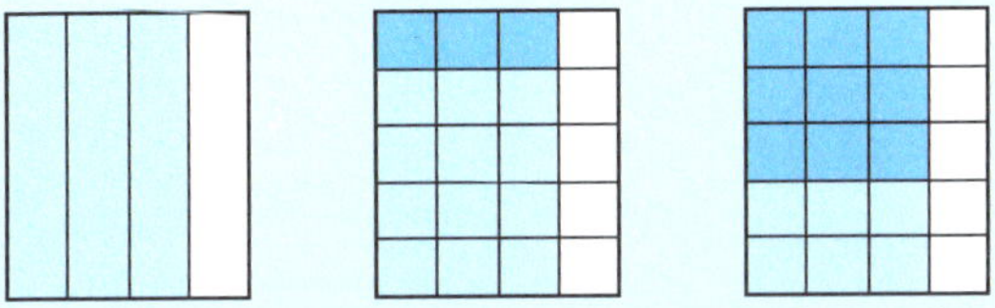

$\frac{3}{4}$ $\qquad$ $\frac{1}{5}$ von $\frac{3}{4}$ $\qquad$ $\frac{3}{5}$ von $\frac{3}{4}$

1 a) $\frac{1}{2} \cdot \frac{1}{5}$ b) $\frac{2}{3} \cdot \frac{5}{7}$ c) $\frac{4}{5} \cdot \frac{3}{4}$ d) $\frac{5}{7} \cdot \frac{7}{10}$ e) $\frac{8}{10} \cdot \frac{5}{12}$

2 Schreibe die gemischten Zahlen als Brüche, rechne dann.

a) $\frac{1}{4} \cdot 2\frac{1}{3}$ b) $2\frac{4}{5} \cdot \frac{3}{7}$ c) $\frac{1}{2} \cdot 7$ d) $5\frac{1}{3} \cdot 4\frac{1}{2}$ e) $2\frac{5}{8} \cdot 2\frac{1}{3}$

$\frac{3}{4} \cdot 2\frac{1}{4}$ $\quad$ $4\frac{1}{2} \cdot \frac{1}{3}$ $\quad$ $\frac{7}{8} \cdot 9$ $\quad$ $1\frac{1}{9} \cdot 1\frac{4}{5}$ $\quad$ $1\frac{5}{7} \cdot 1\frac{1}{2}$

Dividieren von Brüchen

Durch einen Bruch wird **dividiert**, indem man mit dem Kehrwert des Bruches multipliziert.

Beispiele:

$\frac{2}{3} : \frac{3}{4} = \frac{2}{3} \cdot \frac{4}{3} = \frac{2 \cdot 4}{3 \cdot 3} = \frac{8}{9}$

$\frac{3}{4} : 5 = \frac{3}{4} \cdot \frac{1}{5} = \frac{3 \cdot 1}{4 \cdot 5} = \frac{3}{20}$

$\frac{9}{20} : \frac{3}{4} = \frac{9}{20} \cdot \frac{4}{3} = \frac{{}^{3}\cancel{9} \cdot \cancel{4}^{1}}{{}_{5}\cancel{20} \cdot \cancel{3}_{1}} = \frac{3}{5}$

$7 : \frac{2}{3} = 7 \cdot \frac{3}{2} = \frac{21}{2} = 10\frac{1}{2}$

1 a) $\frac{5}{9} : \frac{7}{9}$ b) $\frac{3}{7} : \frac{6}{7}$ c) $\frac{4}{11} : \frac{2}{11}$ d) $\frac{5}{7} : \frac{10}{21}$ e) $\frac{4}{15} : \frac{8}{9}$

2 Schreibe die gemischten Zahlen als Brüche, rechne dann.

a) $2\frac{2}{9} : \frac{5}{18}$ b) $\frac{1}{2} : 3\frac{1}{2}$ c) $3\frac{3}{8} : 4\frac{1}{2}$ d) $3\frac{4}{5} : 3\frac{1}{6}$ e) $\frac{1}{4} : 5$

$3\frac{4}{7} : \frac{5}{14}$ $\quad$ $\frac{11}{12} : 2\frac{3}{4}$ $\quad$ $1\frac{1}{6} : 3\frac{1}{2}$ $\quad$ $6\frac{1}{4} : 2\frac{1}{2}$ $\quad$ $7 : \frac{1}{3}$

$2\frac{3}{5} : \frac{1}{10}$ $\quad$ $\frac{5}{7} : 1\frac{1}{14}$ $\quad$ $1\frac{1}{6} : 3\frac{1}{4}$ $\quad$ $2\frac{5}{8} : 1\frac{1}{4}$ $\quad$ $6 : 9$

3 Musst du hier nach der Regel rechnen?

a) $4 \cdot \frac{1}{4}$ b) $\frac{1}{4} \cdot 2$ c) $\frac{2}{3} : \frac{2}{3}$ d) $0 : \frac{5}{7}$ e) $1 : \frac{1}{2}$

4 Berechne die Hälfte von a) $\frac{4}{7}$; $\frac{1}{2}$; $\frac{1}{4}$ b) $2\frac{2}{3}$; $4\frac{6}{7}$; $6\frac{2}{5}$

5 Berechne ein Viertel von a) $\frac{4}{9}$; $1\frac{1}{3}$; $2\frac{2}{3}$ b) $5\frac{1}{3}$; $1\frac{1}{7}$; $1\frac{5}{7}$

$\frac{x+y}{2}$

Vermischte Übungen

◆ **1** a) $\frac{7}{8} - \left(\frac{1}{2} - \frac{1}{4}\right)$ b) $\left(\frac{3}{4} - \frac{3}{8}\right) + \frac{5}{12}$ c) $\left(\frac{1}{2} + \frac{1}{4}\right) : \frac{1}{2}$ d) $\frac{3}{7} \cdot \left(\frac{1}{2} + \frac{1}{4}\right)$

$\frac{11}{12} - \left(\frac{5}{6} - \frac{1}{4}\right)$ $\left(\frac{5}{6} + \frac{3}{12}\right) - \frac{2}{3}$ $\left(\frac{3}{4} + \frac{1}{3}\right) : \frac{2}{3}$ $5 : \left(\frac{1}{2} + \frac{1}{3}\right)$

2 a) $\frac{7}{11} \cdot \frac{\square}{4} = \frac{35}{44}$ c) $\frac{\square}{5} \cdot \frac{2}{3} = \frac{4}{15}$ e) $\frac{3}{7} \cdot \frac{7}{\square} = 1$ g) $\frac{2}{3} \cdot \frac{\square}{4} = \frac{1}{3}$

b) $\frac{\square}{6} \cdot \frac{1}{2} = \frac{5}{12}$ d) $\frac{2}{3} \cdot \frac{\square}{7} = \frac{4}{21}$ f) $\frac{4}{\square} \cdot \frac{5}{8} = \frac{1}{2}$ h) $\frac{\square}{8} \cdot \frac{3}{7} = \frac{3}{7}$

◆ **3** Beachte die Rechenregeln.

a) $\frac{4}{15} + \frac{2}{3} \cdot \frac{4}{5}$ b) $\frac{5}{9} \cdot \frac{3}{4} + \frac{1}{4}$ c) $\frac{2}{3} \cdot \frac{3}{4} + \frac{1}{8}$ d) $\frac{3}{5} \cdot \frac{5}{8} - \frac{1}{4}$ e) $\frac{4}{9} \cdot \frac{3}{4} - \frac{1}{3} \cdot \frac{3}{4}$

$\frac{3}{16} + \frac{5}{8} \cdot \frac{1}{2}$ $\frac{1}{5} \cdot \frac{3}{8} + \frac{1}{4}$ $\frac{1}{6} \cdot \frac{1}{5} + \frac{2}{15}$ $\frac{3}{7} \cdot \frac{8}{9} - \frac{1}{3}$ $\frac{7}{8} \cdot \frac{2}{5} - \frac{1}{4} \cdot \frac{2}{5}$

4 Für ein Erfrischungsgetränk mischt Paula in einer Kanne $\frac{1}{2}$ *l* Orangensaft, $\frac{1}{10}$ *l* Ananassaft und $\frac{1}{4}$ *l* Mineralwasser. Wie viel Liter Flüssigkeit sind in der Kanne?

5 In einem Supermarkt stehen 50 Packungen Milch im Regal. In jeder Packung ist $\frac{1}{2}$ *l* Milch. Wie viel Liter sind es insgesamt?

6 Im Kühlregal des Supermarkts stehen 26 Becher Sahne. In jedem Becher ist $\frac{1}{8}$ *l* Sahne. Wie viel Liter Sahne sind es insgesamt?

7 Familie Reble verbraucht jeden Tag einen $\frac{3}{4}$ *l* Milch. Wie viel Liter Milch verbraucht die Familie in einer Woche?

8 In einer Mosterei werden 35 *l* Himbeersaft in Flaschen abgefüllt. Jede Flasche fasst $\frac{7}{10}$ *l*. Wie viele Flaschen werden benötigt?

9 Ein Pfahl ist 1,65 m lang. Er wird mit $\frac{3}{5}$ seiner Länge in die Erde gerammt. Wie lang ist das Teilstück, das aus dem Boden ragt?

10 Auf einer Rolle sind $2\frac{3}{4}$ m Eisendraht. Wie viele Stücke von $\frac{1}{4}$ m Länge können abgeschnitten werden?

11 In einer Flasche sind $\frac{7}{10}$ *l* Apfelsaft. Jan schenkt $\frac{1}{4}$ *l* Saft in ein Glas. Wie viel Liter Saft sind noch in der Flasche?

◆ **12** Die Tannwald-Schule bekommt eine Spende von 8000 €. Drei Viertel des Geldes werden für Computer ausgegeben. Von $\frac{3}{5}$ des übrigen Geldes werden Bücher angeschafft, für den Restbetrag werden Pflanzen für den Schulgarten gekauft. Wie viel Euro werden für Computer ausgegeben, wie viel für Bücher, wie viel für Pflanzen?

Dezimalzahlen

Stellenwerttafel

Brüche mit den Nennern 10, 100, 1000, ... kann man als **Dezimalzahlen** mit Komma schreiben.
Die erste Stelle rechts vom Komma gibt die **Zehntel,** die zweite Stelle die **Hundertstel,** die dritte Stelle die **Tausendstel** an.

Dezimalbruch	E	z $\frac{1}{10}$	h $\frac{1}{100}$	t $\frac{1}{1000}$	Dezimalzahl
$\frac{7}{10}$	0	7			0,7
$\frac{35}{100}$	0	3	5		0,35
$\frac{293}{1000}$	0	2	9	3	0,293
$1\frac{603}{1000}$	1	6	0	3	1,603

1 Zeichne eine Stellenwerttafel. Trage die folgenden Zahlen ein.
Dann notiere sie als Dezimalzahlen.
a) $7\frac{3}{10}$; $5\frac{13}{100}$; $2\frac{125}{1000}$ b) $1\frac{17}{100}$; $2\frac{35}{1000}$; $1\frac{7}{100}$ c) $\frac{17}{1000}$; $1\frac{33}{100}$; $2\frac{1}{1000}$

2 Trage in eine Stellenwerttafel ein, dann schreibe als gemischte Zahl.
2,6 2,06 2,006 10,007 105,02 23,64 708,209

3 Erweitere auf einen Bruch mit dem Nenner 10, 100, 1000, ...
Dann schreibe als Dezimalzahl mit Komma.
a) $\frac{1}{2}$; $\frac{4}{5}$; $\frac{1}{4}$; $\frac{3}{4}$ b) $\frac{3}{5}$; $\frac{5}{20}$; $\frac{7}{25}$; $\frac{3}{50}$ c) $\frac{17}{50}$; $\frac{13}{20}$; $\frac{1}{125}$; $\frac{4}{500}$

4 Kürze durch 10 oder durch 100, schreibe dann als Dezimalzahl.
a) $\frac{70}{100}$; $\frac{700}{1000}$; $\frac{50}{1000}$ b) $\frac{20}{100}$; $\frac{390}{1000}$; $\frac{120}{1000}$ c) $\frac{470}{1000}$; $\frac{80}{1000}$; $\frac{10}{100}$

5 Verwandle durch Dividieren in eine Dezimalzahl.
a) $\frac{4}{5}$; $\frac{11}{4}$; $\frac{7}{8}$; $\frac{3}{5}$ b) $\frac{3}{25}$; $\frac{7}{20}$; $\frac{19}{20}$; $\frac{71}{25}$ c) $\frac{84}{50}$; $\frac{9}{50}$; $\frac{43}{40}$; $\frac{17}{80}$

6 Brüche und Dezimalzahlen. Schreibe zusammengehörige Zahlen auf.

Vergleichen und Ordnen

Dezimalzahlen kann man auf dem **Zahlenstrahl** anordnen.
Auf dem Zahlenstrahl liegt die kleinere Zahl links von der größeren.

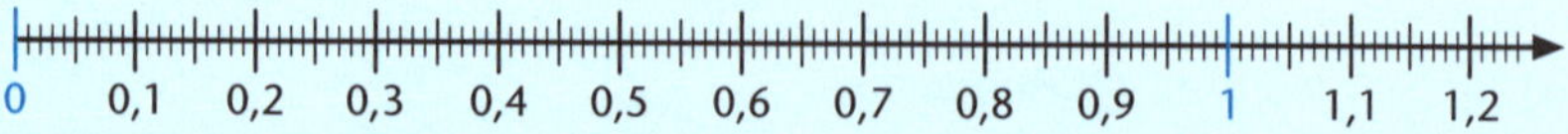

Zum Vergleichen kann man Dezimalzahlen durch Anhängen von Nullen mit der gleichen Stellenzahl hinter dem Komma schreiben.

Beispiele:	0,3	0,24	0,597	0,6
0,3 =	0,30			0,6 = 0,600
	0,30 > 0,24		0,597 < 0,600	

1 Setze das richtige Zeichen ein (<, > oder =).

a) 0,38 ☐ 0,381; 0,74 ☐ 0,740
b) 3,024 ☐ 3,204; 0,836 ☐ 0,86
c) 4,72 ☐ 4,720; 0,65 ☐ 0,649

2 Ordne nach der Größe. Beginne mit der kleinsten Zahl.

a) 0,48; 0,478; 0,5
b) 3,6; 3,61; 3,604
c) 1,724; 1,27; 1,7
d) 0,5; 0,495; 0,52
e) 0,72; 0,499; 0,8
f) 2,45; 2,4; 2,405

3 Schreibe drei Zahlen auf, die zwischen den angegebenen Zahlen liegen.

a) 2,35 und 2,51
b) 2,31 und 2,42
c) 3,64 und 3,69

Runden

Die Regel für das Runden gilt auch für Dezimalzahlen.

Beispiele:
8,3462 auf Tausendstel gerundet ≈ 8,346
8,3462 auf Hundertstel gerundet ≈ 8,35
8,3462 auf Zehntel gerundet ≈ 8,3
8,3462 auf Einer gerundet ≈ 8

1 Runde auf die angegebene Stelle.

a) Einer:	13,8	23,4	31,49	107,82	52,909	74,903
b) Zehntel:	15,27	8,03	13,25	6,248	19,249	45,662
c) Hundertstel:	24,123	4,689	3,199	34,112	9,004	17,501
d) Tausendstel:	0,6742	2,8888	3,0008	7,9902	5,67988	1,9999

2 Runde sinnvoll.

a) 24,312 € b) 5,762 m c) 21,73 cm d) 8,7359 kg e) 0,5826 km

Addieren und Subtrahieren von Dezimalzahlen

Zum schriftlichen **Addieren** und **Subtrahieren** schreibt man Komma unter Komma und rechnet wie mit natürlichen Zahlen.

Beispiele:

32,587 + 4,23 + 0,0428:

$$\begin{array}{r} 32{,}5870 \\ +\ 4{,}2300 \\ +\ 0{,}0428 \\ \scriptstyle 1 \\ \hline 36{,}8598 \end{array}$$

4,31 – 0,0427:

$$\begin{array}{r} 4{,}3100 \\ -0{,}0427 \\ \scriptstyle 1\,1\,1 \\ \hline 4{,}2673 \end{array}$$

1 Rechne im Kopf oder schriftlich.

a) 5,69 + 16,5; 1,04 + 31,7
b) 6,8 – 3,4; 4,1 – 0,7
c) 47,45 – 31,2; 90,9 – 12,78
d) 0,6 + 1,234; 4,219 – 0,76

2 a) 23,4 + 67,897 + 1,23 b) 0,7 – 0,659 c) 87,2 – 41,356 – 0,89

Multiplizieren von Dezimalzahlen

Dezimalzahlen werden mit 10, 100, 1000, ... **multipliziert,** indem man das Komma um 1, 2, 3, ... Stellen nach rechts verschiebt.

Beispiele:

13,45 · 10 = 134,5
13,45 · 100 = 1345
13,45 · 1000 = 13450

1 a) 3,57 · 10; 3,57 · 100
b) 14,7 · 100; 14,7 · 1000
c) 0,276 · 10; 0,276 · 100
d) 7,03 · 100; 7,03 · 1000

Dezimalzahlen werden wie natürliche Zahlen **multipliziert.** Anschließend wird das Komma im Ergebnis so gesetzt, dass das Ergebnis hinter dem Komma so viele Stellen hat, wie die beiden Faktoren zusammen.

Beispiel:

$$\begin{array}{r} \underline{3{,}47 \cdot 5{,}6} \\ 1\,7\,3\,5\,0 \\ 2\,0\,8\,2 \\ \scriptstyle 1 \\ \hline 19{,}4\,3\,2 \end{array}$$

3,47 und 5,6 haben zusammen 3 Stellen hinter dem Komma. Daher hat das Ergebnis 3 Stellen hinter dem Komma.

1 a) 0,7 · 9; 0,3 · 5; 4,3 · 3
b) 4 · 0,7; 6 · 0,8; 7 · 2,1
c) 0,5 · 0,6; 0,7 · 0,5; 0,2 · 0,1
d) 0,6 · 1,7; 1,8 · 2,8; 3,8 · 5,5
e) 16,34 · 5,63; 31,6 · 4,58; 3,4 · 1,425

$\frac{x+y}{2}$

Dividieren von Dezimalzahlen

Dezimalzahlen werden **durch 10, 100, 1000,... dividiert,** indem man das Komma um 1, 2, 3, ... Stellen nach links verschiebt.

Beispiele:
148,7 : 10 = 14,87
148,7 : 100 = 1,487
148,7 : 1000 = 0,1487

1

a)	b)	c)	d)
341,6 : 10	17,8 : 10	40,6 : 10	38,61 : 10
341,6 : 100	17,8 : 100	40,6 : 100	38,61 : 100
341,6 : 1000	17,8 : 1000	40,6 : 1000	38,61 : 1000

Eine Dezimalzahl wird **durch eine natürliche Zahl dividiert,** indem man sie wie eine natürliche Zahl dividiert. Sobald bei der Rechnung das Komma überschritten wird, setzt man im Ergebnis das Komma.

Beispiel: 47,85 : 5 = 9,57
45
 28
 25
  35
  35
   0

1

a)	b)	c)	d)	e)
0,8 : 2	0,16 : 4	23,8 : 7	1,968 : 8	160,8 : 12
1,8 : 3	0,81 : 9	24,9 : 5	1,155 : 7	258,5 : 11
9,6 : 4	0,42 : 6	25,7 : 4	0,684 : 6	381,3 : 31

Eine Dezimalzahl wird **durch eine Dezimalzahl dividiert,** indem man das Komma bei beiden Zahlen um gleich viele Stellen nach rechts versetzt, und zwar so, dass durch eine natürliche Zahl dividiert wird.

Beispiele:
4,536 : 1,2 = 45,36 : 12
18,715 : 0,25 = 1871,5 : 25

1

a)	b)	c)	d)	e)
4,8 : 0,6	12 : 0,6	1,4 : 0,07	123,56 : 0,05	13,53 : 4,1
5,6 : 0,8	15 : 0,3	4,2 : 0,06	234,7 : 0,04	31,68 : 9,9
1,2 : 0,3	18 : 0,9	0,9 : 0,03	200,7 : 0,09	20,59 : 7,1

◆ **2**

a)	b)	c)	d)	e)
$0{,}28 : \frac{1}{2}$	$0{,}4 : \frac{1}{5}$	$0{,}6 : \frac{1}{4}$	$\frac{1}{4} : 0{,}1$	$\frac{3}{5} : 0{,}3$
$0{,}28 \cdot \frac{1}{2}$	$0{,}4 \cdot \frac{1}{5}$	$0{,}6 \cdot \frac{1}{4}$	$\frac{1}{4} \cdot 0{,}1$	$\frac{3}{5} \cdot 0{,}3$

Vermischte Übungen

1 Um große Datenmengen auf einem PC oder Notebook zu speichern, verwendet man oft externe Festplatten. Ein Fachgeschäft bietet fünf verschiedene Festplatten mit USB 2.0-Anschluss an.

Festplatte/Speicherkapazität	Preis (in Euro)
1/250 GB	64,95
2/500 GB	69,95
3/1 TB	109,95
4/1,5 TB	139,95
5/2 TB	179,95

Anmerkung: 1 TB – 1 Terabyte;
1 GB – 1 Gigabyte; 1 TB = 1000 GB

a) Wie viele Festplatten 1 ersetzt die Festplatte 4?
b) 17 Computerarbeitsplätze sollen jeweils mit einer Festplatte 2 ausgerüstet werden. Wie viel Euro würde die Ausrüstung kosten?
c) Für je drei Arbeitsplätze soll eine Festplatte 4 angeschafft werden. Wird dabei Geld gespart? Begründe.

2 Die Freundinnen Aline, Paula, Tanja und Christina haben zusammen 18,70 €. Tanja hat 80 Cent weniger und Christina hat 50 Cent weniger als jedes der beiden anderen Mädchen. Welchen Geldbetrag hat jede der vier Freundinnen?

3 Wie viel Erdbeerpflanzen muss ein Gärtner bestellen, wenn er 32 Reihen bepflanzen will? Eine Reihe ist 22,50 m lang. Die äußeren Pflanzen sollen vom Rand 25 cm entfernt gepflanzt werden. Der Abstand der Pflanzen soll nicht mehr als 40 cm betragen.

4 Die monatliche Rundfunkgebühr beträgt seit Januar 2009 für:

– ein Radio und neuartiges Rundfunkgerät (Grundgebühr) 5,76 €
– ein Fernsehgerät, Radio und neuartiges Rundfunkgerät 17,98 €

a) Wie viel Euro muss ein Haushalt für ein ganzes Jahr zahlen, wenn Fernsehgerät und Radio angemeldet sind?
b) In einer Kleinstadt haben 117 Haushalte nur ein Radio und ein neuartiges Rundfunkgerät angemeldet, 687 Haushalte außerdem Fernsehgeräte. Wie viel Euro werden in einem Jahr an Gebühren gezahlt?

$\frac{x+y}{2}$

Rationale Zahlen

Ganze Zahlen – Zahlengerade

Durch die **ganzen Zahlen** wird der Zahlenstrahl zur **Zahlengeraden** erweitert. Die Menge der ganzen Zahlen wird mit $\mathbb{Z}$ bezeichnet.
$\mathbb{Z} = \{ \ldots;\ -3;\ -2;\ -1;\ 0;\ 1;\ 2;\ \ldots \}$

negative ganze Zahlen positive ganze Zahlen

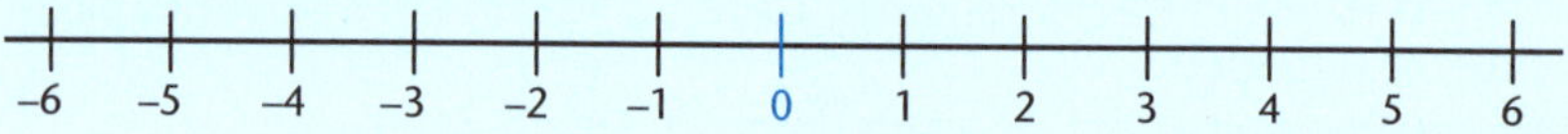

1 Setze die Zahlenfolge um jeweils 4 Zahlen fort.
a) 15; 9; 3; –3; …
b) –3; –10; –17; –24; …
c) 0; –1; –3; –6; –10; –15; …
d) 5; 2; –1; –4; –7; …

2 Schreibe die durch Buchstaben gekennzeichneten Zahlen auf.

a)
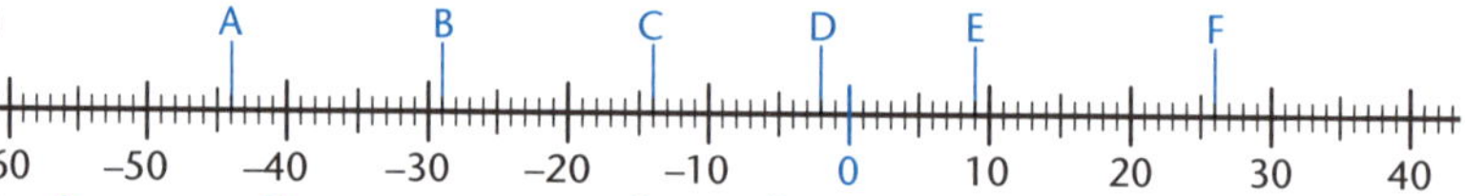

b)
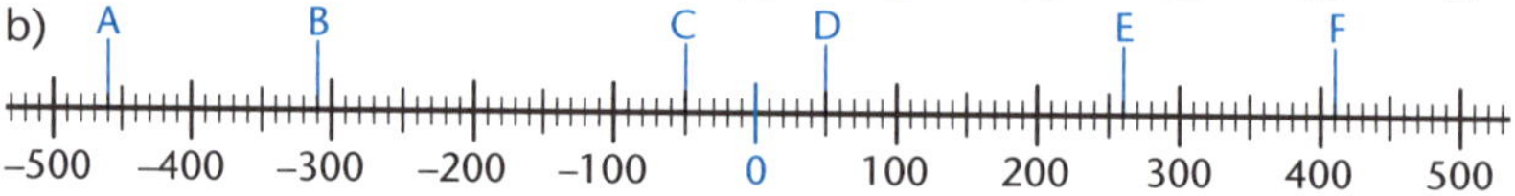

c)
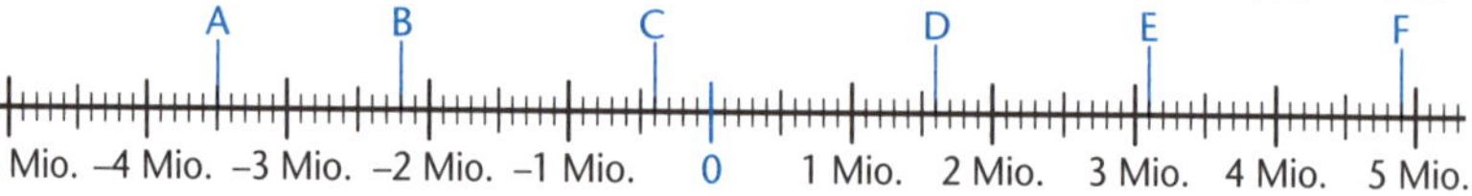

3 Zeichne passende Zahlengeraden und trage folgende Zahlen ein.
a) 5; –5; 3; –1; 2; 6; –4; –7
b) 2; –13; –5; –37; 3; –28
c) 300; –250; 220; –160; 270; –240
d) 2500; –1500; 1000; –1000; 500

4 Zeichne folgende Punkte in ein Koordinatensystem ein: A(0|4), B(1|1), C(2|0), D(–1|1), E(1|–1), F(–1|0), G(–2|3), H(3|–4), I(–2|–3)

5 Gib fünf Paare von Zahlen an, die auf der Zahlengeraden symmetrisch zur 0 liegen. Was fällt auf?

6 Welches der aufgeführten Ereignisse liegt am weitesten zurück?
429 v. Chr.: Der berühmte griechische Philosoph Plato wird geboren.
1769: James Watt erhält das Patent für eine Niederdruckdampfmaschine.
1879: Der bekannte deutsche Physiker Albert Einstein wird geboren.

Rationale Zahlen

Zur Menge ℚ der **rationalen Zahlen** gehören alle Zahlen, die man als Quotient zweier ganzer Zahlen schreiben kann. Zu ℚ gehören:
- die ganzen Zahlen (z. B. 4; −1; 0; 2; −45; −12; 8; …)
- die positiven und negativen Brüche (z. B. $\frac{5}{8}$; $-\frac{2}{3}$; …)
- die positiven und negativen Dezimalzahlen (z. B. −2,345; 0,4567; …)

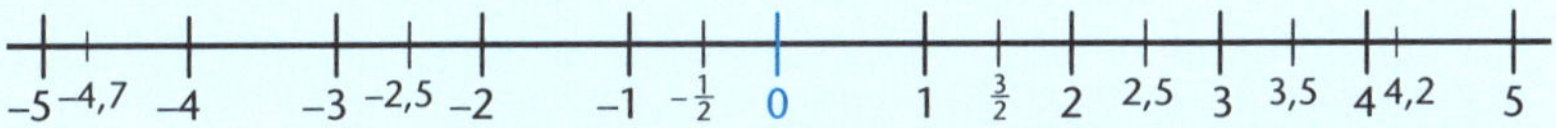

Auf der Zahlengeraden liegt die kleinere Zahl links von der größeren.

Den Abstand, den eine Zahl zur Null hat, nennt man **Betrag der Zahl:**
−4 und 4 haben den Betrag 4. Man schreibt |−4| = 4 und |4| = 4.
−4 ist die **Gegenzahl** zu 4 und 4 ist die Gegenzahl zu −4.
Zahl und Gegenzahl haben denselben Betrag: |−4| = |4|

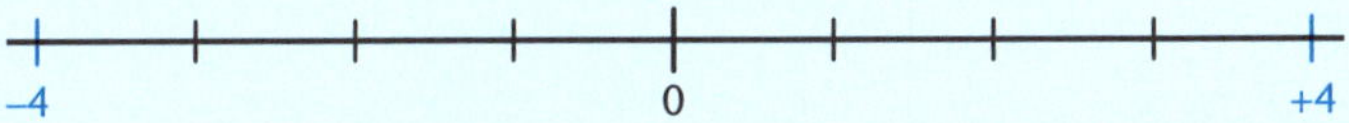

1 Gib für die Buchstaben die passende Zahl und ihren Betrag an.

a)
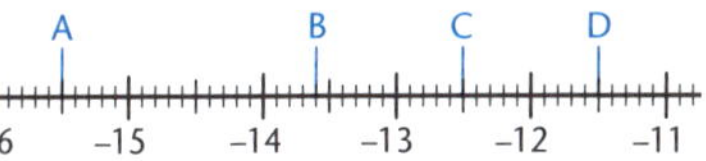

b)
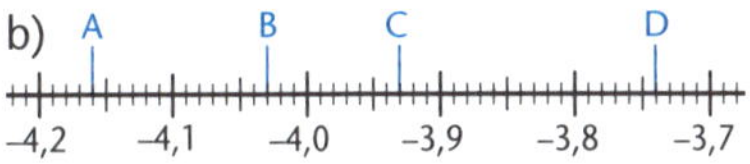

c)
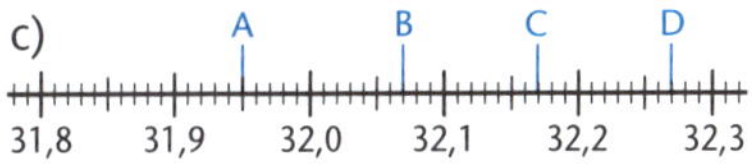

d)
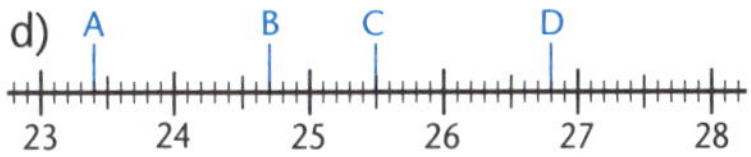

2 Zeichne passende Zahlengeraden und trage folgende Zahlen darauf ein.

a) 1,5; $-4\frac{1}{2}$; $2\frac{1}{2}$; $3\frac{5}{10}$; 3,75; $-2\frac{5}{10}$; $2\frac{3}{4}$; −1,5; $2\frac{1}{4}$

b) 2,3; −0,7; 1,7; $-3\frac{1}{10}$; $-4\frac{7}{10}$; $\frac{4}{5}$; 1,2; −1,1; 0,3

3 Vergleiche die Zahlen. Setze < oder > ein.

a) −7 ☐ 5
b) −13 ☐ −7
c) 15 ☐ 11
d) 0 ☐ −8
e) −100 ☐ −1000
f) −5,9 ☐ −5,8
g) 4,5 ☐ −3,5
h) −6,24 ☐ −6,34
i) 8,75 ☐ 7,85

4 Übertrage die Tabelle in das Heft und vervollständige sie.

Zahl	0,56	$-3\frac{6}{7}$			$-\frac{7}{12}$		36,8	
Gegenzahl				−2,7				0,008
Betrag			7,8			10,9		

$\frac{x+y}{2}$

Rechnen mit rationalen Zahlen

Addition
Haben die Summanden gleiche Vorzeichen, werden ihre Beträge addiert, und das gemeinsame Vorzeichen wird übernommen.
Beispiel: $(+4) + (+5) = (+9)$ $\quad$ $(-4) + (-5) = (-9)$

Haben die Summanden verschiedene Vorzeichen, so wird das Vorzeichen der Zahl mit dem größeren Betrag übernommen. Vom größeren Betrag wird der kleinere subtrahiert.
Beispiele: $(+5) + (-4) = (+1)$ $\quad$ $(-5) + (+4) = (-1)$

Subtraktion
Man subtrahiert eine rationale Zahl, indem man ihre Gegenzahl addiert.
Beispiele: $(+8) - (-5) = (+13)$, denn $(+8) - (-5) = (+8) + (+5)$
$(-8) - (-5) = (-3)$, denn $(-8) - (-5) = (-8) + (+5)$

Multiplikation und Division
Zwei rationale Zahlen werden multipliziert bzw. dividiert, indem man ihre Beträge multipliziert bzw. dividiert.
- Das Ergebnis ist positiv, wenn die Zahlen das gleiche Vorzeichen haben,
- Das Ergebnis ist negativ, wenn die Zahlen verschiedene Vorzeichen haben.

Beispiele: $(+7) \cdot (+6) = (+42)$ $\quad$ $(-7) \cdot (-6) = (+42)$
$(-7) \cdot (+6) = (-42)$ $\quad$ $(+7) \cdot (-6) = (-42)$
$(-48) : (-6) = (+8)$, denn $(+8) \cdot (-6) = (-48)$
$(+48) : (-6) = (-8)$, denn $(-8) \cdot (-6) = (+48)$

Vereinbarung:
Bei positiven Zahlen dürfen wir die Zahlklammern und das Vorzeichen weglassen.
Beispiele: $(-3) - (+4) = (-3) - 4$
$(+12) \cdot (-6) = 12 \cdot (-6)$
$(-18) : (+3) = (-18) : 3$

TIPP: Regeln für Multiplikation und Division rationaler Zahlen:
$(+) \cdot (+) = (+)$ $\quad$ $(+) \cdot (-) = (-)$ $\quad$ $(-) \cdot (-) = (+)$ $\quad$ $(-) \cdot (+) = (-)$
$(+) : (+) = (+)$ $\quad$ $(+) : (-) = (-)$ $\quad$ $(-) : (-) = (+)$ $\quad$ $(-) : (+) = (-)$

$\frac{x+y}{2}$

1 Berechne.

a) $11 + (-13)$; $(-11) + (-13)$; $(-11) + 13$; $11 + 13$

b) $\frac{2}{7} + \left(-\frac{3}{5}\right)$; $\frac{2}{3} + \frac{2}{7}$; $\left(-\frac{2}{7}\right) + \left(-\frac{3}{5}\right)$; $\left(-\frac{2}{7}\right) + \frac{3}{5}$

2 a) $23 - (-15)$; $(-23) - (-15)$; $23 - 15$; $(-23) - 15$

b) $1\frac{3}{5} - \left(-2\frac{1}{3}\right)$; $\frac{13}{16} - \frac{3}{8}$; $\left(-\frac{3}{4}\right) - \frac{7}{8}$; $-\left(2\frac{5}{8}\right) - 1\frac{3}{4}$

3 a) $88 \cdot (-33)$; $19 \cdot (-47)$; $(-37) \cdot (-63)$; $(-41) \cdot 49$

b) $(-9{,}6) \cdot 7{,}9$; $(-5{,}3) \cdot (-0{,}4)$; $0{,}02 \cdot (-0{,}4)$; $(-0{,}3) \cdot 7{,}1$

4 Multipliziere. Kürze, wenn möglich.

a) $\left(-\frac{1}{2}\right) \cdot \frac{1}{3}$; $\frac{2}{3} \cdot \left(-\frac{4}{5}\right)$; $\left(-\frac{4}{5}\right) \cdot \left(-\frac{6}{7}\right)$; $\frac{1}{3} \cdot \left(-\frac{1}{4}\right)$

b) $\left(-\frac{16}{3}\right) \cdot \frac{9}{8}$; $\frac{18}{35} \cdot \left(-\frac{28}{27}\right)$; $\left(-7\frac{2}{3}\right) \cdot \frac{6}{11}$; $4\frac{4}{7} \cdot \left(-\frac{35}{24}\right)$

5 a) $(-72) : (-12)$; $72 : (-12)$; $72 : 12$; $(-72) : 12$

b) $(-1{,}6) : (-4)$; $(-1{,}6) : 4$; $(-1{,}6) : 4$; $1{,}6 : 4$

c) $\left(-\frac{5}{6}\right) : \frac{2}{3}$; $\frac{5}{6} : \left(-\frac{2}{3}\right)$; $\left(-\frac{5}{6}\right) : \left(-\frac{2}{3}\right)$; $\frac{5}{6} : \frac{2}{3}$

◆ **6** Bestimme die Zahl x.

a) Multipliziert man x mit sich selbst, so erhält man die Gegenzahl von x.

b) Multipliziert man x mit der Gegenzahl von x, so erhält man –1.

c) Addiert man zu x den Betrag von x, so erhält man 0.

d) Subtrahiert man von x den Betrag von x, so erhält man 0.

7 Runde die Ergebnisse.

a) $-13{,}1 : 0{,}6$; $-5{,}3 \cdot (-0{,}4)$; $12{,}6 : (-7{,}5)$; $-2{,}1 \cdot (-2{,}1)$

b) $9{,}6 \cdot 7{,}9$; $-24 : (-1{,}9)$; $13{,}9 \cdot 16{,}2$; $-13{,}8 \cdot (-15{,}2)$

8 Errechne die mittlere Temperatur für eine erste Märzwoche.

Mo	Di	Mi	Do	Fr	Sa	So
–4,1 °C	–2,3 °C	–0,3 °C	3,1 °C	1,5 °C	4,1°C	3,7 °C

9 **Zahlenrätsel**

a) Subtrahiere vom Dreifachen einer Zahl –8. Du erhältst 6 mehr als die Zahl.

b) Subtrahiert man –8 von einer Zahl, so erhält man das Dreifache der Summe aus 6 und dieser Zahl.

c) Vervierfache die Differenz aus einer Zahl und –8. Du erhältst 2 mehr als die Zahl.

$\frac{x+y}{2}$

Potenzen

Produkte aus gleichen Faktoren heißen **Potenzen.** Das **Potenzieren** bedeutet ein wiederholtes Multiplizieren mit dem gleichen Faktor. Der Faktor heißt **Basis (Grundzahl).** Der **Exponent (Hochzahl)** gibt an, wie oft der Faktor vorkommt.

$(-2)^5 = -32$ — **Exponent** (Hochzahl): 5; **Basis** (Grundzahl): −2

Beispiel:

$(-2)^5 = (-2) \cdot (-2) \cdot (-2) \cdot (-2) \cdot (-2) = -32$

1 Berechne.
$(-2)^2$; $(-2)^3$; $(-2)^4$; $(-2)^5$; $(-3)^4$; $(-5)^3$; $(-0{,}4)^3$; $(-1{,}5)^3$; $\left(-\frac{2}{3}\right)^3$

2 Entscheide, welche der angegebenen Zahlen Quadrate von Zahlen sind:
16; 130; 25; 250; 64; 144; 0,144; 361; 0,0169; 0,81; 625; 0,36; 1,44

Rechenregeln

Für die rationalen Zahlen a, b und c gelten auch die Rechengesetze:

Kommutativgesetze (Vertauschungsgesetze)

Addition: $a + b = b + a$

Multiplikation: $a \cdot b = b \cdot a$

Assoziativgesetze (Verbindungsgesetze)

$(a + b) + c = a + (b + c)$ $\quad$ $(a \cdot b) \cdot c = a \cdot (b \cdot c)$

Distributivgesetze (Verteilungsgesetze)

$a \cdot (b + c) = a \cdot b + a \cdot c$ $\quad$ $a \cdot (b - c) = a \cdot b - a \cdot c$

$(b + c) : a = b : a + c : a$ $\quad$ $(b - c) : a = b : a - c : a$

1 Beachte die Vorrangregeln für das Rechnen mit Klammern.

a) $5^3 \cdot [4 - 3 \cdot (2 - 1)]$
b) $(24 - 42) \cdot 5$
c) $6 : 3 + 2^3 + 5$
d) $(6{,}9 - 9{,}6) : 0{,}3$
e) $-14{,}5 + 19{,}1 \cdot 5{,}7$
f) $(-12{,}4 + 7{,}9) \cdot 1{,}2$

2 Berechne.

a) $1 + 2 \cdot 3 + 4$
$1 - 2 \cdot 3 + 4$

b) $1 + 4 : 2 + 3$
$1 - 4 : 2 + 3$

c) $5 \cdot [4 - 3 \cdot (2 - 1)]$
$5 \cdot [(4 - 3) \cdot 2 - 1]$

TIPP: Ein Quotient kann auch als Bruch geschrieben werden. Dabei wirkt der Bruchstrich wie eine Klammer.
Beispiel: $[(-7) + 5] : [(-4) + (-2)] = \frac{-7+5}{-4-2} = \frac{-2}{-6} = \frac{1}{3}$

3
a) $-5 \cdot 7 - 12$
b) $-240 + 18 : (-3)$
c) $-8 : 2 - 10$
d) $29 + 28 : (-7)$
e) $-3{,}1 + 8{,}1 \cdot (-5)$
f) $3{,}5 + 6 \cdot (2)^2$
g) $2{,}7 - [3{,}5 + 4 \cdot (-5)]$
h) $8{,}4 - 6 \cdot 15^2$
i) $-9{,}4 - (-6) \cdot 5^2$
j) $4^2 + [-5 + 5 \cdot 2{,}2]$
k) $9^2 - [(14 - 5) \cdot 2]$
l) $(-4{,}1 + 3{,}5) \cdot (-0{,}6)$

4
a) $-\frac{3}{4} \cdot 8 - \frac{1}{2}$
b) $\frac{1}{2} \cdot \left(-\frac{1}{5}\right) + \frac{5}{2}$
c) $\frac{2}{3} : \frac{6}{5} - \frac{2}{9}$
d) $-3\frac{3}{8} \cdot 2\frac{1}{4} - 3\frac{5}{8}$
e) $-2\frac{2}{5} : \frac{1}{5} - \left(-\frac{1}{2}\right)$
f) $\frac{1}{4} - [\frac{1}{3} \cdot (-12) + 5]$
◆ g) $[\frac{1}{7} \cdot (-42) - 5 : \frac{1}{2}] \cdot \frac{1}{4}$
◆ h) $-24 \cdot 3\frac{3}{8} - 4 : 1\frac{1}{2}$
◆ i) $2 - \frac{2}{5} : \frac{1}{5} + \frac{3}{7} : \left(2\frac{1}{7}\right)$

5
a) $\frac{-8 \cdot 43}{1 - 2 \cdot 4}$
b) $\frac{(-67 + 13) : (-9)}{-51 + 49}$
c) $\frac{(-7) \cdot 9 - 9 : 1{,}5}{32{,}5 : (-2{,}5) - 0{,}4 \cdot 15}$

6 Rechne vorteilhaft.
a) $57 - 18 - 17$
b) $-93 + 68 + 23$
c) $-193 - 16 + 66$
d) $-8{,}4 + 15{,}3 - 3{,}4$
e) $-7{,}9 + 9{,}4 - 5{,}4$
f) $4{,}2 - 8{,}7 - 1{,}2$
g) $\frac{1}{2} + \left(-\frac{1}{4}\right) + 1\frac{1}{2} + \left(-3\frac{3}{4}\right)$
h) $\left(-\frac{2}{3}\right) + 10\frac{3}{5} + \left(-7\frac{1}{3}\right) + \frac{2}{5}$

7
a) $(-2{,}5) \cdot (-17) \cdot (-4)$
b) $-0{,}5 \cdot 16 \cdot (-4)$
c) $1{,}25 \cdot (-5) \cdot (-8) \cdot (-0{,}6)$
d) $-0{,}8 \cdot (-1{,}9) \cdot (-1{,}25)$
e) $2{,}5 \cdot (-1{,}5) \cdot 8$
f) $-0{,}8 \cdot (-3{,}7) \cdot 1{,}25$
g) $-0{,}1 \cdot (-0{,}2) \cdot (-0{,}005)$
h) $-\frac{2}{9} \cdot \left(-\frac{3}{8}\right) \cdot \left(-\frac{5}{7}\right)$

◆ **8** Nutze Rechenvorteile.
a) $(-17) \cdot \frac{2}{7} + 66 \cdot \frac{2}{7}$
b) $(-13) \cdot \frac{3}{5} - 27 \cdot \frac{3}{5}$
c) $\frac{2}{3} \cdot 16 + \frac{2}{3} \cdot 23$
d) $\frac{4}{9} \cdot (-94) + 22 \cdot \frac{4}{9}$
e) $\frac{3}{4} \cdot 21 + \frac{3}{4} \cdot (-5)$
f) $191 \cdot \frac{2}{11} + 84 \cdot \frac{2}{11}$
g) $\frac{3}{2} \cdot (-7) - \frac{3}{2} \cdot (-5)$
h) $\frac{5}{6} \cdot (-19) - \frac{5}{6} \cdot 29$
i) $\left(\frac{15}{3} - \frac{30}{6}\right) \cdot \frac{1}{5}$

9 Berechne mithilfe des Taschenrechners. Runde auf Tausendstel.
a) $\frac{4{,}5 + 9{,}8}{-6{,}5 \cdot 1{,}1}$
b) $-5{,}6 + 6{,}7 - 3{,}4 \cdot \frac{5{,}7 - 9{,}9}{3{,}2 - 2{,}8}$
c) $\left(\frac{3}{4}\right)^2 \cdot (2{,}58 - 6{,}47)$
d) $\frac{0{,}8 \cdot (98{,}8 - 45{,}6)^2}{(3{,}5 - 6{,}8) \cdot (-4)}$
e) $\frac{-\frac{34}{25} - 45}{-\frac{54}{17}}$
f) $2{,}9 \cdot 0{,}98 + \frac{3{,}6 - 6{,}9 - 8^2}{22{,}4 \cdot (-5{,}9)}$

10 Entscheide, ob die Potenz positiv oder negativ ist. Berechne.
a) $(-2)^3$
b) $(-5)^4$
c) $(-6{,}4)^8$
d) $(-3)^2$
e) $(-1)^{17}$
f) $(-3)^4$
g) $(-1435)^3$
h) $(-1)^{175}$
i) $(-2{,}3)^3$
j) $(43 - 87)^3$
k) $\left(\frac{2}{3} - \frac{12}{6}\right)^4$
l) $(5{,}6 - 12{,}8)^{16}$
m) $(-3)^{27}$
n) $(-6{,}5 + 4{,}3)^2$
o) $[(12 \cdot (-3))]^3$

Terme und Termumformungen

Terme

Rechenwege können durch Rechenausdrücke (**Terme**) wiedergegeben werden. Terme können aus Zahlen, Variablen und Operationszeichen bestehen.

Beispiel: Die Berechnung des Umfangs u eines Rechtecks mit den Seitenlängen a und b kann durch folgenden Term beschrieben werden:
$a + b + a + b$ oder $2 \cdot a + 2 \cdot b$

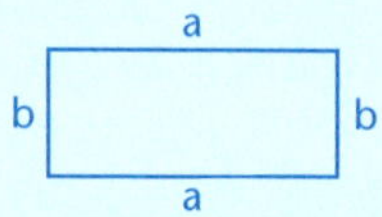

Die Rechengesetze gelten auch für das Rechnen mit Termen.
Beispiele: $4 \cdot (3x) = (4 \cdot 3)x$; $2x + 3x = (2 + 3)x$; $a + b + a + b = 2a + 2b$

1 Stelle für die Berechnung der Umfänge Terme auf.

a)
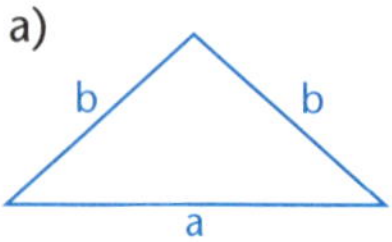

b)
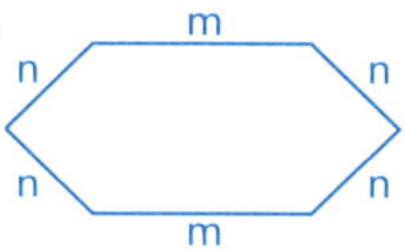

c)
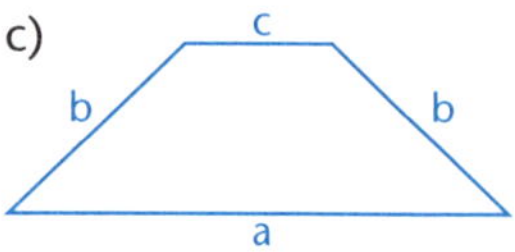

2 Stelle einen Term auf.

a) Das Dreifache einer Zahl x vermindert um 7.
b) Multipliziere die Summe aus einer Zahl b und 7 mit 27.
c) Vermindere eine Zahl a um 7 und dividiere das Ergebnis durch 5.
d) Multipliziere die Summe aus einer Zahl y und 3 mit der Differenz der Zahlen y und 4.

3 Forme um. Beachte die Rechengesetze.

a) $3 \cdot (x + 2)$; $(2 + x) \cdot 3$; $\frac{1}{2} \cdot \left(\frac{2}{3} - 4x\right)$
b) $7{,}8 + (5 + k)$; $6{,}5x + (7{,}3 - 5{,}4x)$; $x - (3 + 11x)$
c) $3 \cdot (5 \cdot x)$; $0{,}5y \cdot (12 \cdot 3)$; $4{,}5 \cdot (5 \cdot a)$

4 Gib einen Term für die Berechnung an.

a) Ein Vater erhält für seine Arbeit x Euro. Seine Frau erhält nur Dreiviertel des Betrages. Wie viel Euro haben sie zusammen?
b) Ein rechteckiges Wiesenstück soll eingezäunt werden. Die Seite a ist das Doppelte von b. Berechne die Gesamtlänge der Umzäunung.
c) In einem Beutel befinden sich x Kilogramm Kartoffeln. Im Container liegen noch 18 Beutel. Wie viel kg Kartoffeln sind im Container?

Termumformungen

Zusammenfassen gleichartiger Glieder
Beispiele: $7b + 5b = 12b$; $9x - 2x = 7x$; $4ab + 8ab = 12ab$

Multiplizieren einer Summe(Differenz) mit einem Faktor
Beispiele: $4 \cdot (3x + 2y) = 12x + 8y$; $3 \cdot (5a - 7b) = 15a - 21b$

Ausklammern eines gemeinsamen Faktors
Beispiele: $25x + 45 = 5 \cdot (5x + 9)$; $36a - 60b = (3a - 5b) \cdot 12$

Auflösen einer Minusklammer
Eine Klammer, vor der ein Minuszeichen steht, wird aufgelöst, indem man jedes Glied in der Klammer mit (–1) multipliziert.
Beispiele: $-(2x + 3c) = -2x - 3c$; $-(-4f + 6t) = 4f - 6t$

1 Gib einen Term für die gesamte Streckenlänge an. Vereinfache ihn.

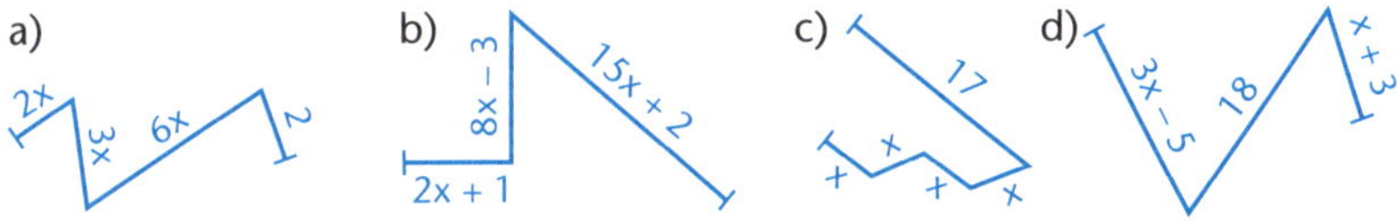

2 Löse die Klammern auf und vereinfache, wenn möglich.

a) $7(a + b) + 4(a + b)$
b) $9(r - s) - 9(r + s)$
c) $12(3m - 2n) + 5(m + n)$
d) $8(x + 5) + 2x$
e) $5a + 3(4 + a)$
f) $7x^2(3x + 2y)$
g) $5x - (2x - 45)$
h) $19x^2 - (y + 3x^2)$
i) $(13x^2 - 11x^2 - 12z^2)5y$

3 Multipliziere und fasse zusammen.

a) $(x + 5)(x - 8)$
b) $(u - 6)(u - 7)$
c) $(4x - 3y)(2x - 4y) + (6x - 4y)(2y - 3x)$
d) $(7v - 3w)(-2v + 2u) + (6v - 8w)(5v + 4u)$

Binomische Formeln (binom <lat.> zweigliedrig)

$\mathbf{(a + b)^2 = a^2 + 2ab + b^2}$	1. binomische Formel
$\mathbf{(a - b)^2 = a^2 - 2ab + b^2}$	2. binomische Formel
$\mathbf{(a + b)(a - b) = a^2 - b^2}$	3. binomische Formel

1 Schreibe als Summe oder Differenz.

a) $(a + 5)^2$
b) $(-5y + 2)^2$
c) $(6v + 8w)^2$
d) $(-3a - 4b)^2$
e) $(3x - 2y)^2$
f) $(0{,}5a + 2)^2$
g) $\left(3z - \frac{1}{4}\right)^2$
h) $(0{,}3y + 0{,}5z)(0{,}3y - 0{,}5z)$
i) $(4x + 3y)(4x - 3y)$

$\frac{x+y}{2}$

Lineare Gleichungen

Termumformungen – Gleichungen

Regeln für das Umformen von Gleichungen:

- Auf *beiden Seiten* einer Gleichung wird dieselbe Zahl oder das gleiche Vielfache der Variablen addiert oder subtrahiert.
- *Beide Seiten* einer Gleichung werden mit der gleichen Zahl, die ungleich Null ist, multipliziert.
- *Beide Seiten* einer Gleichung werden durch die gleiche Zahl, die ungleich Null ist, dividiert.
- *Beide Seiten* einer Gleichung werden mit der gegebenen Variablen multipliziert, wenn für sie nicht die Zahl 0 eingesetzt wird.
- *Beide Seiten* einer Gleichung werden durch die gegebene Variable dividiert, wenn für sie nicht die Zahl 0 eingesetzt wird.

Für die *Probe* wird die ermittelte Zahl für die Variable in die *ursprüngliche Gleichung* eingesetzt. Die Lösung wird in einer Lösungsmenge L angegeben.

1 Bestimme die Lösungsmenge. Führe stets die Probe aus.

a) $x + 25 = 38$
b) $x - 6 = 48$
c) $3{,}3 + x = 5$
d) $1 = x + 0{,}77$
e) $x + 0{,}6 = 1{,}3$
f) $5{,}2 = x - 0{,}29$
g) $2{,}01 = -2{,}01 + x$
h) $x - 5 = -5$
i) $x + \frac{2}{3} = \frac{1}{6}$

2
a) $3x = 36$
b) $125 = 5x$
c) $7x = -56$
d) $-8x = 48$
e) $-11x = -55$
f) $1 = \frac{3}{4}x$
g) $\frac{1}{6}x = 3$
h) $\frac{1}{7}x = -5$
i) $-\frac{1}{3}x = 7$
j) $-\frac{1}{4}x = -8$
k) $\frac{1}{5}x = -10$
l) $0{,}08 = 0{,}4x$

3
a) $x : 4 = 6$
b) $x : 5 = 30$
c) $-2 = x : 3$
d) $x : 0{,}1 = 1$
e) $0{,}5 = x : 5$
f) $x : 0{,}3 = 1{,}5$
g) $x : 0{,}4 = -1$
h) $-10{,}8 = x : 7{,}5$
i) $\frac{x}{2} = -1$
j) $0 = \frac{x}{12}$
k) $-24 = x : \frac{4}{3}$
l) $3{,}5 = x : \frac{1}{2}$

4
a) $3x + 11 = 20$
b) $7x + 39 = 81$
c) $9x - 7 = 11$
d) $9x + 47 = 74$
e) $15 + 7x = 15$
f) $4x - 56 = -16$
g) $4x - 23 = 49$
h) $61 + 9x = 25$
i) $5x + 0{,}2 = 1{,}7$
j) $0{,}22 + 3x = 1$
k) $0{,}6 = 8x + 0{,}4$
l) $\frac{1}{3}x - 5 = -12$

$\frac{x + y}{2}$

5
a) $3x + 7x = 50$
b) $2x - 27 = 18 - 3x$
c) $13x - 9 = 39 - 11x$
d) $13 + 3x = 5x - 7$
e) $4x - 12 = 7x + 15$
f) $28 - 7x = 24 - 3x$
g) $2{,}9x + 1{,}4x = 21{,}5$
h) $1\frac{3}{4}x = 18 - \frac{1}{2}x$
i) $9x = 39 - 4x$

6 Löse die Gleichungen. Beginne mit dem Auflösen der Klammern.
a) $10(x + 9) = 60$
b) $(a + 6)\,8 = 64$
c) $4(4x - 6) = 16$
d) $-1(5a - 3) = 1$
e) $3(y + 4) = 2y + 13$
f) $5(2b + 3) = 4b + 21$
g) $-2(3 + c) = 4c + 24$
h) $-5(3 - 2a) = 6a - 7$
i) $41 - 61x = 6(5 - x)$

7
a) $12 - (5 - a) = 10$
b) $-(5 - b) + 7 = 12$
c) $25 - (4z + 5) = -11$
d) $-24 - (12 + 2x) = 4x$

8 Von einem rechteckigen Baugrundstück mit den Seitenlängen 72,5 m und 64,5 m soll ein quadratisches Grundstück von 625 m^2 verkauft werden.
a) Wie viel m^2 beträgt das ursprüngliche Baugrundstück?
b) Wie lang sind die Seiten des verkauften Grundstücks?

9
a) $a(15a + 3) + 3a(5 - 5a) = -36$
b) $(b + 5)(b - 4) = b^2 - 15$
c) $(x + 9)(x - 5) = x^2 + 49$
d) $(8 - m)(m + 7) = 52 - m^2$
e) $(x - 2)(x + 3) = x^2 - 8$
f) $(n - 3)(n + 2) = n^2 - 5$
g) $(a + 6)(a + 2) = a^2 + 7a + 15$
h) $(-x - 9)(-x - 3) = x^2 + 15x + 15$

10 Wende, wenn möglich, die binomischen Formeln für das Auflösen der Klammern an.
a) $(x + 1)(x - 1) = (x + 3)^2$
b) $(m + 5)^2 = (m - 4)^2$
c) $(a + 4)(a + 2) = (a + 2)^2$
d) $(x - 3)^2 = x^2 - 3(x + 1)$
e) $(m + 6)^2 = m^2 - 24$
f) $(k - 5)(k + 5) = k^2 - 10k$
g) $a^2 + 1 = (a - 1)^2 + 3$
h) $(2b + 3)(1 - 2b) = (3 - 2b)(3 + 2b)$

11
a) $(a + 2)(a - 1) + (a - 3)(1 - a) = 0$
b) $(x + 5)^2 - (x + 6)^2 + x + 14 = 0$
c) $3 - [3(m + 3) - 3(m - 3)] = 3m$
d) $9 + n^2 = n(n + 3)$
e) $3x^2 - 2(x + 8)^2 = x^2 - 192$
f) $(q + 8)^2 = (q - 8)^2$
g) $x(5 - 2x) + 2x(-3 + x) = 11$
h) $2(a - 1)^2 - (a + 1)^2 = (a - 7)^2$

12 Eine Jugendgruppe benötigt für einen Theaterbesuch 11 Karten. Sie bekommt jedoch nur noch 4 Karten in der teuren Preisklasse und 7 in der 3 € billigeren Preisklasse. Zusammen kosten die Karten 100 €. Wie teuer sind die Karten in den beiden Preisklassen?

◆ **13** Drei Personen gründen eine Firma. Das Gründungskapital setzt sich so zusammen: A zahlt $\frac{1}{3}$, B zahlt $\frac{1}{4}$ und C den Rest, nämlich 600 000 €. Berechne das Gründungskapital und die Anteile der Geschäftspartner.

$\frac{x+y}{2}$

Sachaufgaben

Lösen von Sachaufgaben

Beim Lösen von Sachaufgaben werden sechs Schritte eingehalten.
Beispiel: Bei einem Rechteck ist die längere Seite 5 cm länger als die kürzere Seite. Der Umfang des Rechtecks beträgt 58 cm.

1. Schritt:
Verdeutlichen des Sachverhaltes in einer Skizze, einem Diagramm, einer Tabelle oder bildhaften Darstellung.

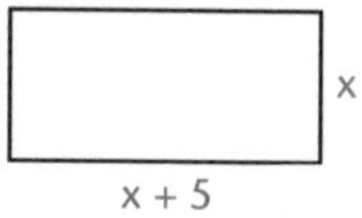

2. Schritt:
Festlegen der gesuchten Größe oder Zahl.

Umfang:	58 cm
Länge der kürzeren Seite	x
Länge der anderen Seite	x + 5

3. Schritt:
Aufstellen einer Gleichung.

Gleichung: $2 \cdot x + 2\,(x + 5) = 58$

4. Schritt:
Lösen der Gleichung. Durch Einsetzen des Zahlenwertes der Variablen werden die anderen gesuchten Größen berechnet.

$2x + 2\,(x + 5) = 58 \quad |$ Klammer auflösen
$2x + 2x + 10 = 58 \quad |$ Zusammenfassen
$4x + 10 = 58 \quad | -10$
$4x = 48 \quad | :4$
$x = 12$

Andere Rechteckseite: $12 + 5 = 17$

5. Schritt:
Die Probe erfolgt am Aufgabentext.

Die längere Seite ist 17 cm lang. Sie ist 5 cm länger als die kurze Seite.

6. Schritt:
Für die Lösung der Sachaufgabe wird ein Antwortsatz formuliert.

Antwort: Die kürzere Seite ist 12 cm lang, die längere 17 cm.

1. Wenn man zum 6-fachen einer Zahl 13 hinzufügt, erhält man 55.
2. Ich denke mir eine Zahl, verdoppele sie, addiere 18 und erhalte 0.
3. In einem gleichschenkligen Dreieck sind die beiden Schenkel jeweils doppelt so lang wie die Basis. Der Umfang des Dreiecks beträgt 75 cm. Bestimme die Länge der Seiten.

◆ **4** Herr Dr. Algebra und seine Tochter Jessica sind zusammen 70 Jahre alt. Vor 5 Jahren war der Vater 3-mal so alt wie seine Tochter. Bestimme das heutige Alter von Vater und Tochter.

5 Frau Berger ist heute genau 5-mal so alt wie ihr sechsjähriger Sohn Felix. In wie vielen Jahren ist sie nur noch 3-mal so alt?

◆ **6** 200 g Sahnequark mit 40 % Fettgehalt werden mit 800 g Magerquark (0,5 % Fettgehalt) gemischt. Welchen Fettgehalt hat die Mischung?

7 Familie Henseler hat in einem Preisausschreiben 4800 € gewonnen. Beim Aufteilen sollen die Eltern doppelt so viel Geld wie die drei Kinder zusammen erhalten. Jedes Kind erhält gleich viel von dem entsprechenden Anteil.

◆ **8** Die Quersumme einer zweistelligen Zahl ist zehn. Wenn man die Zahl verdoppelt und 1 subtrahiert, erhält man eine zweistellige Zahl mit umgekehrter Ziffernfolge gegenüber der ursprünglichen Zahl. Auf welche Zahlen trifft das zu?

◆ **9** Ein Quader hat drei verschiedene Kantenlängen. Die Summe aller Kanten beträgt 144 cm. Die längste Kantenlänge ist 3-mal so lang wie die kürzeste. Die mittlere Kantenlänge ist doppelt so groß wie die kürzeste.

10 Zahlenrätsel: Ich wähle eine Zahl, addiere 107, dividiere dann durch 100, multipliziere mit 4 und erhalte dann 7.

11 **Gleiche Helligkeit**

Eine 11-Watt-Energiesparlampe hält durchschnittlich zehn Mal so lange wie eine vergleichbare 60-Watt-Glühlampe. Der CO_2-Ausstoß für die Stromerzeugung und die Quecksilber-Emission bei richtig entsorgter Energiesparlampe beziehen sich auf jeweils 10 Lampen.

Lampenart	**CO_2-Ausstoß**	**Quecksilber-Emission**
11-Watt-Sparlampe	73,5 kg	1,81 mg
60-Watt-Glühlampe	399,6 kg	8,82 mg

a) Wie viel kg CO_2 bzw. mg Quecksilber würden für sieben Sparlampen in einem Haushalt weniger entstehen?

b) Wie viel Tonnen CO_2 bzw. Gramm Quecksilber würden eingespart, wenn in 225 Haushalten jeweils sechs Sparlampen eingesetzt werden?

$\frac{x+y}{2}$

Lineare Gleichungssysteme

Rechnerische Lösung linearer Gleichungssysteme

1. Beim **Gleichsetzungsverfahren** werden zunächst beide Gleichungen nach derselben Variablen aufgelöst und die auf der anderen Seite stehenden Terme gleichgesetzt.
   Beispiel:

$$\left|\begin{array}{l} y + 21 = 7x \\ y = 4x - 12 \end{array}\right| \qquad \left|\begin{array}{l} y = 7x - 21 \\ \underline{y = 4x - 12} \end{array}\right|$$

$$\begin{array}{rcll} 7x - 21 &=& 4x - 12 & \mid +21 \\ 7x &=& 4x + 9 & \mid -4x \\ 3x &=& 9 & \mid :3 \\ x &=& 3 & \end{array}$$

$$\begin{array}{l} y = 4 \cdot 3 - 12 \\ y = 12 - 12 \\ y = 0 \end{array}$$

Lösung: $L = \{(3|0)\}$

Probe:

$$\begin{array}{ll} 0 = 7 \cdot 3 - 21 & 0 = 4 \cdot 3 - 12 \\ 0 = 21 - 21 & 0 = 12 - 12 \\ 0 = 0 & 0 = 0 \end{array}$$

2. Beim **Einsetzungsverfahren** wird eine Gleichung nach einer Variablen aufgelöst. Der Term, der auf der anderen Seite der Gleichung steht, wird für die Variable in der anderen Gleichung eingesetzt.
   Beispiel:

$$\left|\begin{array}{l} y + 3 = 13x \\ 5x + y = 15 \end{array}\right| \qquad \left|\begin{array}{l} y = 13x - 3 \\ 5x + y = 15 \end{array}\right|$$

$$\begin{array}{rcll} 5x + (13x - 3) &=& 15 & \\ 5x + 13x - 3 &=& 15 & \\ 18x - 3 &=& 15 & \mid +3 \\ 18x &=& 18 & \mid :18 \\ x &=& 1 & \end{array}$$

$$\begin{array}{l} y = 13 \cdot 1 - 3 \\ y = 10 \end{array}$$

Lösung: $L = \{(1|10)\}$

Probe:

$$\begin{array}{lr} 10 = 13 \cdot 1 - 3 & 5 \cdot 1 + 10 = 15 \\ 10 = 13 - 3 & 5 + 10 = 15 \\ 10 = 10 & 15 = 15 \end{array}$$

3. Beim **Additionsverfahren** werden die beiden Gleichungen untereinander geschrieben und seitenweise addiert. Dabei müssen die Koeffizienten einer Variablen den gleichen Zahlenwert, aber unterschiedliche Vorzeichen haben.
   Beispiel:

$$\left|\begin{array}{l} 7x + 2y = 40 \\ -4x - 2y = -4 \end{array}\right|$$

$$\begin{array}{rcll} 3x &=& 36 & \mid :3 \\ x &=& 12 & \end{array}$$

$$\begin{array}{rcll} 7 \cdot 12 + 2y &=& 40 & \\ 84 + 2y &=& 40 & \mid -84 \\ 2y &=& -44 & \mid :2 \\ y &=& -22 & \end{array}$$

Lösung: $L = \{(12|-22)\}$

Probe:

$$\begin{array}{r} 7 \cdot 12 + 2 \cdot (-22) = 40 \\ 84 - 44 = 40 \\ 40 = 40 \\ (-4) \cdot 12 - 2 \cdot (-22) = -4 \\ -48 + 44 = -4 \\ -4 = -4 \end{array}$$

TIPP: Jedes lineare Gleichungssystem kann mit jedem der drei Lösungsverfahren gelöst werden. Wir setzen die Existenz einer Lösung voraus.

1 a) $\left|\begin{array}{l} y = 3x - 7 \\ y = -3x + 5 \end{array}\right|$ c) $\left|\begin{array}{l} y = 4x + 2 \\ 5x - 1 = y \end{array}\right|$ e) $\left|\begin{array}{l} x = -y + 1{,}5 \\ x = 2y + 3 \end{array}\right|$ g) $\left|\begin{array}{l} 2x = 5y + 6 \\ 2x = 30 - 7y \end{array}\right|$

b) $\left|\begin{array}{l} y = -3x + 16 \\ y = 2x - 4 \end{array}\right|$ d) $\left|\begin{array}{l} y = 4x + 12 \\ y = x - 3 \end{array}\right|$ f) $\left|\begin{array}{l} 2x = y + 4 \\ 2x = -y + 8 \end{array}\right|$ h) $\left|\begin{array}{l} 6y = 5x + 10 \\ 6y = 140 - 8x \end{array}\right|$

2 a) $\left|\begin{array}{l} 2x + y = 5 \\ 5x + y = 11 \end{array}\right|$ c) $\left|\begin{array}{l} 12x - y - 15 = 0 \\ 8x - y + 1 = 0 \end{array}\right|$ e) $\left|\begin{array}{l} 2x + 4y = 2 \\ 3x + 4y = 5 \end{array}\right|$ g) $\left|\begin{array}{l} 5x + 2y = 3 \\ 3x - 2y = 11 \end{array}\right|$

b) $\left|\begin{array}{l} 2y - 3x = 9 \\ 3x + 7y = 72 \end{array}\right|$ d) $\left|\begin{array}{l} 3x + 4y = 32 \\ 3x + y = 17 \end{array}\right|$ f) $\left|\begin{array}{l} 3x - 2y = 3 \\ 3x - y = 5 \end{array}\right|$ h) $\left|\begin{array}{l} 5x + y = 8 \\ y = 3x \end{array}\right|$

3 Bestimme die beiden Zahlen.

a) Die Differenz aus dem Fünffachen einer Zahl und dem Dreifachen einer anderen Zahl ist 12. Die Summe aus dem Dreifachen der ersten Zahl und dem Doppelten der zweiten Zahl beträgt 40.

b) Die Summe aus dem 3-fachen einer Zahl und dem 4-fachen einer anderen Zahl ist 36. Die Differenz ist (–24), wenn vom Doppelten der ersten Zahl das 8-fache der zweiten Zahl subtrahiert wird.

4 Ein Hotel kann in 36 Zimmern Gäste unterbringen. In den Einzel- und Doppelzimmern stehen insgesamt 70 Betten. Wie viel Einzel- bzw. Doppelzimmer hat das Hotel?

◆ **5** Sarah und Michaela gehen von zwei 39 km voneinander entfernt liegenden Ortschaften einander entgegen. Um 10 Uhr laufen sie los. Sarah legt in der Stunde durchschnittlich 3 km zurück, Michaela 3,5 km. Wann werden sie sich treffen und wie viele Kilometer hat dann jedes Mädchen zurückgelegt? (Skizziere den Sachverhalt vor dem Lösen!)

◆ **6** Einem Wanderer, der 4 km in der Stunde zurücklegt, wird 5 Stunden später eine Radfahrerin hinterhergeschickt. Sie fährt 14 km in der Stunde. Nach wie vielen Stunden und wie vielen Kilometern hat die Radfahrerin den Wanderer eingeholt? (Skizze anfertigen!)

7 Großvater, Vater und Sohn sind zusammen 129 Jahre alt. Das Alter des Großvaters und Vaters ergeben zusammen 113 Jahre. Dagegen sind Großvater und Enkel zusammen 88 Jahre alt. Berechne das Alter von Großvater, Vater und Sohn.

$\frac{x+y}{2}$

8 a) $\left|\begin{array}{l} 5x + y = 45 \\ y = 2x - 4 \end{array}\right|$ c) $\left|\begin{array}{l} y = 3x - 1 \\ 3x + y = 8 \end{array}\right|$ e) $\left|\begin{array}{l} 2x + y = 4 \\ 5x + y = 7 \end{array}\right|$

b) $\left|\begin{array}{l} 3x + y = 11 \\ y = x + 1 \end{array}\right|$ d) $\left|\begin{array}{l} 5x + y = -4 \\ -7x + y = 20 \end{array}\right|$ f) $\left|\begin{array}{l} 6y + 30x = 102 \\ 2x + 3y = 12 \end{array}\right|$

9 a) $\left|\begin{array}{l} -7x + 4y = 1 \\ 2x - 4y = 14 \end{array}\right|$ c) $\left|\begin{array}{l} 11x - 5y = 52 \\ -4x - 5y = -3 \end{array}\right|$ e) $\left|\begin{array}{l} 15x + 7y = 2 \\ 3x - 21y = 90 \end{array}\right|$

b) $\left|\begin{array}{l} 2x + 5y = 11 \\ -2x - 7y = 21 \end{array}\right|$ d) $\left|\begin{array}{l} 4x + 2y = 22 \\ 3x - y = 4 \end{array}\right|$ f) $\left|\begin{array}{l} 5x - 3y = 16 \\ 6x + y = 33 \end{array}\right|$

10 a) $\left|\begin{array}{l} 7x + 3y = 29 \\ y = 2x + 1 \end{array}\right|$ c) $\left|\begin{array}{l} 2x + 1{,}8y = 9{,}2 \\ 5x - 0{,}9y = 1{,}4 \end{array}\right|$ e) $\left|\begin{array}{l} 6x + 3y = 18 \\ y = 2x \end{array}\right|$

b) $\left|\begin{array}{l} -5x + 6y = -34 \\ 2x - 2y = 12 \end{array}\right|$ d) $\left|\begin{array}{l} 40x - 2y = -240 \\ y = 30x \end{array}\right|$ f) $\left|\begin{array}{l} 9x - 8y = 77 \\ 6x - 4y = 46 \end{array}\right|$

11 Milans Großvater hält Hühner und Kaninchen auf seinem Bauernhof. Es sind zusammen 37 Tiere mit insgesamt 106 Beinen. Wie viele Hühner und Kaninchen hat er?

12 Der Umfang eines Parallelogramms beträgt 36 cm. Die Länge einer Seite ist um 4 cm größer als die Länge der anderen Seite. Wie lang sind die Seiten des Parallelogramms?

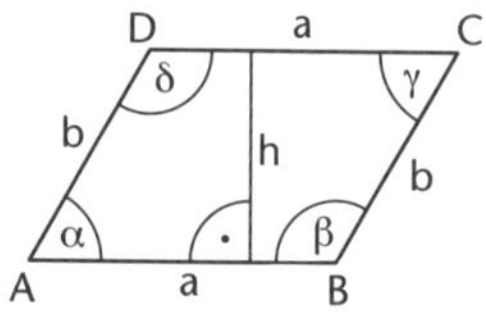

13 In der Frühstückskantine bezahlt Herr Balduin für drei belegte Brötchen und zwei Tassen Kaffee zusammen 6,10 €. Frau Heideröslein bezahlt für eine Tasse Kaffee und zwei belegte Brötchen 3,80 €. Was kostet eine Tasse Kaffee und ein belegtes Brötchen?

◆ **14** Die Breite eines rechteckigen Grundstücks beträgt 20 m. Verkürzt man die Grundstückslänge um 4 m, so verringert sich der Flächeninhalt um 80 m². Verkürzt man die Grundstückslänge um 6 m, nimmt der Flächeninhalt um 120 m² ab. Berechne die ursprüngliche Länge und den Flächeninhalt des Grundstücks.

15 Gibt es ein Dreieck mit folgenden Eigenschaften? Ein Winkel ist das Doppelte eines anderen Winkels. Die beiden Winkel sind zusammen 36° größer als der dritte Winkel.

16 Ein Wassertank mit einem Fassungsvermögen von 9000 m³ wird in drei Tagen von zwei Wasserwerken befüllt. Dabei liefert das eine täglich 500 m³ mehr als das andere. Welche Tagesleistung haben beide Werke?

$\frac{x+y}{2}$

Potenzen und Wurzeln

Potenzen

Für **Potenzen** einer Zahl mit ganzzahligen Exponenten gilt:

(1) Für Potenzen mit *natürlichen Exponenten:*
$a^n = \underbrace{a \cdot a \cdot a \cdot \ldots \cdot a}_{\text{n-Faktoren}}$

a^n – **Exponent** (Hochzahl) – **Basis** (Grundzahl)

(2) Für Potenzen mit dem *Exponenten 1:* $a^1 = a$
(3) Für Potenzen mit dem *Exponenten 0:* $a^0 = 1$
(4) Für Potenzen mit *negativem Exponenten:* $a^{-n} = \frac{1}{a^n}$ mit $a \neq 0$

1 Bestimme die Quadrate folgender Zahlen.
5; 7; 9; 11; 21; 40; 50; 25; $\frac{1}{2}$; 0,2; $\frac{3}{5}$

2 Schreibe ausführlich als Produkt und berechne.
2^3; 10^2; 3^5; 5^3; 1^4; 4^3; $\left(\frac{3}{4}\right)^3$

3 Schreibe als Potenz und berechne.
a) $3 \cdot 3 \cdot 3$ c) $10 \cdot 10 \cdot 10$ e) $7 \cdot 7$ g) $8 \cdot 8 \cdot 8$
b) $4 \cdot 4 \cdot 4$ d) $1 \cdot 1 \cdot 1$ f) $2 \cdot 2 \cdot 2 \cdot 2 \cdot 2 \cdot 2$ h) $25 \cdot 25$

4 Berechne und vergleiche.
a) 4^3 und $4 \cdot 3$ c) $(-2)^6$ und $(-2) \cdot 6$ e) 2^5 und 5^2 g) 2^3 und 3^2
b) 2^5 und $2 \cdot 5$ d) $\left(\frac{3}{4}\right)^3$ und $\frac{3}{4} \cdot 3$ f) 4^3 und 3^4 h) 3^5 und $(-3)^5$

5 Berechne.
a) 8^2; 6^3; 2^7; 0^6; 4^3; 2^{10}; 6^2; 5^4
b) $\left(\frac{1}{2}\right)^3$; $\left(\frac{2}{5}\right)^4$; $\left(\frac{2}{7}\right)^3$; $\left(\frac{3}{4}\right)^5$; $\left(\frac{7}{2}\right)^2$
c) $(0,2)^2$; $0,02^2$; $0,001^3$; $1,2^2$; $(-1,3)^2$; $(-1,5)^2$

6 Schreibe als Potenz mit einer möglichst kleinen Basis:
25; 125; 32; 64; 100; 1000; 144; 169; 256

7 Berechne. Beachte Rechenvorteile.
a) $7 + 3 \cdot 4^2$ e) $22 \cdot 5^3 - 6 \cdot 8^2$ i) $38 \cdot \left(\frac{1}{3}\right)^4 - 17 \cdot \left(\frac{1}{3}\right)^4$
b) $60 - 4 \cdot 3^2$ f) $3 \cdot 2^4 + 2 \cdot 3^2$ j) $0,4^3 + 7 \cdot 0,4^3 - 5 \cdot 0,4^3$
c) $100 + 3 \cdot 12^2$ g) $2 \cdot 7^2 + 6 \cdot 7^2$
d) $7 \cdot 4^3 - 30$ h) $10 \cdot \left(\frac{3}{4}\right)^3 + 15 \cdot \left(\frac{3}{4}\right)^3 - 23 \cdot \left(\frac{3}{4}\right)^3$

$\frac{x+y}{2}$

Zehnerpotenzen

Zehnerpotenzen haben die Basis 10. Große Dezimalzahlen (größer 1) lassen sich als Produkt einer Dezimalzahl und einer *Zehnerpotenz mit einem positiven Exponenten* schreiben.

Zehnerpotenzen	*Bedeutung*	*Vorsatz*
$1 = 10^0$	Eins	–
$10 = 10^1$	Zehn	Deka
$100 = 10^2$	Hundert	Hekto
$1000 = 10^3$	Tausend	Kilo
$1\,000\,000 = 10^6$	Million	Mega
$1\,000\,000\,000 = 10^9$	Milliarde	Giga
$1\,000\,000\,000\,000 = 10^{12}$	Billion	Tera

Beispiele: $23\,000 = 2{,}3 \cdot 10^4$; $6\,500\,000 = 6{,}5 \cdot 10^6$

Sehr kleine Dezimalzahlen (zwischen 0 und 1) lassen sich als Produkt einer einstelligen Dezimalzahl und einer *Zehnerpotenz mit negativem Exponenten* schreiben.

	Bedeutung	*Vorsatz*
$0{,}1 = 10^{-1}$	Zehntel	Dezi
$0{,}01 = 10^{-2}$	Hundertstel	Zenti
$0{,}001 = 10^{-3}$	Tausendstel	Milli
$0{,}000\,001 = 10^{-6}$	Millionstel	Mikro
$0{,}000\,000\,001 = 10^{-9}$	Milliardstel	Nano

Beispiele: $0{,}000\,043 = 4{,}3 \cdot 10^{-5}$; $0{,}000\,000\,087 = 8{,}7 \cdot 10^{-8}$

Diese Schreibweise nennt man *scientific notation* oder Darstellung einer Dezimalzahl mithilfe abgetrennter Zehnerpotenzen.

1 Schreibe jeweils die Zahlen mithilfe einer Zehnerpotenz.
a) 3000; 40 000; 50 000 000; 900; 73 000 000 000
b) 0,023; 0,0 000 045; 0,00 345; 0,000 000 067; 0,0 125

2 Schreibe als Dezimalzahl.
a) $6 \cdot 10^4$; $3{,}5 \cdot 10^3$; $4 \cdot 10^7$; $1{,}3 \cdot 10^6$; $2{,}7 \cdot 10^6$
b) $2 \cdot 10^{-4}$; $3{,}4 \cdot 10^{-3}$; $5{,}7 \cdot 10^{-6}$; $2{,}3 \cdot 10^{-3}$; $6{,}7 \cdot 10^{-8}$; $9{,}8 \cdot 10^{-12}$

3 Schreibe in scientific notation.
a) Schallgeschwindigkeit: $300\ \text{m} \cdot \text{s}^{-1}$
b) Lichtgeschwindigkeit: $300\,000\ \text{km} \cdot \text{s}^{-1}$
c) Entfernung Mond-Erde: 384 000 km

Potenzgesetze – Rechnen mit Potenzen

Potenzen mit *gleicher Basis* werden multipliziert bzw. dividiert, indem man die Exponenten addiert bzw. subtrahiert und die Basis beibehält.

$\mathbf{a^m \cdot a^n = a^{m+n}}$ $\qquad$ $\mathbf{\frac{a^m}{a^n} = a^{m-n}}$

Potenzen mit *gleichen Exponenten* werden multipliziert bzw. dividiert, indem die Basen miteinander multipliziert bzw. dividiert und die Exponenten beibehalten werden.

$\mathbf{a^m \cdot b^m = (a \cdot b)^m}$ $\qquad$ $\mathbf{\frac{a^m}{b^m} = \left(\frac{a}{b}\right)^m}$

Potenzen werden *potenziert,* indem die Exponenten multipliziert werden und die Basis beibehalten wird.

$\mathbf{(a^m)^n = a^{m \cdot n}}$

1 a) $2^2 \cdot 2^3$ c) $4^1 \cdot 4^2$ e) $10^5 \cdot 10^8$ g) $\left(-\frac{1}{5}\right)^2 \cdot \left(-\frac{1}{5}\right)^4$
b) $2^4 \cdot 2^5$ d) $0^7 \cdot 0^3$ f) $1{,}2^3 \cdot 1{,}2^4$ h) $0{,}75^2 \cdot 0{,}75^5$

2 a) $x^2 \cdot x^3$ c) $c \cdot c^5$ e) $2m^3 \cdot 5m^3 \cdot 3m^2$ g) $4x^3y^4 \cdot 5x^2y^5$
b) $a \cdot a^2 \cdot a^5$ d) $b^2 \cdot b \cdot b^3$ f) $5z^2 \cdot z \cdot 3z^4$ h) $k^3 \cdot 7k^5 \cdot xk^4$

3 a) $7^5 : 7^4$ c) $2^{10} : 2^8$ e) $10^8 : 10^3$ g) $\frac{2^{17}}{2^{11}}$ i) $\frac{0{,}4^8}{0{,}4^6}$
b) $5^4 \cdot 20^4$ d) $(-2)^5 \cdot 50^5$ f) $\left(-\frac{2}{3}\right)^4 \cdot 10^4$ h) $0{,}25^9 \cdot 4^9$

4 Berechne. Setze das richtige Zeichen ein (<, > oder =).
a) $2^5 \cdot 3^5$ $=$ $(2 \cdot 3)^5$; $2^5 + 3^5$ ☐ $(2 + 3)^5$
b) $3^2 \cdot 4^2$ $=$ $(3 \cdot 4)^2$; $3^2 + 4^2$ ☐ $(3 + 4)^2$
c) $6^3 \cdot 4^3$ $=$ $(6 \cdot 4)^3$; $6^3 - 4^3$ ☐ $(6 - 4)^3$
d) $5^4 \cdot 3^4$ $=$ $(5 \cdot 3)^4$; $5^4 - 3^4$ ☐ $(5 - 3)^4$

5 Vereinfache.
a) $(x^5)^4$ c) $(a^6)^3$ e) $(a^2)^2$ g) $(3^m)^4$ i) $(a^{m+2})^3$ k) $(2a^4 \cdot b^4)^3$
b) $(3^5)^4$ d) $(b^7)^3$ f) $(2x)^3$ h) $(4^n)^3$ j) $(b^{2n+3})^5$ l) $(x \cdot y^2 \cdot z^3)^2$

6 Schreibe als Bruch.
2^{-3}; 4^{-3}; $0{,}2^{-4}$; 8^{-1}; 10^{-4}; x^{-3}; a^{-1}; a^{-5}

7 Schreibe mit negativem Exponenten.
$\frac{1}{7^3}$; $\frac{1}{-2^{10}}$; $\frac{1}{(-2)^{10}}$; $\frac{1}{10}$; $\frac{1}{10^2}$; $\frac{1}{-10^3}$; $\frac{1}{(-4)^3}$; $\frac{1}{x^2}$; $\frac{1}{x^6}$; $\frac{1}{a^5}$

$\frac{x+y}{2}$

Wurzeln

Die **n-te Wurzel** aus einer *positiven* Zahl a ist die *positive* Zahl b, die mit n potenziert a ergibt.

Wurzelexponent
$\sqrt[n]{a}$ —— **Radikand** $\sqrt[n]{a} = b$, denn $b^n = a$ mit $a \geq 0$ und $b \geq 0$

Beispiel: $\sqrt{64} = 8$, denn $8^2 = 64$ $\sqrt[3]{125} = 5$, denn $5^3 = 125$

1 Berechne.
a) $\sqrt{25}$ b) $\sqrt{6400}$ c) $\sqrt{169}$ d) $\sqrt{0{,}81}$ e) $\sqrt{0{,}04}$ f) $\sqrt{12{,}25}$

2 Gib die Lösungen der Gleichungen an.
a) $x^2 = 36$ b) $x^2 = 2500$ c) $x^2 = 256$ d) $x^2 = 225$ e) $x^2 = 361$

3 Gib die Seitenlänge a eines Quadrates mit gegebenem Flächeninhalt an.
$36\ cm^2$; $64\ cm^2$; $49\ cm^2$; $144\ cm^2$; $6{,}25\ cm^2$; $2{,}25\ cm^2$

4 a) $\sqrt[3]{8}$ b) $\sqrt[6]{8^6}$ c) $\sqrt[4]{10\,000}$ d) $\sqrt[4]{625}$ e) $\sqrt[3]{\frac{1}{8}}$ f) $\sqrt[3]{0{,}001}$

Potenzen mit rationalem Exponenten

Für Potenzen mit rationalem Exponenten gilt:

$a^{\frac{m}{n}} = \sqrt[n]{a^m}$, wobei $a > 0$, m eine ganze Zahl und n eine natürliche Zahl ist.

$a^{\frac{1}{n}} = \sqrt[n]{a}$ $a^{\frac{1}{2}} = \sqrt{a}$ $a^{\frac{-1}{2}} = \frac{1}{\sqrt{a}}$

Beispiele: $5^{\frac{4}{3}} = \sqrt[3]{5^4}$ $8^{-\frac{5}{3}} = \sqrt[3]{8^{-5}}$ *oder* $8^{-\frac{5}{3}} = \sqrt[3]{\frac{1}{8^5}}$

1 Schreibe als Wurzel.
a) $15^{\frac{1}{2}}$ b) $3^{\frac{2}{3}}$ c) $112^{\frac{2}{8}}$ d) $b^{\frac{3}{5}}$ e) $7^{-\frac{6}{5}}$ f) $25^{\frac{3}{2}}$ g) $0{,}49^{-\frac{1}{2}}$

2 Schreibe mit rationalem Exponenten.
a) $\sqrt[3]{5^2}$ c) $\sqrt[3]{x}$ e) $\sqrt[4]{16}$ g) $\sqrt[3]{8^2}$ i) $\sqrt[6]{12^3}$ k) $\sqrt[7]{a^8}$
b) $\sqrt[7]{3^4}$ d) $\sqrt[3]{24}$ f) $\sqrt[5]{c^3}$ h) $(\sqrt[2]{64})^3$ j) $\sqrt[m]{256^2}$ l) $\sqrt[n]{x^3}$

3 Berechne.
a) $25^{\frac{1}{2}}$ d) $16^{\frac{1}{4}}$ g) $8^{\frac{1}{3}}$ j) $25^{\frac{7}{2}}$ m) $0{,}49^{\frac{4}{2}}$ ◆ p) $\left(\frac{1}{32}\right)^{\frac{1}{5}}$
b) $125^{\frac{1}{3}}$ e) $16^{\frac{1}{2}}$ h) $4^{\frac{1}{2}}$ k) $25^{1,5}$ n) $625^{\frac{6}{4}}$ ◆ q) $\left(\frac{4}{49}\right)^{-\frac{3}{2}}$
c) $9^{\frac{1}{2}}$ f) $32^{\frac{1}{5}}$ i) $0{,}36^{\frac{1}{2}}$ l) $0{,}49^{\frac{1}{2}}$ o) $0{,}125^{\frac{2}{3}}$ ◆ r) $\left(\frac{16}{81}\right)^{\frac{1}{4}}$

Wurzelgesetze – Potenzen mit rationalen Exponenten

Die Potenzgesetze gelten auch für rationale Zahlen p und q als Exponenten. Die Basen a und b sind positive Zahlen.

$a^p \cdot a^q = a^{p+q}$ $\qquad \sqrt[p]{(a \cdot b)} = \sqrt[p]{a} \cdot \sqrt[p]{b}$ $\qquad (a^p)^q = a^{p \cdot q}$

$\frac{a^p}{a^q} = a^{p-q}$ $\qquad \sqrt[p]{\left(\frac{a}{b}\right)} = \frac{\sqrt[p]{a}}{\sqrt[p]{b}}$

Beispiele: $\sqrt[3]{125 \cdot 8} = \sqrt[3]{125} \cdot \sqrt[3]{8} = 10$ $\qquad \sqrt[2]{\sqrt[3]{64}} = \sqrt[6]{64} = 2$

$\sqrt[3]{\frac{125}{8}} = \frac{\sqrt[3]{125}}{\sqrt[3]{8}} = \frac{5}{2}$ $\qquad \sqrt{45} = \sqrt{9 \cdot 5} = \sqrt{9} \cdot \sqrt{5} = 3 \cdot \sqrt{5}$

1 Rechne vorteilhaft.

a) $\sqrt{8} \cdot \sqrt{18}$ d) $\sqrt{6} \cdot \sqrt{24}$ g) $\sqrt{0{,}3} \cdot \sqrt{2{,}7}$ j) $\sqrt{36 \cdot 16}$

b) $\sqrt{2} \cdot \sqrt{32}$ e) $\sqrt{7} \cdot \sqrt{28}$ h) $\sqrt{\frac{2}{3}} \cdot \sqrt{216}$ k) $\sqrt{16 \cdot 4}$

c) $\sqrt{5} \cdot \sqrt{45}$ f) $\sqrt{\frac{1}{3}} \cdot \sqrt{75}$ i) $\sqrt{64 \cdot 225}$ l) $\sqrt{0{,}16 \cdot 49}$

2 Bestimme die Kantenlänge eines Würfels mit dem Volumen 8 cm^3; 64 cm^3; 1000 cm^3; 1 dm^3; 0,001 m^3; 27 000 dm^3; 0,027 m^3.

3 a) $\sqrt{\frac{49}{9}}$ c) $\sqrt{\frac{81}{36}}$ e) $\sqrt{\frac{64}{25}}$ g) $\sqrt{6\frac{1}{4}}$ i) $\sqrt{1\frac{17}{64}}$

b) $\sqrt{\frac{16}{25}}$ d) $\sqrt{\frac{25}{81}}$ f) $\sqrt{7\frac{1}{9}}$ h) $\sqrt{5\frac{1}{16}}$ j) $\sqrt{\frac{1{,}21}{1{,}69}}$

4 Die Oberfläche eines Würfels ist 150 cm^2 groß. Berechne seine Kantenlänge und sein Volumen.

5 Vereinfache die Terme durch teilweises Wurzelziehen.

a) $\sqrt{20}$ d) $\sqrt{45}$ g) $\sqrt{24}$ j) $\sqrt{\frac{32}{169}}$ m) $\sqrt{28a^2b}$

b) $\sqrt{18}$ e) $\sqrt{75}$ h) $\sqrt{108}$ k) $\sqrt{60x}$ n) $\sqrt{300ab^2}$

c) $\sqrt{50}$ f) $\sqrt{27}$ i) $\sqrt{\frac{7}{81}}$ l) $\sqrt{5x^2}$ o) $\sqrt{147xy^2}$

6 a) $\sqrt{5} \cdot \sqrt{125}$ c) $\sqrt[3]{49} \cdot \sqrt[3]{7}$ e) $\sqrt[4]{3} \cdot \sqrt[4]{27}$ g) $\sqrt{75} : \sqrt{3}$ i) $\sqrt[4]{64} : \sqrt[4]{4}$

b) $\sqrt[3]{4} \cdot \sqrt[3]{2}$ d) $\sqrt[5]{8} \cdot \sqrt[5]{27}$ f) $\sqrt{8} : \sqrt{2}$ h) $\sqrt[3]{81} : \sqrt[3]{3}$ j) $\sqrt[4]{512} : \sqrt[4]{2}$

◆ **7** Ein 5 t schwerer Marmorwürfel soll auf eine Betonplatte gesetzt werden. 1 m^3 Marmor wiegt 2,5 t. Wie groß muss eine quadratische Betonplatte sein, wenn jeweils 15 cm an den Würfelkanten überstehen sollen?

◆ **8** Vereinfache.

a) $\sqrt[5]{x^4} \cdot \sqrt[10]{x^2}$ b) $\sqrt[3]{a^2} \cdot \sqrt[6]{a}$ c) $\sqrt[6]{a^5} : \sqrt[3]{a^2}$ d) $\left(\sqrt[5]{b^2}\right)^{10}$ e) $\sqrt[6]{\sqrt[4]{x^3}}$

Quadratische Gleichungen

Lösen quadratischer Gleichungen – Lösungsverfahren

Gleichungen in der Form $\mathbf{ax^2 + bx + c = 0}$ ($a \neq 0$) nennen wir **allgemeine quadratische Gleichungen**. Wenn $a = 1$ ist, liegt die **Normalform** einer quadratischen Gleichung vor: $\mathbf{x^2 + px + q = 0}$
Falls diese Gleichung lösbar ist, gilt für die Lösungen:

$x_1 = -\frac{p}{2} + \sqrt{\left(\frac{p}{2}\right)^2 - q}$ und $x_2 = -\frac{p}{2} - \sqrt{\left(\frac{p}{2}\right)^2 - q}$

Der Term unter dem Wurzelzeichen heißt **Diskriminante D**.
Ist $D > 0$, hat die Gleichung *zwei Lösungen*.
Ist $D = 0$, hat die Gleichung *eine Lösung*.
Ist $D < 0$, hat die Gleichung *keine Lösung*.

1 a) $x^2 - 14x + 48 = 0$ b) $a^2 - 8a + 15 = 0$ c) $x^2 + 10x + 25 = 0$ d) $x^2 + 6x + 9 = 0$ e) $z^2 + 2z - 24 = 0$ f) $a^2 + 50a + 49 = 0$

2 a) $x^2 + 15x + 44 = 0$ b) $a^2 - 0{,}5a + 1{,}5 = 0$ c) $x^2 - 3x - 10 = 0$ d) $x^2 - 5x - 14 = 0$ e) $x^2 + 0{,}5x - 22{,}5 = 0$ f) $x^2 + 2x - 15 = 0$

Quadratische Gleichungen in der Normalform $x^2 + px + q = 0$ können durch quadratische Ergänzung gelöst werden.

Beispiel:

$$
\begin{aligned}
x^2 + 8x + 7 &= 0 && |-7\\
x^2 + 8x &= -7 &&\\
x^2 + 2 \cdot 4x &= -7 && |+4^2\\
x^2 + 2 \cdot 4x + 4^2 &= -7 + 4^2 &&\\
(x + 4)^2 &= 9 && |\sqrt{\ }\\
x_1 + 4 = 3 \quad &\text{und} \quad x_2 + 4 = -3\\
x_1 = -1 \quad &\phantom{\text{und}} \quad x_2 = -7
\end{aligned}
$$

1 Löse die Gleichungen durch quadratische Ergänzung.
a) $x^2 + 8x + 7 = 0$
b) $x^2 - 4x + 3 = 0$
c) $x^2 + 9x - 10 = 0$
d) $x^2 - 3x - 4 = 0$
e) $x^2 - 7x - 8 = 0$
f) $x^2 - 2x - 15 = 0$
g) $x^2 + 4x - 21 = 0$
h) $x^2 + 8x = 9$
i) $x^2 - 12x - 72 = 0$

2 Forme in die Normalform um. Löse durch quadratische Ergänzung.
a) $2x^2 + 12x + 10 = 0$
b) $3x^2 + 9x - 84 = 0$
c) $4x^2 - 0{,}4x - 0{,}08 = 0$
d) $7x^2 - 14x - 23 = 6x^2 - 23x + 29$

Satz von Vieta

Ist eine quadratische Gleichung $x^2 + px + q = 0$ gegeben, dann sind x_1 und x_2 zwei Lösungen der Gleichungen, wenn gilt:
$\mathbf{x_1 + x_2 = -p}$ und $\mathbf{x_1 \cdot x_2 = q}$. Sonst nicht.

1 Löse folgende Gleichungen und kontrolliere mit dem Satz von Vieta.

a) $2x^2 + 15x + 28 = 0$ c) $(x - 3)^2 = 16$ e) $x^2 - 20x + 100 = 49$
b) $x^2 + 4x + 4 = 0$ d) $11x + x^2 = -30{,}5$ f) $x^2 - 2x - 10 = 0$

2 Berechne die möglichen Zahlen.

a) Das Quadrat einer Zahl vermindert um ihr Sechsfaches ergibt 187.
b) Das Zwölffache einer Zahl ist so groß wie das Fünffache ihres Quadrates.
c) Das Zwölffache des Quadrates einer Zahl ist 3.

Besondere quadratische Gleichungen

Eine quadratische Gleichung der Form $x^2 + q = 0$ heißt **reinquadratische Gleichung**. Sie hat:
– genau *zwei Lösungen*, wenn $q < 0$,
– genau *eine Lösung*, wenn $q = 0$,
– *keine Lösung*, wenn $q > 0$.

Beispiele:
(1) $x^2 - 9 = 0$; $x^2 = 9$; $x_1 = 3$ $x_2 = -3$
(2) $x^2 = 0$; $x = 0$
(3) $x^2 + 16 = 0$; $x^2 = -16$; Keine Lösung!

TIPP: Man formt eine allgemeine quadratische Gleichung so um, dass man die Normalform erhält. Dann wählt man ein Lösungsverfahren aus.

1
a) $x^2 - 4 = 0$ d) $x^2 = 121$ g) $\frac{1}{2}x^2 = \frac{25}{8}$ j) $7x^2 = 448$
b) $x^2 = 81$ e) $x^2 - 0{,}64 = 0$ h) $4x^2 - 9 = 0$ k) $\frac{2}{3}x^2 - \frac{10}{3} = 0$
c) $x^2 - 25 = 0$ f) $x^2 - \frac{49}{16} = 0$ i) $12x^2 + 4 = 100$ l) $-4x^2 + 28 = 0$

2
a) Ein Rechteck ist doppelt so lang wie breit. Sein Flächeninhalt beträgt 5000 cm². Wie lang sind die Rechteckseiten?
b) Ein quadratisches Grundstück wird auf einer Seite um 4 m verlängert und auf der anderen Seite um 4 m verkürzt. Das neue, rechteckige Grundstück hat einen Flächeninhalt von 513 m². Bestimme die Seitenlänge des ursprünglichen Grundstücks.

$\frac{x+y}{2}$

3 a) Wenn man vom Quadrat einer Zahl 63 subtrahiert, erhält man 378. Wie heißt die Zahl?
b) Multipliziert man das Quadrat einer Zahl mit 7, so erhält man 567.
c) Addiert man zum Quadrat einer Zahl 98, so erhält man dasselbe Ergebnis, wenn man das Quadrat der Zahl mit 3 multipliziert.

4 a) $x^2 - 100x = 0$ c) $x^2 + 30x = 0$ e) $12x^2 - 24x = 0$
b) $x^2 + x = 0$ d) $x^2 - 7{,}8x = 0$ f) $7x^2 - 77x = 0$

5 Um aus dem Stand auf die Geschwindigkeit $v = 100\ \frac{km}{h}$ zu beschleunigen, benötigt ein Auto die Zeit t = 11 Sekunden.
a) Wie groß ist die Beschleunigung a?
b) Welchen Weg s legt das Auto in den 11 Sekunden zurück?
(Für gleichmäßig beschleunigte Bewegungen gilt: $v = a \cdot t$, $s = \frac{1}{2} a \cdot t^2$

6 a) Wenn man eine Zahl und 3 addiert und die Summe quadriert, erhält man 49.
b) Wenn man von einer Zahl $\frac{7}{4}$ subtrahiert und die Differenz quadriert, erhält man $\frac{9}{16}$.

7 a) $x^2 + 6x + 9 = 49$ d) $x^2 - 8x + 16 = 36$
b) $x^2 - 6x + 9 = 25$ e) $x^2 + 12x + 36 = 49$
c) $x^2 - 18x + 81 = 225$ f) $x^2 - 6x + 9 = 64$

8 Ein Rechteck ist doppelt so lang wie breit. Sein Flächeninhalt beträgt 50 cm². Wie lang sind seine Seiten?

9 In einem Rechteck ist die eine Seite um 5 cm länger als die andere. Der Flächeninhalt beträgt 44 cm². Bestimme die Seitenlängen.

10 Der Umfang eines Rechtecks beträgt 84 cm, der Flächeninhalt 216 cm². Wie lang sind die Seiten?

◆ **11** Die Oberfläche eines Quaders beträgt 148 cm². Die Maßzahlen für die Kantenlängen sind drei aufeinander folgende natürliche Zahlen. Bestimme die drei Zahlen.

12 a) $(x + 2)^2 - (x + 4)^2 = (x + 6)^2$ d) $(2x - 4)(x + 4) = (x + 4)^2$
b) $7x + 16 + 3x^2 = 8 - 2x + 2x^2$ e) $x^2 - 5x + 7 = 5x - 14$
c) $(x - 2)^2 + (x + 3)^2 = (x - 1)^2 - 4x$ f) $-12x + 20 + 4x^2 = 3x^2 + 2x - 20$

◆ **13** Quadriert man das Alter von Paul und verdoppelt das Alter von Renato, so erhält man jeweils das Alter der Mutter. Paul ist 12 Jahre jünger als Renato. Wie alt sind Paul, Renato und die Mutter?

$\frac{x+y}{2}$

Komplexe Aufgaben

1 Carlos erkundigt sich, ob es für die chemische Industrie tarifliche Ausbildungsvergütungen gibt. Aus den Tabellen entnimmt er die Werte und berechnet mit einer Tabellenkalkulation die Durchschnitte.
Wichtig! ***Im Tabellenkalkulationsprogramm beginnt jede Formel mit einem Gleichheitszeichen.***

	A	B	C	D	E	F
1	Tarifbereich	Ausbildungsjahr (Euro/Monat)				
2		1.	2.	3.	4.	Durchschn. monatliche Vergütung
3	Berlin-West	738	783	828	876	
4	Hessen	705	768	845	917	
5	Niedersachsen	726	770	843	904	
6	Nordrhein	739	818	899	968	
7	Ost	731	775	820	867	
8	Westfalen	721	798	972	947	
9	Durchschnitt					

a) Wie könnte B9 rechnerisch ermittelt werden?
b) Durch welche Eingabe einer Formel berechnet das Programm den Wert in Zelle C9; D9; E9?
c) Mit welcher Formel werden die Werte in den Zellen F3 bis F8 errechnet?
d) Kann man allein aus den errechneten Werten seine Entscheidung für einen Ausbildungsplatz treffen? Gib weitere Gründe an.

◆ **2** Ein ICE 3 fährt mit einer Geschwindigkeit von $120\ \frac{km}{h}$ durch einen 2500 m langen Tunnel. Von der Einfahrt der Zugspitze bis zur Ausfahrt des letzten Wagens aus dem Tunnel dauert es 1 min 21 s.
a) Gib die Geschwindigkeit in $\frac{m}{s}$ an.
b) Wie lang ist der Zug?

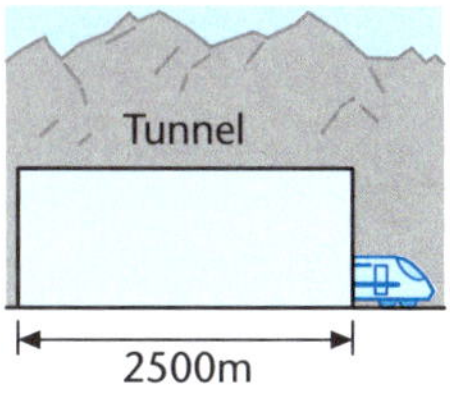

◆ **3** Familie Wolf muss für 320 kWh im September 89,20 € und für 345 kWh im Oktober 94,45 € bezahlen.
a) Wie viel kostet zu dieser Zeit eine Kilowattstunde?
b) Wie hoch ist die Grundgebühr?

$\frac{x+y}{2}$

4 Bevor Frau Radic an der Kasse des Supermarktes bezahlt, überschlägt sie die Summe der Preise der gekauften Lebensmittel, indem sie auf Euro-Beträge rundet. Sie hat nur einen 20-Euro-Schein zum Bezahlen. Ihr Einkauf: Butter (250 g): 1,48 €; Brot (750 g): 2,36 €; Milch (1 *l*): 1,05 €; 1 Gurke (300 g): 0,59 €; Paprika (500 g): 2,49 €; Honig (500 g): 3,07 €; Heringssalat (250 g): 1,19 €; Müsli (750 g): 2,12 €; Jogurt (4 x 150 g): 0,92 €; Mineralwasser (2 x 1 *l*): 1,48 €.

a) Gib für die einzelnen Lebensmittel gerundete Euro-Beträge an.
b) Reicht das Geld nach Überschlag für das Bezahlen aus?
c) Wie viel muss Frau Radic tatsächlich bezahlen?
d) Wie viel wiegt der Einkauf?
e) Was kann am Kassenbon abgelesen werden?

5 Im Jahren 2007 fielen in Deutschland insgesamt 41 750 000 t Hausmüll an. Davon wurden auf Deponien, in Verbrennungsanlagen oder durch Behandlung 9 625 000 t beseitigt. Der Rest wurde energetisch oder stofflich verwertet.
a) Gib die Angaben mit abgetrennten Zehnerpotenzen an.
b) Wie viel t wurden demnach energetisch oder stofflich verwertet?
c) Gib den prozentualen Anteil des Hausmülls für die Verwertung an.
d) Für die energetische Verwertung werden 4 732 000 t und für die stoffliche Verwertung 27 393 000 t genutzt. Berechne ihre prozentualen Anteile an der Verwertung.
Zeichne ein geeignetes Kreisdiagramm.

6 Eine Gemeinde will ein neues Wohngebiet errichten. Es sind vorerst 64 Bauplätze zu je 830 m² geplant. 1 m² soll unerschlossen 105,35 € kosten. Wegen der starken Nachfrage sollen 78 kleinere Bauplätze eingerichtet werden. Für 1 m² werden dann 110,43 € erhoben.
a) Wie groß sind die kleineren Bauplätze?
b) Gib die Fläche des Wohngebietes in ha an.
c) Vergleiche die Einnahmen der Gemeinde bei 64 und 78 Bauplätzen.

Funktionen

Zuordnungen

Darstellung von Zuordnungen

Jeder von 5 Personen wird ihre Körpergröße zugeordnet.

Pfeilbild

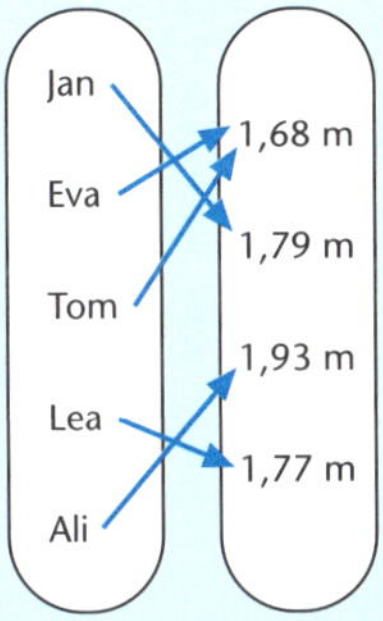

Tabelle

Name	Körpergröße
Ali	1,93 m
Eva	1,68 m
Jan	1,79 m
Lea	1,77 m
Tom	1,68 m

Säulendiagramm

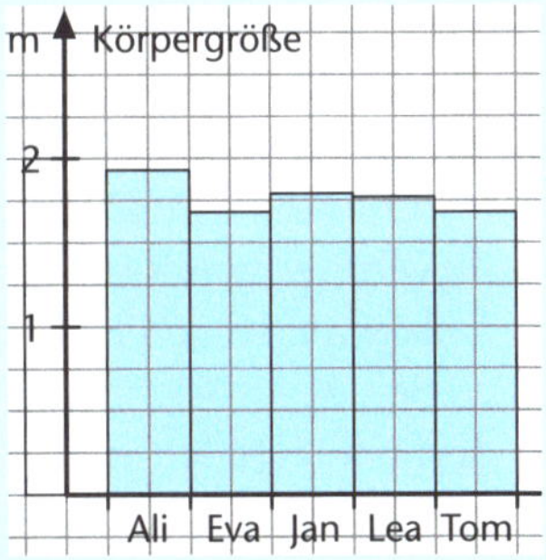

Zuordnungen kann man im **Koordinatensystem** darstellen.

x	y
0	0
0,5	0,25
1	0,5
2	1
3	1,5
4	2
5	2,5

Die Zuordnung in einer Wertetabelle kann im Koordinatensystem dargestellt werden. Häufig ist es sinnvoll, die Punkte zu verbinden, sodass auch Zwischenwerte abgelesen werden können.

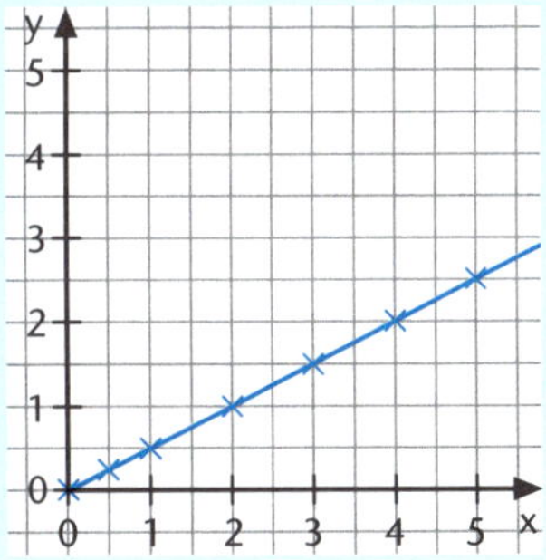

1 An einem Tag im Mai wurde zu bestimmten Uhrzeiten die Temperatur gemessen. Zeichne zu der Tabelle ein Säulendiagramm.

Uhrzeit	8.00	9.00	10.00	11.00	12.00	13.00	14.00	15.00	16.00	17.00
Temperatur	9°C	11°C	13°C	15°C	17°C	18°C	19°C	19°C	17°C	16°C

2 In Aufgabe 1 wird die Zuordnung *Uhrzeit* → *Temperatur* durch eine Tabelle beschrieben. Stelle diese Zuordnung durch Punkte im Koordinatensystem dar. Verbinde die Punkte.

3 Im Koordinatensystem ist dargestellt, wie viel Liter Wasser im Durchschnitt jede Person in Deutschland täglich in den Jahren 1950 bis 2010 verbraucht hat. Lies die Werte für die Jahre 1950, 1955, ..., 2005 möglichst genau ab und trage sie in eine Tabelle ein.

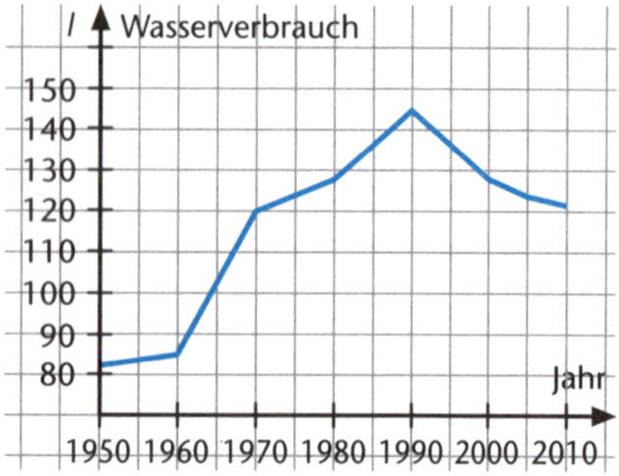

4 Ein Kino wurde im September von 2400 Personen besucht, im Oktober von 2800 und im November von 3400 Personen. Erkläre die beiden Darstellungen zu den Besucherzahlen. Welcher Besucherzahl entspricht eine Figur? Welcher Besucherzahl entspricht 1 mm Streifenlänge?

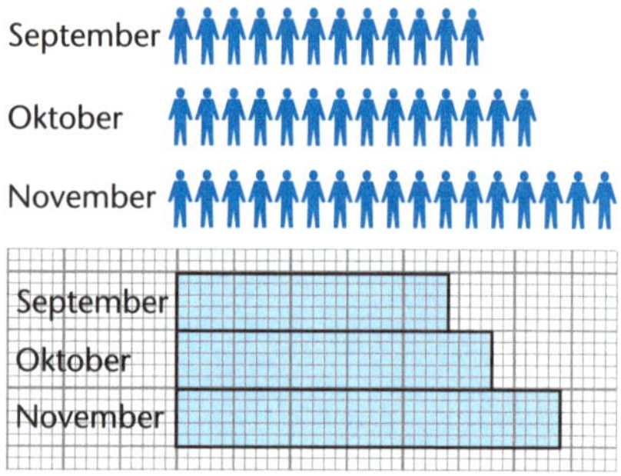

5 In der Tabelle stehen gerundete Entfernungen deutscher Städte von Berlin. Stelle die Entfernungen in einem Säulendiagramm dar. Wähle einen geeigneten Maßstab.

Aachen	Bremen	Cottbus	Dresden	Essen	Köln	München	Rostock
640 km	380 km	130 km	210 km	480 km	550 km	600 km	240 km

6 Im Bild ist dargestellt, wie lang die zehn längsten Flüsse der Welt sind. Lies die Länge der Flüsse möglichst genau ab und trage sie in eine Tabelle ein.

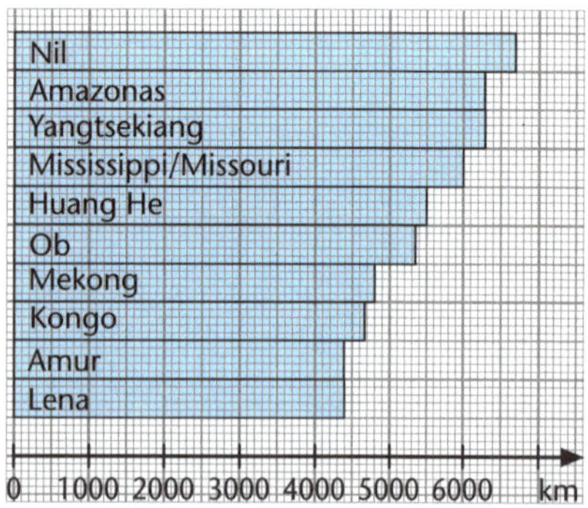

7 Flüsse in Deutschland. Runde sinnvoll. Zeichne ein Säulendiagramm.

Rhein	Elbe	Donau	Weser	Saale	Spree	Ems	Havel
865 km	793 km	647 km	440 km	427 km	382 km	371 km	343 km

Maßstab

Der **Maßstab** gibt das Verhältnis zwischen Längen in einem Plan und den Längen in der Wirklichkeit an.

Maßstab 1 : 100 bedeutet:
1 cm im Bild sind 100 cm in der Wirklichkeit.

$$\frac{\text{Länge im Bild}}{\text{Länge in der Wirklichkeit}} = \frac{1}{100}$$

Beispiel:
4,5 cm im Bild sind $100 \cdot 4{,}5$ cm = 450 cm in der Wirklichkeit.
720 cm in der Wirklichkeit sind 720 cm : 100 = 7,2 cm im Bild.

1 Wie viel Meter lang sind die Strecken in der Wirklichkeit?

a)

1 : 100
9 cm
3 cm
13 cm

b)

1 : 500
5 cm
8 cm
15 cm

c)

1 : 2000
7 cm
14 cm
6 cm

d)

1 : 5000
3 cm
9 cm
11 cm

2 Wie viel Kilometer lang sind die Strecken in der Wirklichkeit?

a)

1 : 25 000
5 cm
0,7 cm
18 cm

b)

1 : 50 000
7 cm
0,5 cm
12 cm

c)

1 : 10 000
9 cm
2,4 cm
13 cm

d)

1 : 20 000
2 cm
1,5 cm
14 cm

3 a) Ein Wanderweg ist 23 km lang. Wie lang ist der Weg auf einer Karte im Maßstab 1 : 25 000?

b) Die Luftlinienentfernung von Hamburg nach München beträgt 600 km. Wie groß ist die Entfernung Hamburg-München auf einer Karte, auf der der Maßstab 1 : 6 000 000 angegeben ist?

4 Hier ist der Plan eines Regals.

a) Miss die Länge des Regals im Plan. In welchem Maßstab wurde der Plan gezeichnet?

b) Wie hoch ist das Regal im Plan, wie hoch ist es in der Wirklichkeit?

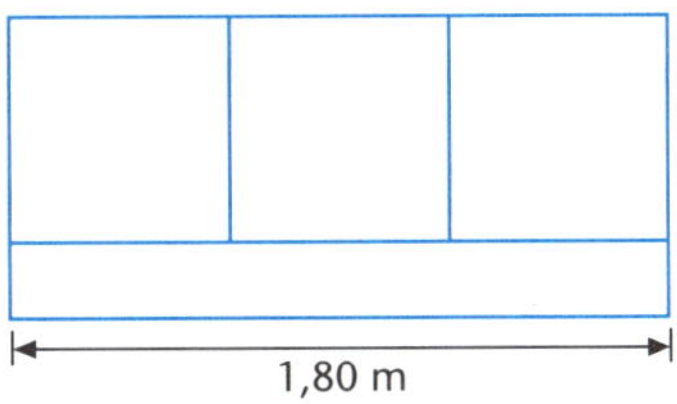

5 Ein Schiff ist 120 m lang und 32 m breit. Wie lang und wie breit ist ein Modell des Schiffes, das im Maßstab 1 : 200 angefertigt wurde?

Proportionale Zuordnungen

Für **proportionale Zuordnungen** gilt:
Zum Doppelten gehört das Doppelte, zum Dreifachen gehört das Dreifache, zur Hälfte gehört die Hälfte, zum dritten Teil gehört der dritte Teil, ...

Beispiele:

Anzahl von Brötchen → Preis
Wohnfläche → Mietpreis
Arbeitszeit → Lohn
Gewicht eines Balkens → Volumen
Volumen von Heizöl → Gewicht
Länge einer Holzleiste → Preis

Zahlenpaare in der Tabelle einer proportionalen Zuordnung erhält man, indem man auf beiden Seiten mit derselben Zahl multipliziert oder durch dieselbe Zahl dividiert.

	Gewicht (in kg)	Preis (in €)	
	2	6	
·2	4	12	·2
·5	20	60	·5
:2	10	30	:2

1 Ist die Zuordnung proportional?

a) *Lebensalter → Körpergröße*
b) *Weglänge → Taxigebühr*
c) *Gewicht eines Briefes → Porto*
d) *Gewicht von Käse → Preis*

2 Gehört die Tabelle zu einer proportionalen Zuordnung? Begründe.

a)

Gewicht (in kg)	Preis (in €)
20	4
60	12
80	16

b)

Zeit (in h)	Weg (in km)
2	4
4	5
5	9

3 Ergänze die fehlenden Werte. Die Zuordnung ist proportional.

a)

Anzahl	Preis (in €)
6	30
3	
18	
9	

b)

Gewicht (in kg)	Preis (in €)
4	12
	36
	9
	60

c)

Zeit (in h)	Weg (in km)
2	14
	28
12	
	21

d)

Volumen (in cm^3)	Gewicht (in g)
	40
2	
10	80
	240

Dreisatz bei proportionalen Zuordnungen

Beispiel: 3 kg Äpfel kosten 3,90 €. Wie viel Euro kosten 5 kg Äpfel?

Lösung in einer Tabelle:

	Anzahl	Preis (in €)	
	3	3,90	
:3	1	1,30	:3
·5	5	6,50	·5

Lösung am Bruchstrich:

5 kg kosten x €
3 kg kosten 3,90 €.

3 kg	$x = \frac{3{,}90 \cdot 5}{3}$
1 kg	
5 kg	$x = 6{,}50$

Antwort: 5 kg Äpfel kosten 6,50 €.

1 Für 10 kg Kartoffeln zahlt Kevin 4,90 €. Wie teuer sind 7 kg?

2 Zwölf Betonplatten wiegen 276 kg. Wie schwer sind 23 Platten?

3 Kathrin kauft im Getränkemarkt 8 Flaschen Apfelsaft für 7,36 €.
a) Wie viel Euro kosten 3 Flaschen Apfelsaft derselben Sorte?
b) Jan zahlt für die gleiche Sorte 11,96 €. Wie viele Flaschen kauft er?

4 Mit 10 *l* Wandfarbe kann Herr Lambert 60 m^2 streichen.
a) Im Farbeimer sind noch 7 *l* Farbe. Wie viel Quadratmeter kann er damit streichen?
b) Die Decke des Wohnzimmers ist 27 m^2 groß. Wie viel Liter Farbe braucht Herr Lambert dafür?

5 Die Miete für eine 65 m^2 große Wohnung beträgt 442 €. Wie hoch ist bei gleichem Preis pro m^2 die Miete für eine 87 m^2 große Wohnung?

6 Das Auto von Frau Mai verbraucht für 250 km 16 *l* Benzin.
a) Wie viel Liter Benzin verbraucht der Wagen für 100 km?
b) Der Tank fasst 48 *l*. Für wie viele Kilometer reicht der Tankinhalt?

7 Eine Wandergruppe legt in $2\frac{1}{4}$ Stunden 9 km zurück. Wie weit kommt die Gruppe bei gleicher Geschwindigkeit in 5 Stunden?

8 Bis zur ersten Rast auf einer Wanderung hat Max in $3\frac{1}{2}$ Stunden 14 km zurückgelegt. Das Ziel ist noch 10 km entfernt. Wie viele Stunden ist Max bei gleicher Wandergeschwindigkeit noch unterwegs?

9 In 20 Minuten legt ein ICE eine Strecke von 57 km zurück. Wie weit kommt der Zug bei gleicher Geschwindigkeit in 30 Minuten?

Antiproportionale Zuordnungen

Für **antiproportionale Zuordnungen** gilt:
Zum Doppelten gehört die Hälfte, zum Dreifachen gehört der dritte Teil, zur Hälfte gehört das Doppelte, zum dritten Teil gehört das Dreifache, ...

Beispiele:

Doppelte Anzahl von Maschinen → *halbe Arbeitszeit*
Dreifache Schrittlänge → *ein Drittel der Anzahl der Schritte*
ein Drittel der Geschwindigkeit → *dreifache Fahrzeit*

Zahlenpaare in der Tabelle einer antiproportionalen Zuordnung erhält man, indem man auf einer Seite mit einer Zahl multipliziert und auf der anderen Seite durch dieselbe Zahl dividiert oder auf einer Seite durch eine Zahl dividiert und auf der anderen Seite mit derselben Zahl multipliziert.

	Arbeitskräfte (Anzahl)	Zeit (in h)	
	15	20	
:5	3	100	·5
·4	12	25	:4
:3	4	75	·3

1 Die Kosten für eine Busreise werden gerecht aufgeteilt. Ist die Zuordnung *Anzahl der Personen* → *Betrag für jede Person* antiproportional?

2 Gehört die Tabelle zu einer antiproportionalen Zuordnung? Begründe.

a)

Anzahl	Breite (in cm)
4	6
2	12
6	4

b)

Anzahl	Preis (in €)
3	6
5	8
10	15

3 Ergänze die fehlenden Werte. Die Zuordnung ist antiproproportional.

a)

Bagger (Anzahl)	Zeit (in h)
6	30
3	
18	

b)

Schrittlänge (in cm)	Anzahl der Schritte
70	15
	30
105	

c)

Geschwindigkeit (in $\frac{km}{h}$)	Fahrzeit (in h)
90	2
30	
	3

d)

Personen (Anzahl)	Betrag pro Person
30	
	90
10	45

Dreisatz bei antiproportionalen Zuordnungen

Beispiel: Zum Ausheben einer Baugrube brauchen 4 Bagger 9 Stunden. Die Baufirma kann nur 3 Bagger einsetzen. Wie viele Stunden dauert das Ausbaggern?

Lösung in einer Tabelle:

Bagger (Anzahl)	Zeit (in h)
4	9
$:4$ → 1	36 ← $\cdot 4$
$\cdot 3$ → 3	12 ← $:3$

Lösung am Bruchstrich:

3 Bagger brauchen x h.
4 Bagger brauchen 9 h.

4 Bagger	$x = \frac{9 \cdot 4}{3}$
1 Bagger	
3 Bagger	$x = 12$

Antwort: Drei Bagger brauchen zum Ausheben der Baugrube 12 Stunden.

1 a) Ein Platz kann von 10 Arbeitskräften in 12 Tagen gepflastert werden. Die Baufirma kann aber nur 8 Arbeitskräfte einsetzen. Wie viele Tage dauern die Pflasterarbeiten?

b) Von einer Baustelle wird Erdreich abgefahren. Der Abtransport dauert 6 Tage, wenn 4 Lkw eingesetzt werden. Es stehen aber nur 3 Lkw zur Verfügung. Wie lange dauert nun der Abtransport?

2 Um einen Fußboden zu legen, braucht Herr Özkan 21 Dielen von 20 cm Breite. Der Baumarkt hat aber nur Dielen von 15 cm Breite vorrätig. Wie viele Dielen dieser Breite braucht Herr Özkan?

3 Laura hat eine Schrittlänge von 60 cm. Von der Bushaltestelle bis zu ihrem Wohnhaus braucht sie 77 Schritte. Ali schafft dieselbe Strecke mit 66 Schritten. Welche Schrittlänge hat er?

4 Der Vorrat in einem Heizöltank reicht für 112 Tage, wenn täglich 25 *l* Heizöl verbraucht werden. Wie lange reicht das Heizöl, wenn täglich nur 20 *l* verbraucht werden?

5 Ein Gastwirt hat mit täglich durchschnittlich 50 Gästen gerechnet und einen Kartoffelvorrat für 24 Tage eingekauft. Der Vorrat war jedoch schon nach 15 Tagen aufgebraucht. Wie viele Gäste waren durchschnittlich pro Tag in dem Lokal?

◆ **6** Ein IC legt eine Strecke mit einer durchschnittlichen Geschwindigkeit von 140 $\frac{km}{h}$ in 45 Minuten zurück. Wie lange braucht eine Regionalbahn bei einer durchschnittlichen Geschwindigkeit von 60 $\frac{km}{h}$?

Grafische Darstellung von proportionalen Zuordnungen

Der Graph einer **proportionalen Zuordnung** ist eine **Gerade durch den Nullpunkt.**
Beispiel: 3 kg Birnen kosten 6 €.

Gewicht (in kg)	Preis (in €)
1	2
2	4
3	6

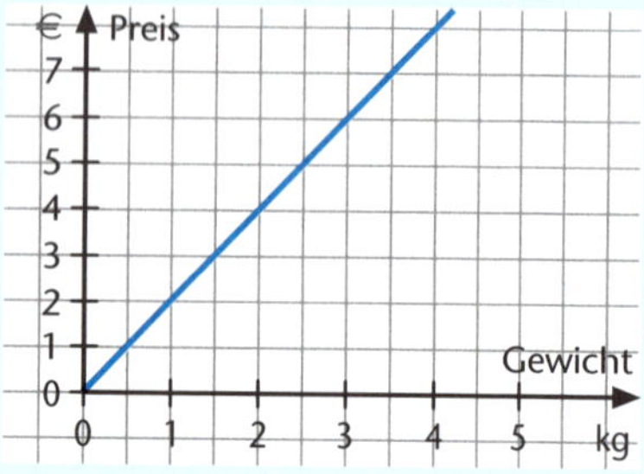

1 Ein Kilogramm Äpfel kostet 1,50 €.

Gewicht (in kg)	Preis (in €)
1	1,50
2	
	9,00

a) Ergänze die Tabelle.
b) Lies am Graphen die Preise für (1) 4 kg (2) 5 kg und (3) 3 kg ab. Prüfe durch Rechnung.

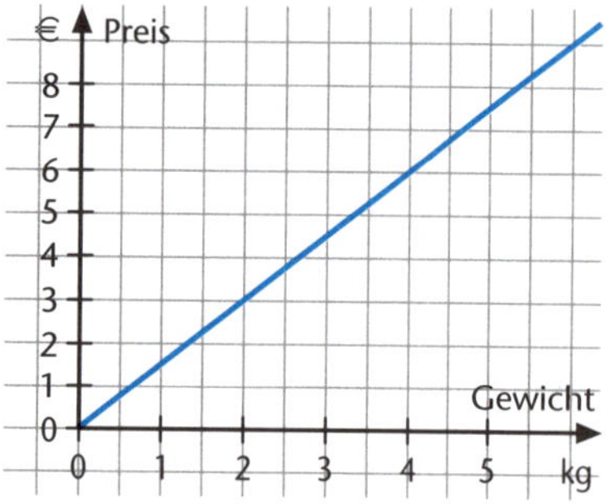

2 Auf dem Wochenmarkt kostet 1 kg Birnen 2,50 €.
a) Erstelle eine Tabelle zur Zuordnung *Gewicht* → *Preis.*
b) Zeichne den Graphen der Zuordnung *Gewicht* → *Preis.*
c) Lies am Graphen die Preise für (1) 2 kg (2) 5 kg und (3) 3 kg ab.

3 Ein Springbrunnen wirft in 5 Minuten 75 *l* Wasser aus.
a) Zeichne den Graphen der proportionalen Zuordnung *Zeit* → *Wassermenge.*
b) Lies die Wassermenge ab. Prüfe durch Rechnung.
Zeit: 3 min, 4 min, 7 min, 8 min
d) Lies die Zeit ab. Prüfe durch Rechnung.
Wassermenge: 15 *l*, 30 *l*, 90 *l*, 135 *l*.

4 Ein Autofahrer legt durchschnittlich 80 km pro Stunde zurück.
a) Zeichne den Graphen der proportionalen Zuordnung *Zeit* → *Weg.*
b) Lies die Weglänge ab. Prüfe durch Rechnung. Zeit: $1\frac{1}{2}$ h, $2\frac{1}{2}$ h, $3\frac{1}{2}$ h, 5 h
c) Lies die Zeit ab. Prüfe durch Rechnung. Weglänge: 40 km, 200 km, 320 km

Grafische Darstellung von antiproportionalen Zuordnungen

Der Graph einer **antiproportionalen Zuordnung** ist eine **Hyperbel**.

Beispiel: Wenn 2 Pferde im Stall sind, reicht der Futtervorrat für 15 Tage.

Pferde (Anzahl)	Zeit (in Tagen)
2	15
3	10
5	6
6	5
10	3
15	2

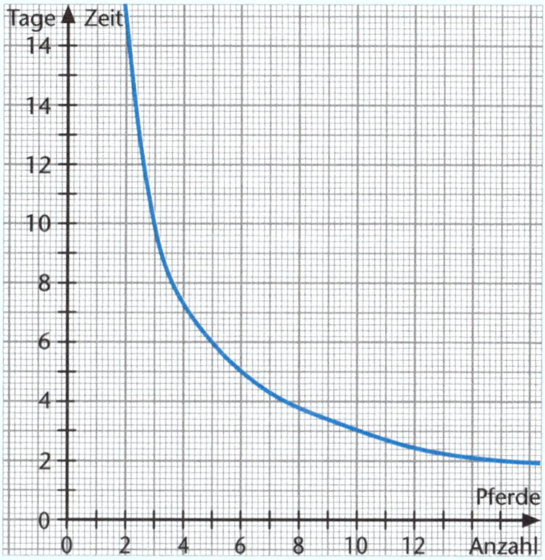

1 Für 20 Hühner reicht ein Futtervorrat 6 Tage lang.

Hühner (Anzahl)	Zeit (in Tagen)
20	6
30	
	10

a) Vervollständige die Tabelle.
b) Lies am Graphen ab, wie viele Tage der Futtervorrat für (1) 40 Hühner, (2) 10 Hühner (3) 60 Hühner ausreicht.

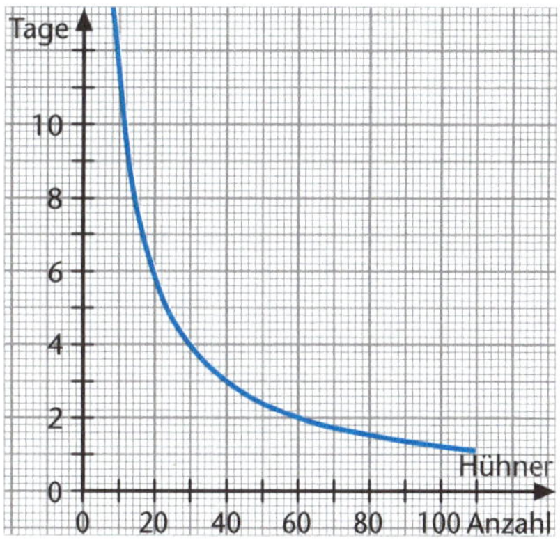

2 Malerarbeiten können von 6 Handwerkern in 4 Tagen durchgeführt werden.
a) Übertrage die Tabelle in dein Heft und ergänze sie.
b) Zeichne mithilfe der Tabelle den Graphen der antiproportionalen Zuordnung *Anzahl der Handwerker → Anzahl der Tage.*

Handwerker	Tage
2	
3	
4	
6	4
8	
12	

Zuordnungen mit Grundbetrag

Der Graph einer **Zuordnung mit Grundbetrag** ist eine **Gerade, die nicht durch den Nullpunkt verläuft.**
Beispiel: Für Strom, Wasser und Gas wird außer dem Verbrauchspreis auch noch ein Grundpreis verlangt.

Monatlicher Grundpreis: 2 €
Verbrauchspreis: 3,50 € für jeden m^3 Wasser

Monatliche Gesamtkosten bei einem Verbrauch von 6 m^3:
2,00 € + 6 · 3,50 € =
2,00 € + 21,00 € = 23,00 €

Verbrauch (in m^3)	Gesamtkosten (in €)
0	2,00
1	5,50
⋮	⋮
6	23,00

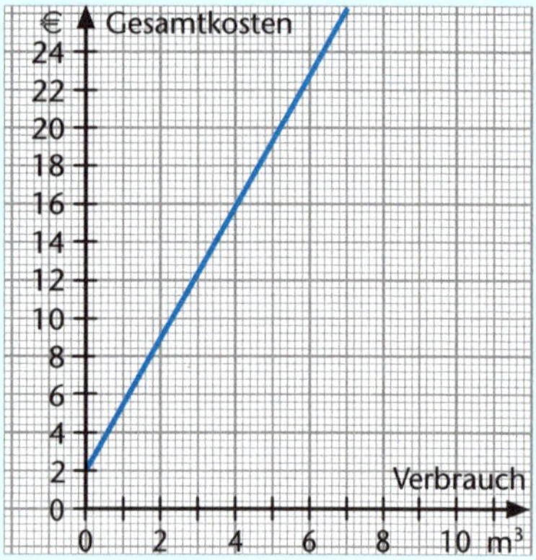

1 In Burgstadt beträgt der monatliche Grundpreis für Erdgas 4,00 €.
Für 1 m^3 Gas sind 0,40 € zu zahlen.
a) Ergänze die Tabelle.
b) Zeichne den Graphen der Zuordnung *Verbrauch → Gesamtkosten.*
c) Lies die Gesamtkosten am Graphen ab. Verbrauchte Menge: 60 m^3, 80 m^3, 25 m^3, 55 m^3

Verbrauch (in m^3)	Gesamtkosten (in €)
0	4,00
10	8,00
20	
30	
40	
50	

2 Ein Waschmaschinen-Reparaturdienst berechnet für die Anfahrt 10 € und für jede Monteurstunde 30 €.
a) Vervollständige die Tabelle.
b) Zeichne den Graphen zur Tabelle. Lies die Gesamtkosten ab für (1) $\frac{1}{2}$ h (2) $1\frac{1}{2}$ h (3) $2\frac{1}{2}$ h (4) $3\frac{1}{2}$ h. Prüfe durch Rechnung.

Monteurstunden	Gesamtkosten (in €)
1	40
2	
3	
4	

Sachaufgaben zu Zuordnungen

1 Eine Flasche Vitamin-Saft kostet 1,23 €.
a) Kathrin kauft vier Flaschen Vitamin-Saft. Wie viel Euro zahlt sie dafür?
b) Herr May zahlt für Vitamin-Saft 8,61 €. Wie viele Flaschen kauft er?

2 In der Getränkefabrik kann ein Fass Apfelsaft in 350 Flaschen zu 0,75 *l* abgefüllt werden. Wie viele 0,7-*l*-Flaschen könnte man mit dem Saft aus dem Fass füllen?

3 Aus einem tropfenden Wasserhahn gehen in fünf Minuten 70 ml Wasser verloren. Wie viel Liter Wasser tropfen an einem Tag aus dem Hahn?

4 Die Wartung einer Gasheizung dauert $2\frac{1}{2}$ h. Der Wartungsdienst berechnet für eine Stunde 65 €. Die Anfahrt kostet 17,50 €. Wie hoch wird die Rechnung?

5 Lea und Max legen in $4\frac{1}{2}$ h reiner Wanderzeit 18 km zurück. Bis zur Jugendherberge sind es 5 km. Können Sie in $1\frac{1}{2}$ h dort ankommen?

6 Auf einer Wanderkarte ist der Maßstab 1 : 40 000 angegeben.
a) Der Weg zu einer Schutzhütte ist auf der Karte 3,5 cm lang. Wie lang ist der Weg in der Wirklichkeit?
b) Eine Burg ist 5,5 km von der Schutzhütte entfernt. Wie lang ist der Weg von der Schutzhütte zur Burg auf der Wanderkarte?

7 Im Internetcafé kann man das Internet nutzen. Die ersten 10 Minuten kosten 5 Cent pro Minute. Jede weitere Minute kostet 3 Cent.
a) Laura surft 45 Minuten im Internet. Wie viel muss sie bezahlen?
b) Herr Antes bezahlt für das Internetsurfen 2,30 €. Wie viele Minuten hat er das Internet genutzt?

8 Ein 8 m langer Eisendraht wiegt 1600 g. Zeichne den Graphen der Zuordnung *Länge* → *Gewicht*. Lies ab und prüfe durch Rechnung:
a) Das Gewicht für einen solchen Draht mit der Länge
(1) 2 m (2) 3 m (3) 4,5 m (4) 5,5 m.
b) Die Länge des Drahtstückes mit dem Gewicht
(1) 800 g (2) 1000 g (3) 1300 g (4) 1700 g.

◆ **9** Für die fünftägige Unterbringung in einer Jugendherberge zahlt eine Schulklasse mit 24 Schülerinnen und Schülern 2760 €. Eine andere Schulklasse mit 19 Jugendlichen möchte für vier Tage auch dorthin fahren. Wie viel Euro kostet die Unterbringung?

Weg, Zeit und Geschwindigkeit

$\text{Geschwindigkeit} = \frac{\text{Weg}}{\text{Zeit}}$	$v = \frac{s}{t}$
$\text{Weg} = \text{Geschwindigkeit} \cdot \text{Zeit}$	$s = v \cdot t$
$\text{Zeit} = \frac{\text{Weg}}{\text{Geschwindigkeit}}$	$t = \frac{s}{v}$

$80\ \frac{km}{h}$ bedeutet: In einer Stunde werden 80 km zurückgelegt.
$5\ \frac{m}{s}$ bedeutet: In einer Sekunde werden 5 m zurückgelegt.

1 Frau Simic hat auf der Autobahn in 2 Stunden 210 km zurückgelegt. Mit welcher durchschnittlichen Geschwindigkeit ist sie gefahren?

◆ **2** Eine Straßenbahn legt 1 km in 80 s zurück. Wie viel Meter legt die Straßenbahn in einer Sekunde zurück? Wie viel Kilometer würde sie bei gleicher Geschwindigkeit in einer Stunde zurücklegen?

3 Ein guter Langstreckenläufer braucht für 1000 m ungefähr $2\frac{1}{2}$ Minuten. Mit welcher Geschwindigkeit läuft er?

4 Herr Schrader fährt $2\frac{1}{2}$ Stunden mit einer durchschnittlichen Geschwindigkeit von $90\ \frac{km}{h}$. Wie lang ist die Fahrstrecke?

5 Die Geschwindigkeit eines Formel-1-Rennwagens auf gerader Strecke beträgt $360\ \frac{km}{h}$. Wie viel Meter legt er in einer Sekunde zurück?

6 Ein ICE legt eine Strecke von 432 km mit einer durchschnittlichen Geschwindigkeit von $144\ \frac{km}{h}$ zurück. Wie lange dauert die Zugfahrt?

◆ **7** Matilda fährt mit dem Fahrrad 3,6 km zur Schule. Sie fährt mit einer durchschnittlichen Geschwindigkeit von $12\ \frac{km}{h}$. Wie lange braucht sie?

8 Eine Antilope kann lange Zeit mit einer Geschwindigkeit von $90\ \frac{km}{h}$ laufen. Wie viel Sekunden braucht sie für 1000 m?

◆ **9** Auf der Urlaubsfahrt macht Familie Eckstein nach $2\frac{1}{2}$ Stunden eine Rast. Sie haben bereits 200 km zurückgelegt. Anschließend fahren sie mit derselben durchschnittlichen Geschwindigkeit noch $1\frac{1}{2}$ Stunden weiter. Wie lang ist der gesamte Reiseweg von Familie Eckstein?

◆ **10** Tonio fährt mit dem Fahrrad zum 3 km entfernten Kino. Er weiß, dass er mit einer durchschnittlichen Geschwindigkeit von $15\ \frac{km}{h}$ fahren kann. In 15 Minuten beginnt die Vorstellung. Wird Tonio rechtzeitig ankommen?

Komplexe Aufgaben

1 In den Sommerferien arbeitet Max als Rettungsschwimmer an der Ostsee. Jeden Tag fährt er mit dem Fahrrad zum Strand.

a) Lies am blauen Graphen ab: wann fährt er los, wann kommt er an?

b) Lies am blauen Graphen ab, wie viel Kilometer Max durchschnittlich in 10 Minuten zurücklegt. Gib seine Durchschnittsgeschwindigkeit in Kilometer pro Stunde an.

c) Vor zwei Tagen hatte Max mit dem Fahrrad unterwegs eine Reifenpanne. Lies am schwarzen Graphen ab, um wie viel Uhr die Panne passiert ist. Wie viel Kilometer war Max zu diesem Zeitpunkt vom Strand entfernt?

d) Mit welcher durchschnittlichen Geschwindigkeit fuhr Max nach der Panne weiter? Gib diese in Kilometer pro Stunde an.

e) Mit welcher durchschnittlichen Geschwindigkeit hätte Max fahren müssen, um noch rechtzeitig um 10.00 Uhr am Strand anzukommen?

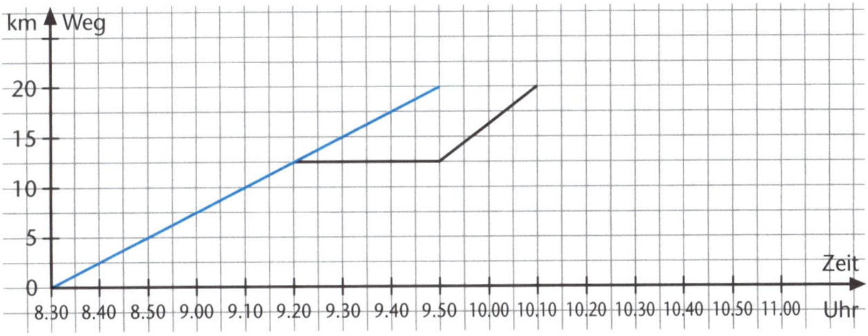

2 In die Gefäße strömt Wasser aus einem geöffneten Wasserhahn, in jeder Minute gleich viel. In den Graphen ist für jedes Gefäß die Füllhöhe dargestellt. Ordne jedem Gefäß die passende Darstellung zu.

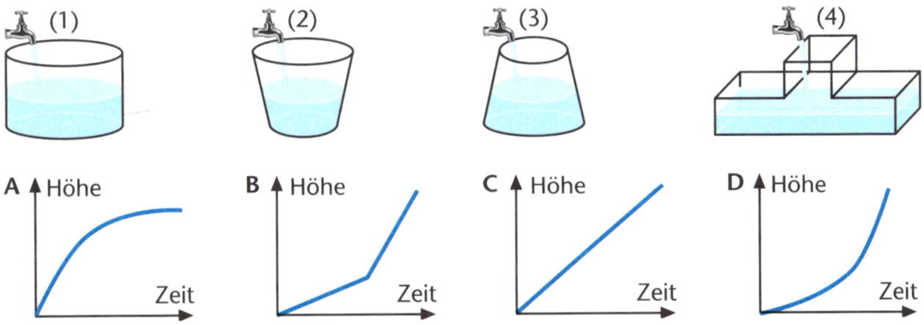

Prozentrechnung

Prozentsätze und Anteile

Anteile an einem Ganzen gibt man häufig als Hundertstelbrüche an. Einen Hundertstelbruch kann man als **Prozentsatz** und als Dezimalzahl schreiben.
Für $\frac{1}{100}$ schreibt man 1 %: Allgemein: $\frac{p}{100} = p\,\%$

$17\,\% = \frac{17}{100} = 0{,}17$ $\quad 6\,\% = \frac{6}{100} = 0{,}06$ $\quad 126\,\% = \frac{126}{100} = 1{,}26$

Den Prozentsatz zu einem Bruch erhält man durch Dividieren:

$\frac{3}{5} = 3 : 5 = 0{,}6 = \frac{6}{10} = \frac{60}{100} = 60\,\%$ $\quad \frac{7}{8} = 7 : 8 = 0{,}875 = 87{,}5\,\%$

Grundschema der Prozentrechnung
In der Prozentrechnung verwendet man die Begriffe **Grundwert G, Prozentsatz p %** und **Prozentwert W.**
$W = G \cdot \frac{p}{100}$

Beispiel: In einem Kleingarten sind 180 m² der 300 m² Gartenfläche mit Gemüse bepflanzt, das sind 60 % der Gartenfläche.

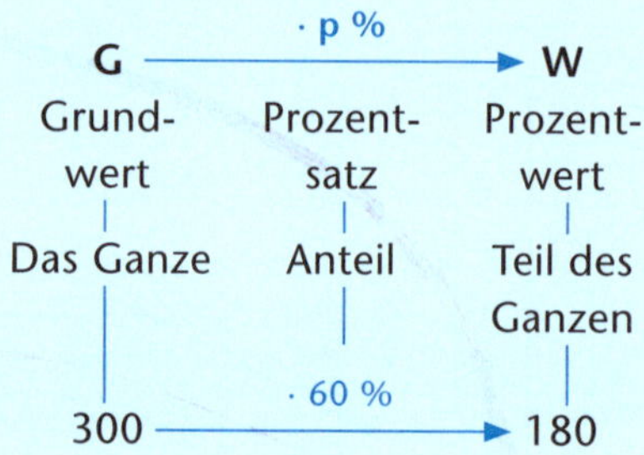

1 Schreibe als Bruch mit dem Nenner 100. Kürze so weit wie möglich.
a) 50 %; 25 %; 75 %; 30 %, 45 % b) 80 %; 5 %; 120 %; 3,5 %

2 Schreibe als Prozentsatz. Runde, falls nötig, auf Zehntelprozent.
a) $\frac{1}{2}$; $\frac{3}{4}$; $\frac{2}{5}$; $\frac{5}{8}$ b) $\frac{7}{40}$; $\frac{6}{25}$; $\frac{3}{125}$ c) $\frac{2}{3}$; $\frac{1}{6}$; $\frac{5}{9}$

3 Schreibe Grundwert G, Prozentsatz p % und Prozentwert W auf.
a) In der Klassenarbeit hat Jan 24 von 30 Punkten erhalten. Das sind 80 % der Punkte.
b) Von einem Fußweg sind bereits 65 % fertiggestellt. Das sind 130 m. Der Weg wird 200 m lang.
c) Als Sonderangebot wird eine Küche für 1440 € verkauft. Das sind 45 % des alten Preises von 3200 €.

Grundaufgaben der Prozentrechnung

Prozentwert gesucht

Beispiel: Eine Buchhandlung verkauft 320 Bücher. Davon sind 35 % Sachbücher. Wie viele Sachbücher werden verkauft?

Lösung mit der Formel:

$G \xrightarrow{\cdot p\,\%} W \qquad 320 \xrightarrow{\cdot 35\,\%} W$

$W = G \cdot \frac{p}{100} \qquad W = 320 \cdot \frac{35}{100}$

$W = 112$

Lösung in der Tabelle:

	100 %	320	
: 100	1 %	0,32	: 100
· 35	35 %	112	· 35

Antwort: Es werden 112 Sachbücher verkauft.

Grundwert gesucht

Beispiel: Unter den Besuchern eines Fußballspiels waren 2560 Fans der Gastmannschaft. Das waren 32 % aller Besucher. Wie viele Personen besuchten das Spiel?

Lösung mit der Formel:

$G \xrightarrow{\cdot p\,\%} W \qquad G \xrightarrow{\cdot 32\,\%} 2560$

$G = W : \frac{p}{100} \qquad G = 2560 : \frac{32}{100}$

$G = 8000$

Lösung in der Tabelle:

	32 %	2560	
: 32	1 %	80	: 32
· 100	100 %	8000	· 100

Antwort: 8000 Personen besuchten das Spiel.

Prozentsatz gesucht

Beispiel: Ein Reifenhersteller liefert 800 Reifen aus. Davon sind 280 Winterreifen. Wie viel Prozent der gelieferten Reifen sind Winterreifen?

Lösung mit der Formel:

$G \xrightarrow{\cdot p\,\%} W \qquad 800 \xrightarrow{p\,\%} 280$

$p\,\% = \frac{W}{G} \qquad p\,\% = \frac{280}{800}$

$p\,\% = 0{,}35$

$p\,\% = 35\,\%$

Lösung in der Tabelle:

	100 %	800	
: 100	1 %	8	: 100
$\cdot \frac{280}{8}$	35 %	280	$\cdot \frac{280}{8}$

Antwort: 35 % der Reifen sind Winterreifen.

1 a) Von 2000 Losen einer Lotterie sind 28 % Gewinne. Wie viele Gewinnlose sind es?

b) Der Radweg in einem Neubaugebiet soll 1200 m lang werden. Davon sind bereits 85 % fertiggestellt. Wie viel Meter Radweg sind schon fertig?

c) Frau Schneider kauft einen Computer für 590 €. Weil sie bar bezahlt, bekommt sie einen Preisnachlass von 2 %. Um wie viel Euro ermäßigt sich der Preis?

2 a) Das Auslaufmodell einer Waschmaschine kostet 595 €. Das sind 85 % des alten Preises. Wie hoch war der alte Preis?

b) An einem Volkslauf nehmen 336 Frauen teil. Das sind 48 % aller teilnehmenden Personen. Wie viele Personen laufen insgesamt mit?

c) Jan spart jeden Monat 12 €. Das sind 40 % seines Taschengeldes. Wie viel Euro Taschengeld bekommt Jan im Monat?

3 a) Ein Obsthändler hat auf dem Wochenmarkt von 240 kg Äpfeln bis zum Mittag 228 kg verkauft. Wie viel Prozent der Gesamtmenge waren bis Mittag verkauft?

b) Im Juli zählte ein kleiner Ferienort 6800 Übernachtungen. Im August waren es 170 weniger. Um wie viel Prozent ging die Zahl der Übernachtungen zurück?

c) Ein Textilgeschäft konnte seine Einnahmen in diesem Jahr um 12 240 € steigern. Im Vorjahr betrugen die Einnahmen 144 000 €. Um wie viel Prozent sind die Einnahmen gestiegen?

4 Frau Stern zahlte bisher monatlich 380 € Miete. Die Miete wird um 5 % erhöht. Wie hoch ist die Miete nach der Erhöhung?

5 Ein MP3-Player kostet jetzt 68 €. Vorher wurde das Gerät für 80 € angeboten. Um wie viel Prozent wurde der Preis herabgesetzt?

◆ **6** Ein Sportverein zählt in diesem Jahr 2064 Mitglieder. Das sind 4 % weniger als im Vorjahr. Wie viele Mitglieder waren es im vorigen Jahr?

◆ **7** Josefine hat am Jahresende 630 € auf dem Sparkonto, das sind 40 % mehr als am Jahresanfang. Wie viel Euro hatte Josefine am Jahresanfang auf dem Sparkonto?

8 Auf einer Packung Kartoffelchips steht „Jetzt 20 % mehr Inhalt." Das Gewicht des Inhalts ist mit 540 g angegeben. Wie viel Gramm Kartoffelchips enthielt eine Packung früher?

Erhöhung und Verminderung des Grundwertes

Wird zum Grundwert G der Prozentwert W = p % von G addiert, so erhält man den um p % **erhöhten Grundwert.**

Beispiel: Im vergangenen Jahr wurde ein Schwimmbad von 22 500 Gästen besucht. In diesem Jahr waren es 16 % mehr. Wie viele Gäste waren es in diesem Jahr?

1. Weg:

Gäste im letzten Jahr: 22 500
Erhöhung: 16 % von 22 500 = 3600
Gäste in diesem Jahr:
22 500 + 3600 = 26 100

2. Weg:

$22\,500 \xrightarrow{\cdot(1 + 16\,\%)} x$
$1 + 16\,\% = 1{,}16$
$x = 22\,500 \cdot 1{,}16$
$x = 26\,100$

Antwort: In diesem Jahr besuchten 26 100 Gäste das Schwimmbad.

Wird vom Grundwert der Prozentwert W = p % von G subtrahiert, so erhält man den um p % **verminderten Grundwert.**

Beispiel: Zu einem Bundesligaspiel kamen vor zwei Wochen 55 000 Zuschauer. In dieser Woche sind es 14 % weniger. Wie viele Zuschauer sind es in dieser Woche?

1. Weg:

Zuschauer vorige Woche: 50 000
Verminderung: 14 % von 50 000 = 7000
Zuschauer in dieser Woche:
50 000 – 7000 = 43 000

2. Weg:

$50\,000 \xrightarrow{\cdot(1 - 14\,\%)} x$
$1 - 14\,\% = 0{,}86$
$x = 50\,000 \cdot 0{,}86$
$x = 43\,000$

Antwort: In dieser Woche sind es 43 000 Zuschauer.

1 a) Familie Krause zahlte bisher 380 € Miete. Die Miete wird um 12 % erhöht. Wie hoch ist die neue Miete?
b) Löhne und Gehälter steigen um 2 %. Frau Arp hatte bisher einen Stundenlohn von 9,50 €. Wie hoch ist ihr neuer Stundenlohn?

2 a) In einem Ort mit 8440 Einwohnern ist die Einwohnerzahl im letzten Jahr um 5 % gesunken. Wie viele Einwohner hat der Ort heute?
b) Herr Bielak erhält eine Rechnung über 395 €. Bei Zahlung innerhalb von 3 Tagen dürfen 2 % Skonto abgezogen werden. Welchen Betrag muss Herr Bielak überweisen?

Zinsrechnung

Schema der Zinsrechnung

$$\underset{\text{Kapital}}{K} \xrightarrow[\text{Zinssatz}]{\cdot p\,\%} \underset{\text{Jahreszinsen}}{Z} \qquad Z = K \cdot \frac{p}{100}$$

Jahreszinsen gesucht

Beispiel: Lea hat 380 € auf ihrem Sparkonto. Dieses Kapital wird mit 2 % verzinst. Wie hoch sind die Jahreszinsen?

$K \xrightarrow{\cdot p\,\%} Z$

$Z = K \cdot \frac{p}{100}$

$380 \xrightarrow{\cdot 2\,\%} Z$

$Z = 380 \cdot 0{,}02$

$Z = 7{,}60$

Antwort:
Die Jahreszinsen betragen 7,60 €.

Kapital gesucht

Beispiel: Igor erhält bei einem Zinssatz von 3 % für sein Sparguthaben nach einem Jahr 10,20 € Zinsen. Wie hoch war Igors Sparguthaben?

$K \underset{:p\,\%}{\overset{\cdot p\,\%}{\rightleftarrows}} Z$

$K = Z : \frac{p}{100}$

$K \xrightarrow{\cdot 3\,\%} 10{,}20$

$K = 10{,}20 : 0{,}03$

$K = 340$

Antwort:
Igors Sparguthaben betrug 340 €.

Zinssatz gesucht

Beispiel: Für einen Kredit über 65 000 € zahlt Firma Lüders nach einem Jahr 5330 € Zinsen. Zu welchem Zinssatz wurde der Kredit gewährt?

$K \xrightarrow{\cdot p\,\%} Z$

$p\,\% = \frac{Z}{K}$

$65\,000 \xrightarrow{\cdot p\,\%} 5330$

$p\,\% = \frac{5330}{65\,000}$

$p\,\% = 0{,}082$

$p\,\% = 8{,}2\,\%$

Antwort:
Der Zinssatz beträgt 8,2 %.

1. Bauunternehmer Mack leiht bei der Bank für ein Jahr 15 000 € zu einem Zinssatz von 9 %. Wie viel Euro Zinsen zahlt Herr Mack?

2. Friseurmeisterin Ünsal nimmt für ein Jahr einen Kredit auf. Der Zinssatz beträgt 8,5 %. Nach einem Jahr zahlt Frau Ünsal 722,50 € Zinsen. Wie viel Euro hat Frau Ünsal bei der Bank geliehen?

3. Für ihr Sparguthaben in Höhe von 480 € bekommt Andrea nach einem Jahr 7,20 € Zinsen. Berechne den Zinssatz.

Monats- und Tageszinsen

In der Zinsrechnung gilt: 1 Zinsjahr = 12 Zinsmonate = 360 Zinstage
Bei Verzinsung für weniger als ein Jahr wird die **Zeit als Bruchteil eines Jahres** angegeben.
Bei allen Aufgaben können **zuerst die Jahreszinsen** berechnet werden.

Beispiel:
Max hat 7 Monate lang 600 € auf seinem Sparkonto. Der Zinssatz beträgt 1,5 %. Wie viel Euro Zinsen bekommt Max?

$600 \xrightarrow{\cdot 1{,}5\,\%} Z_1 \xrightarrow{\cdot \frac{7}{12}} Z$

$Z_1 = 1{,}5\,\%$ von $600 = 9$

$Z = 9 \cdot \frac{7}{12} = 5{,}25$

Antwort: Max bekommt 5,25 € Zinsen.

Beispiel:
Frau Stern überzieht ihr Konto 48 Tage lang um 900 €. Der Zinssatz beträgt 11,5 %. Wie viel Euro Zinsen berechnet die Bank?

$900 \xrightarrow{\cdot 11{,}5\,\%} Z_1 \xrightarrow{\cdot \frac{48}{360}} Z$

$Z_1 = 11{,}5\,\%$ von $900 = 103{,}50$

$Z = 103{,}50 \cdot \frac{48}{360} = 13{,}80$

Antwort: Die Bank berechnet 13,80 € Zinsen.

1 a) Ein Kapital von 7500 € wird mit 3,5 % verzinst. Wie viel Euro Zinsen bringt es in 8 Monaten?
b) Ein Handwerker nimmt für 48 Tage einen Kredit von 49 000 € zum Zinssatz 11,5 % auf. Wie viel Euro Zinsen muss er zahlen?

Beispiel: Lea bekommt für ihr Sparguthaben beim Zinssatz 2 % in 7 Monaten 12,60 € Zinsen. Wie viel Euro hat sie gespart?

$K \xrightarrow{\cdot 2\,\%} Z_1 \xrightarrow{\cdot \frac{7}{12}} Z$

$Z_1 = \frac{12{,}60 \cdot 12}{7} = 21{,}60$

$K = 21{,}60 : 0{,}02 = 1080$

Antwort: Lea hat 1080 € gespart.

Beispiel: Für einen Kredit werden in 144 Tagen 242 € Zinsen fällig. Der Zinssatz beträgt 11 %. Wie hoch ist der Kreditbetrag?

$K \xrightarrow{\cdot 11\,\%} Z_1 \xrightarrow{\cdot \frac{144}{360}} 242$

$Z_1 = \frac{242 \cdot 360}{144} = 605$

$K = 605 : 0{,}11 = 5500$

Antwort: Der Kreditbetrag ist 5500 €.

2 a) Jan bekommt für sein Sparguthaben beim Zinssatz 1,5 % in 8 Monaten 8,40 € Zinsen. Wie viel Euro hat Jan gespart?
b) Frau Timm erhält ein Darlehen zum Zinssatz 8 %. Nach 275 Tagen zahlt sie es mit 220 € Zinsen zurück. Wie hoch war das Darlehen?

Formel für Monats- und Tageszinsen

1 Monat = $\frac{1}{12}$ Jahr 1 Tag = $\frac{1}{360}$ Jahr

Zinsen für m Monate

$Z = K \cdot \frac{p}{100} \cdot \frac{m}{12}$

Zinsen für t Tage

$Z = K \cdot \frac{p}{100} \cdot \frac{t}{360}$

Zur **Berechnung des Kapitals, des Zinssatzes oder der Zeit** kann man die Formeln für Tages- oder Monatszinsen umstellen.

Beispiel: Herr Eggers legt einen Gewinn zu 2 % an. Nach 274 Tagen bekommt er 123,30 € Zinsen. Wie hoch ist sein Kapital?

$123{,}30 = K \cdot \frac{2}{100} \cdot \frac{274}{360}$

$\frac{123{,}30 \cdot 100 \cdot 360}{2 \cdot 274} = K$

$8100 = K$

Antwort: Das Kapital beträgt 8100 €.

Beispiel: Anna hat 800 € auf dem Sparkonto. Der Zinssatz beträgt 2 %. Am Jahresende bekommt sie 10 € Zinsen. Wie viele Tage wurde das Geld verzinst?

$10 = 800 \cdot \frac{2}{100} \cdot \frac{t}{360}$

$\frac{10 \cdot 100 \cdot 360}{2 \cdot 800} = t$

$225 = t$

Antwort: Das Geld wurde 225 Tage verzinst.

1 a) Herr Neugebauer leiht am 1. April 2400 € zum Zinssatz 9,7 %. Wie viel Euro Zinsen muss Herr Neugebauer am Jahresende zahlen?

b) Frau Stadler überzieht ihr Konto um 450 €. Die Bank rechnet bei Überziehung mit dem Zinssatz 9 %. Nach 20 Tagen gleicht Frau Stadler ihr Konto wieder aus. Wie viel Euro Zinsen berechnet die Bank?

2 a) Mareike hat nach 116 Tagen für ihr Sparguthaben 6,38 € Zinsen bekommen. Der Zinssatz ist 2 %. Wie hoch ist ihr Sparguthaben?

b) Herr Gök überzieht sein Konto um 750 €. Der Zinssatz beträgt 9 %. Die Bank berechnet 45 € Zinsen. Wie viele Monate hat Herr Gök sein Konto überzogen?

c) Herr Jahn nimmt einen Kredit über 20 000 € zum Zinssatz 10,5 % auf. Als er ihn zurückzahlt, fallen 1680 € Zinsen an. Nach wie viel Tagen zahlt er den Kredit zurück?

d) Frau Schmidt hat 90 000 € geerbt. Das Geld bringt ihr monatlich 487,50 € Zinsen. Zu welchem Zinssatz hat sie das Geld angelegt?

e) Bei welchem Zinssatz bringen 900 € in 100 Tagen 10 € Zinsen?

Zinseszinsformel

Banken und Sparkassen addieren am Jahresende die Zinsen zum Kapital. Das erhöhte Kapital kann mit dem **Zinsfaktor q** berechnet werden.

Kapital : K Zinssatz: p % Zinsen: Z Zinsfaktor $q = 1 + \frac{p}{100}$

Kapital nach n Jahren: $\mathbf{K_n = K \cdot q^n}$ **(Zinseszinsformel)**

Die Zinseszinsformel kann nach K und nach q aufgelöst werden. $K = \frac{K_n}{q^n}$ $q = \sqrt[n]{\frac{K_n}{K}}$

1 a) Frau Lins legt 5000 € zum Zinssatz 2,5 % für zwei Jahre bei der Bank an. Wie hoch ist ihr Kapital nach zwei Jahren?

b) Herr Gezeck hat 12 000 € zum Zinssatz 3 % für 5 Jahre fest angelegt. Wie hoch ist sein Kapital am Ende der Laufzeit?

c) Frau und Herr Kersting legen bei der Geburt ihres Enkelkindes 1000 € auf einem Sparkonto mit 4 % Verzinsung fest an. Auf welchen Betrag wächst das Kapital bis zum 21. Geburtstag des Enkelkindes?

2 Es werden 3500 € angelegt. Vergleiche das Endkapital für beide Angebote.

(1) In den ersten vier Jahren Zinssatz 4 %, danach 6 Jahre lang 5 %!

(2) *Zinssatz 4,5 % für die gesamte zehnjährige Laufzeit!*

3 Herr Mess möchte einen Teil eines Lottogewinns zu 4,5 % fest anlegen, sodass er nach 12 Jahren über ein Kapital von 100 000 € verfügen kann. Wie viel Euro muss er anlegen?

◆ **4** Eine Sparkasse bietet an: *Ein Sparbrief lässt in sechs Jahren Ihr Kapital von 860 € auf 1000 € anwachsen.* Mit welchem Zinssatz wird verzinst?

◆ **5** Eine Bank bietet steigende Zinssätze an. In den ersten fünf Jahren gibt es 3,5 % Zinsen, in den folgenden fünf Jahren sind es sogar 4,5 %.

a) Auf welchen Betrag wachsen 10 000 € in der gesamten Laufzeit?

b) Welcher gleich bleibende Jahreszinssatz würde in den zehn Jahren das gleiche Endkapital ergeben?

6 Ein Kapital von 1000 € wird mit 3,5 % verzinst. Berechne das Kapital nach 1 Jahr, 2 Jahren, … mit dem Taschenrechner.

a) Nach wie viel Jahren ist das Kapital größer als 1500 €?

b) Nach wie viel Jahren hat sich das Kapital verdoppelt?

Komplexe Aufgaben

◆ **1** Frau Meister nimmt bei einem privaten Geldgeber für ein Jahr einen Kredit von 9000 € zum Zinssatz von 11,5 % auf. Der Verleiher zieht die gesamten Zinsen bei der Auszahlung ab.

a) Wie viel Euro bekommt Frau Meister ausgezahlt?

b) Ihre Tochter Lea meint: „Du zahlst nicht 11,5 % Zinsen, sondern 13 %". Stimmt das?

2 Frau Gül bezahlt eine Rechnung von 3000 € sofort und darf dafür 2 % Skonto abziehen. Allerdings muss sie ihr Konto 20 Tage um 3000 € zum Zinssatz 13,5 % überziehen. Lohnt sich die sofortige Bezahlung?

◆ **3** Jakob zahlt zu Beginn eines jeden Monats 60 € auf ein Sparkonto ein. Begonnen hat er am 1. April. Der Zinssatz beträgt 1,5 %. Wie hoch ist Jakobs Guthaben am Ende des Jahres?

4 Frau Deuble hat 1200 € auf dem Girokonto. Sie hebt 2000 € ab. Für den überzogenen Betrag berechnet die Bank 15,5 % Zinsen. Nach einem Monat kann Frau Deuble das Konto ausgleichen. Wie viel Euro Zinsen berechnet die Bank für die Überziehung?

◆ **5** Frau Handke überzieht ihr Konto um 1080 €. Auf ihrem Kontoauszug findet Frau Handke Überziehungszinsen in Höhe von 7,80 € ausgedruckt. Der Zinssatz für die Überziehung beträgt 13 %. Wie viel Tage hatte Frau Handke ihr Konto überzogen?

6 Herr Jatzek legt 8000 € zum Zinssatz 3 % für fünf Jahre fest an. Die Zinsen werden immer am Jahresende gutgeschrieben und mitverzinst.

a) Wie hoch ist das Endkapital nach fünf Jahren? Wie viel Euro davon sind Zinsen und Zinseszinsen?

b) Bekommt man nur halb so viel Zinsen und Zinseszinsen, wenn der Zinssatz nur halb so hoch ist? Prüfe nach.

7 Frau Özdemir legt 2000 € für vier Jahre bei der Bank an.

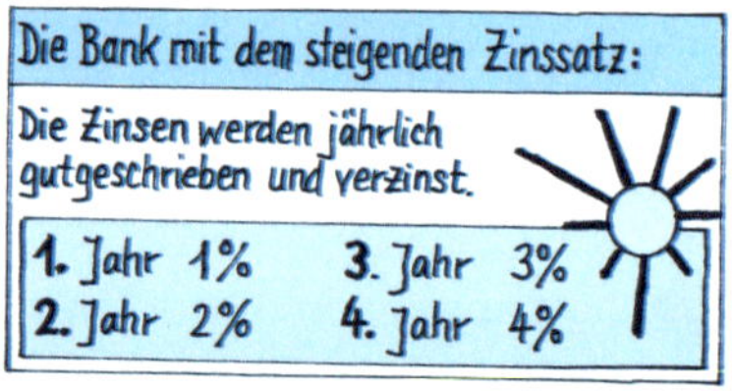

a) Wie hoch ist das Kapital, das am Ende des vierten Jahres ausgezahlt wird?

b) Jonas meint: „Der durchschnittliche Zinssatz ist 2,5 %. Also hätte die Verzinsung mit diesem Zinssatz über die gesamten vier Jahre dasselbe Kapital erbracht." Stimmt das?

Lineare Funktionen

Funktionsbegriff

Eine **Funktion** $y = f(x)$ ordnet jeder Zahl oder Größe x aus einem **Definitionsbereich D** genau eine Zahl oder Größe y als Funktionswert zu.
Die Menge der Funktionswerte heißt **Wertebereich W.** Die Darstellung im Koordinatensystem heißt **Graph** der Funktion.

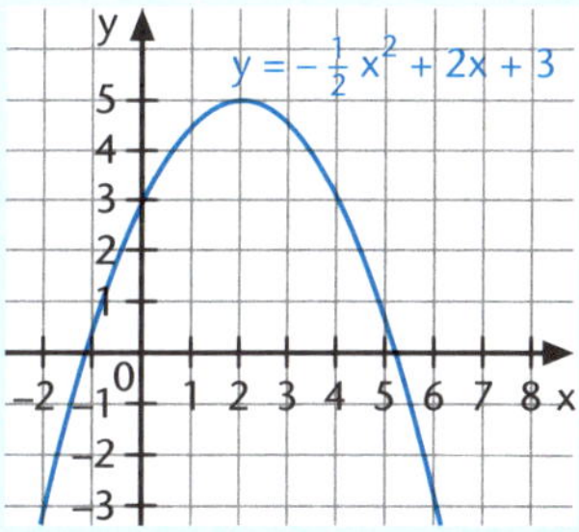

Beispiel: $y = -\frac{1}{2}x^2 + 2x + 3$

x	−2	−1	0	1	2	3	4	5	6
y	−3	$\frac{1}{2}$	3	$4\frac{1}{2}$	5	$4\frac{1}{2}$	3	$\frac{1}{2}$	−3

1 Zeichne den Graphen zu $y = \frac{1}{2}x^2 - 3$ für den Bereich $-3 \le x \le 3$.

Lineare Funktionen

Eine Funktionsgleichung der Form $y = mx + n$ gehört zu einer **linearen Funktion.** Der Graph einer linearen Funktion ist eine Gerade.

Der Faktor **m** heißt **Steigung** der Geraden. Er gibt an, um wie viel der y-Wert steigt ($m > 0$) oder fällt ($m < 0$), wenn der x-Wert um eine Einheit größer wird.

Die Zahl **n** heißt **Achsenabschnitt** der Geraden. Die Gerade schneidet die y-Achse im Punkt $(0|n)$.

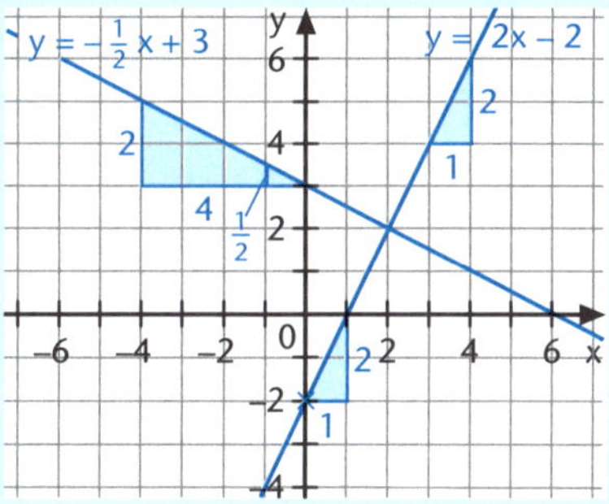

1 Zeichne in ein Koordinatensystem die Graphen zu den Gleichungen $y = \frac{1}{2}x + 3$ und $y = -x - 3$. Lies die Koordinaten des Schnittpunkts ab.

2 Der Graph einer linearen Funktion schneidet die y-Achse in $(0|-4)$. Der Graph steigt um 3 an, wenn der x- Wert um 1 größer wird.
a) Gib die Funktionsgleichung an. b) Zeichne den Graphen.

Formen der Geradengleichung

Es gibt verschiedene Formen der Geradengleichung. Sie können alle in die Hauptform umgeformt werden.

Gerade mit dem Achsenabschnitt n und der Steigung m

$$y = mx + n$$

Hauptform

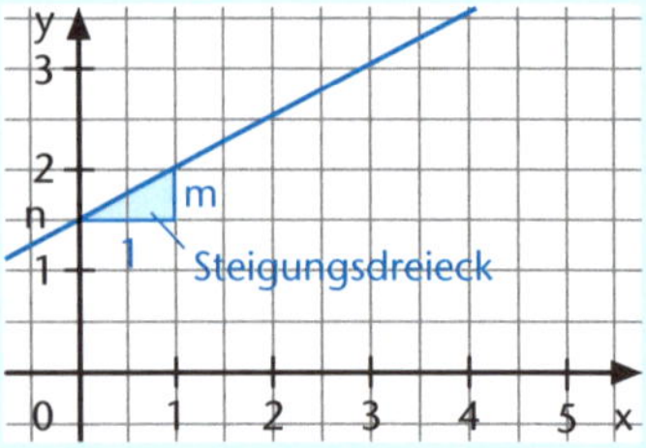

Gerade durch $P_1(x_1|y_1)$ mit der Steigung m

$$\frac{y - y_1}{x - x_1} = m$$

Punkt-Steigungs-Form

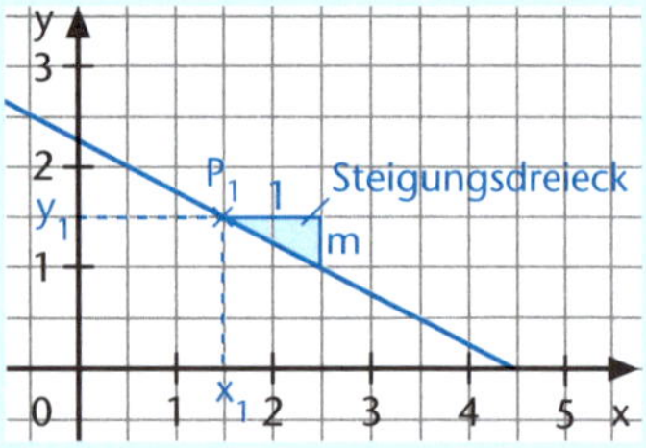

1 a) Zeichne die Gerade durch die Punkte $P_1(2|4)$ und $P_2(6|6)$.
b) Lies die Steigung und den Achsenabschnitt der Geraden ab.
c) Gib die Geradengleichung an.
d) Prüfe, ob die Koordinaten der Punkte P_1 und P_2 deine in c) angegebene Geradengleichung erfüllen.
e) Ergänze die fehlenden Koordinaten so, dass die Punkte Q(4|□), R(5|□), S(□|7) und T(□|6,5) auf der Geraden liegen.

2 Wie lautet die Hauptform der Geradengleichung?
a) Die Gerade geht durch $P_1(2|1)$ und hat die Steigung 1.
b) Die Gerade hat die Steigung $-\frac{1}{2}$ und geht durch (−4|7).
◆ c) Die Gerade ist parallel zur Geraden durch A(5|0) und B(0|3). Sie geht durch $P_1(10|2)$.

3 Aus einem Behälter mit 10 m^3 Wasser fließen ab 0 Uhr in jeder Stunde 0,5 m^3 Wasser ab. Nach x Stunden sind noch y Kubikmeter Wasser im Behälter.
a) Gib die Gleichung der Funktion $x \rightarrow y$ an.
b) Zeichne den Graphen der Funktion.
c) Lies am Graphen ab und prüfe mit der Funktionsgleichung:
(1) die Wassermenge, die nach 7 Stunden noch im Behälter ist.
(2) Die Zeit, zu der noch genau 4,5 m^3 Wasser im Behälter sind.

Übungen zu linearen Funktionen

TIPP: Die Zeichnung einer Geraden aus dem Achsenabschnitt und der Steigung m gelingt oft besser, wenn man die Grundseite des Steigungsdreiecks größer als 1 wählt.

Beispiele: $y = \frac{2}{3}x - 2$ $\qquad\qquad$ $y = -\frac{3}{4}x + 2$

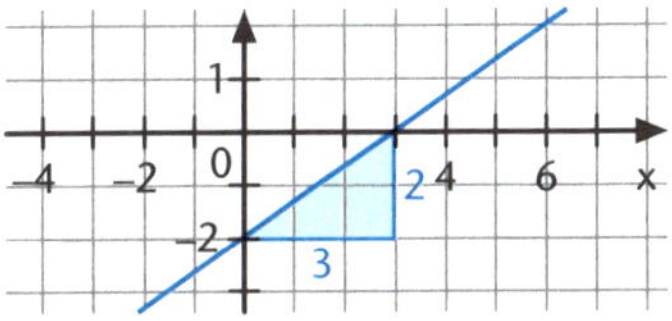

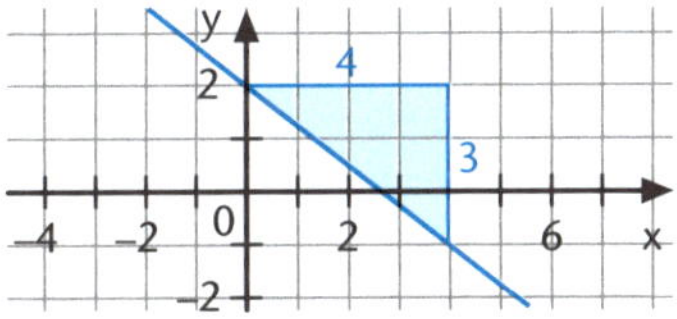

1 Zeichne die Gerade mithilfe des Achsenabschnitts und der Steigung.
a) $y = -\frac{3}{4}x + 4$ $\qquad$ b) $y = \frac{2}{3}x + 3$ $\qquad$ c) $y = \frac{1}{2}x - 5$

2 a) Lies für jede der Geraden g_1, g_2, g_3 den Achsenabschnitt und die Steigung ab. Schreibe die zugehörige Geradengleichung in der Hauptform auf.
b) Gib für jede der Geraden g_1, g_2, g_3 an, ob sie steigt oder fällt.
c) Gib die Koordinaten der drei Schnittpunkte an.

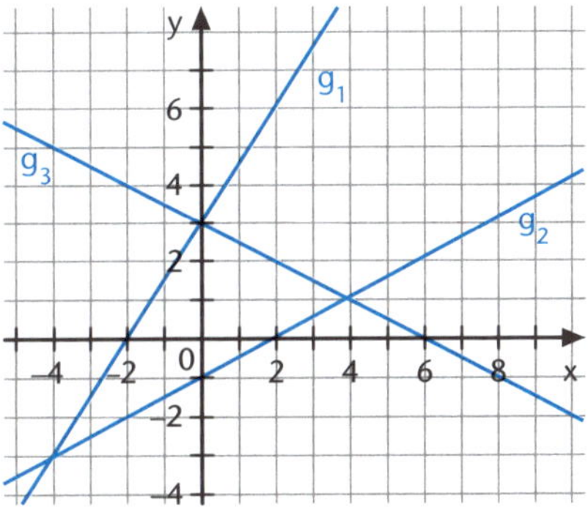

3 Zeichne Geraden durch den Punkt (0|0) mit den Steigungen $m_1 = \frac{3}{2}$ und $m_2 = \frac{3}{4}$.
a) Welche der beiden Geraden verläuft steiler?
b) Gib für jede der beiden Geraden die Gleichung an.
c) Zwischen welchen Zahlen liegen jeweils die y-Werte für $0 \leq x \leq 8$?

◆ **4** a) Bestimme m so, dass die Gerade mit der Gleichung $y = mx$ durch P(3|2) geht.
b) Bestimme n so, dass die Gerade mit der Gleichung $y = \frac{1}{2}x + n$ durch Q(4|5) geht.

◆ **5** Gib die Gleichung der Geraden an, die zu der Geraden mit der Gleichung $y = 2x + 5$ parallel ist und durch A(–2|–3) geht.

◆ **6** Wie lautet die Gleichung der Geraden durch die Punkte (5|0) und (0|–5)?

Quadratische Funktionen

$y = ax^2 + bx + c$

Eine Funktionsgleichung der Form $y = ax^2 + bx + c$ mit $a \neq 0$ gehört zu einer **quadratischen Funktion.** Der Graph ist eine **Parabel.**
Für $a > 0$ ist die Parabel nach oben geöffnet, für $a < 0$ ist sie nach unten geöffnet.
Der tiefste bzw. höchste Punkt heißt **Scheitelpunkt** der Parabel.

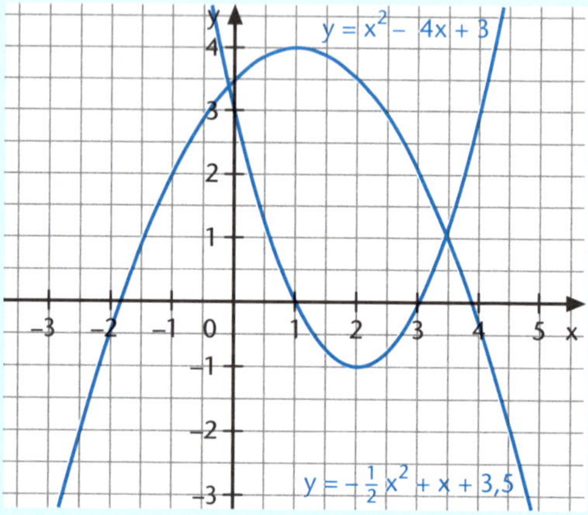

Je größer $|a|$ ist, desto steiler steigt oder fällt die Parabel.

1 a) Hier sind die Graphen zu drei Funktionsgleichungen gezeichnet. Ordne zu.
(1) $y = -x^2 + 2x + 2$
(2) $y = 2x^2 - 1$
(3) $y = \frac{1}{2}x^2 - x - 2,5$

b) Gib für jede Parabel den Scheitelpunkt S(|) an.

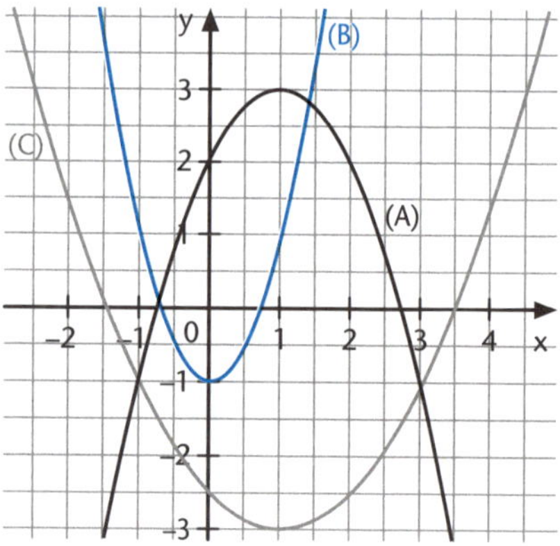

2 a) Erstelle eine Wertetabelle zu der quadratischen Funktion.
b) Zeichne den Graphen. Gib die Koordinaten des Scheitelpunkts an.
(1) $y = x^2 - 6x + 11$ für $0 \leq x \leq 6$
(2) $y = \frac{1}{2}x^2 + 2x - 1$ für $-7 \leq x \leq 3$
(3) $y = -x^2 + 4x - 1$ für $-2 \leq x \leq 6$
(4) $y = -\frac{1}{3}x^2 + 2x + 2$ für $-3 \leq x \leq 9$

Scheitelpunktform

Der Graph der Funktion mit der Gleichung $\mathbf{y = x^2}$ heißt **Normalparabel.**

Der Graph der Funktion mit der Gleichung $\mathbf{y = (x + a)^2 + b}$ ist eine um – a Einheiten längs der x-Achse und um b Einheiten längs der y-Achse verschobene Normalparabel. Der Scheitelpunkt ist **S (– a|b).**
Diese Form der Funktionsgleichung heißt **Scheitelpunktform.**

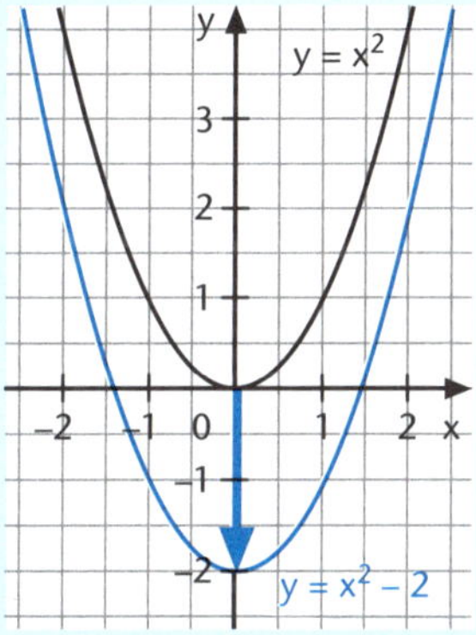

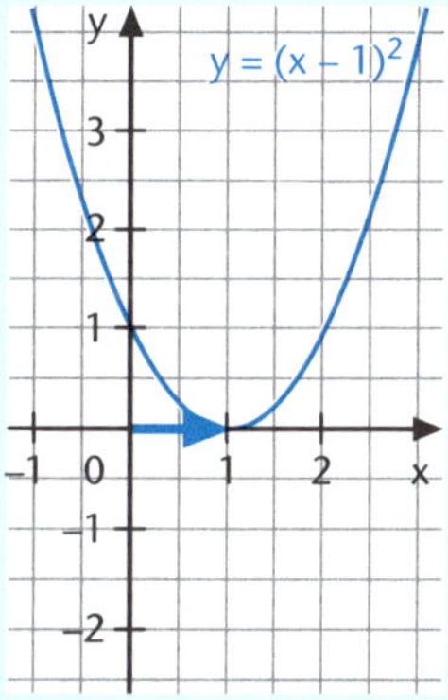

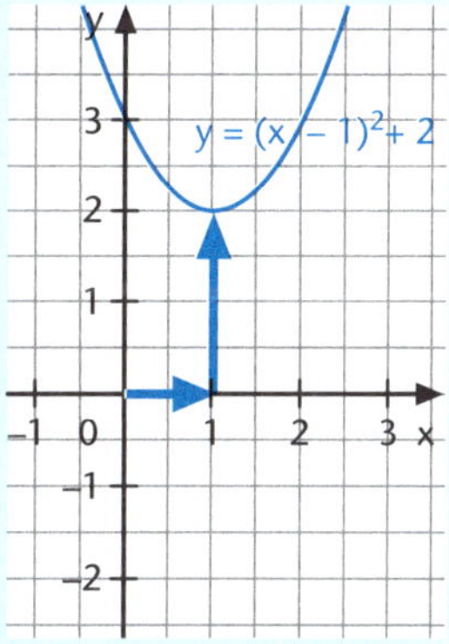

Die Funktionsgleichung einer quadratischen Funktion mit der Gleichung $y = x^2 + px + q$ kann in die Scheitelpunktform umgeformt werden.

$y = x^2 + px + q$	$y = x^2 + 8x - 7$
$y = x^2 + 2\frac{p}{2}x + \left(\frac{p}{2}\right)^2 - \left(\frac{p}{2}\right)^2 + q$	$y = x^2 + 8x + 16 - 16 - 7$
$y = \left(x + \frac{p}{2}\right)^2 + q - \left(\frac{p}{2}\right)^2$	$y = (x + 4)^2 - 23$
$S\left(-\frac{p}{2}\middle\vert q - \left(\frac{p}{2}\right)^2\right)$	$S(-4 \vert -23)$

1 Gib den Scheitelpunkt an. Überlege dazu, für welchen x-Wert der y-Wert am kleinsten ist. Zeichne den Graphen.
a) $y = (x - 3)^2 + 1$ b) $y = (x + 3)^2 + 1$ c) $y = (x + 3)^2 - 1$

2 Die Normalparabel wurde verschoben. Der neue Scheitelpunkt ist angegeben. Wie heißt die Funktionsgleichung in Scheitelpunktform?
a) $S(2|5)$ b) $S(-2|5)$ c) $S(2|-5)$ d) $S(-2|-5)$

3 Forme um in die Scheitelpunktform. Gib den Scheitelpunkt an.
a) $y = x^2 - 6x + 9$ c) $y = x^2 + 4x + 3$ e) $y = x^2 - 3x + 8$
b) $y = x^2 - 6x + 7$ d) $y = x^2 + 3x$ f) $y = x^2 + x - 1{,}5$

Übungen zu quadratischen Funktionen

1 a) Gib den Scheitelpunkt der Parabel an.

b) Lies am Graphen die y-Werte ab zu den x-Werten –2; –1; –0,5; 0,5; 1; 2

c) Welche der Gleichungen gehört zu dem Graphen?

(1) $y = -x^2 + 4$

(2) $y = x^2 - 4$

(3) $y = (x - 4)^2$

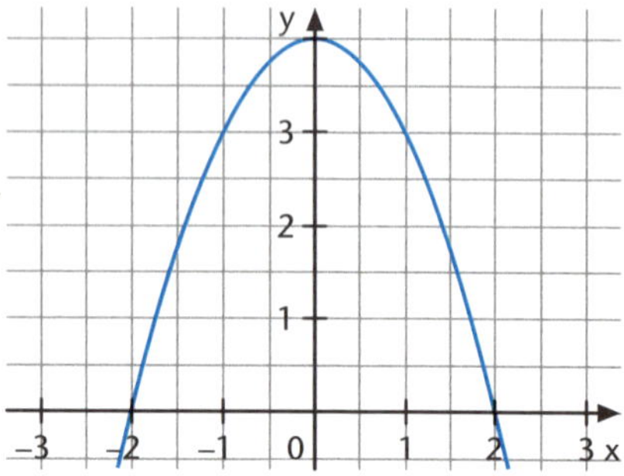

d) Zeichne zu jeder der drei Funktionsgleichungen in Teilaufgabe c) den Graphen. Woran erkennst du schon vor dem Zeichnen, ob die Parabel nach oben oder nach unten geöffnet ist?

2 Zu jeder der vier Funktionsgleichungen gehört eine der Parabeln. Ordne zu.

(1) $y = x^2 + 1$

(2) $y = (x + 2)^2 - 2$

(3) $y = (x - 3)^2$

(4) $y = (x - 2)^2 - 1$

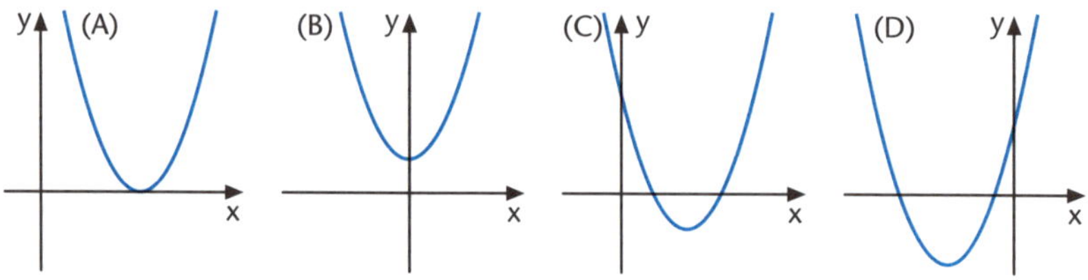

3 Bestimme für die Funktionsgleichung $y = (x - 5)^2 + 7$ alle x-Werte, für die gilt: a) $y = 11$ b) $y = 16$ c) $y = 7$

4 Die Normalparabel (Funktionsgleichung $y = x^2$) wird verschoben. Gib jeweils die neue Funktionsgleichung an. Verschiebung:

a) um 2 nach rechts

b) um 3 nach unten

c) um 2 nach links und um 3 nach oben

d) um 1 nach rechts und um 2 nach unten

5 a) Ist die Parabel zur Funktionsgleichung $y = -0{,}5x^2 + 3$ nach oben geöffnet oder nach unten?

b) Zeichne die Parabel für x von –3 bis 3.

c) Gib den Scheitelpunkt der Parabel an.

d) Die Parabel wird so verschoben, dass der Scheitel in den Punkt (4|1) fällt. Gib die Funktionsgleichung der verschobenen Parabel an.

Potenzfunktionen

Potenzfunktionen mit positivem Exponenten

Eine **Potenzfunktion** hat die Funktionsgleichung $y = x^n$ ($n \in \mathbb{Z}$).

Positive gerade Exponenten:

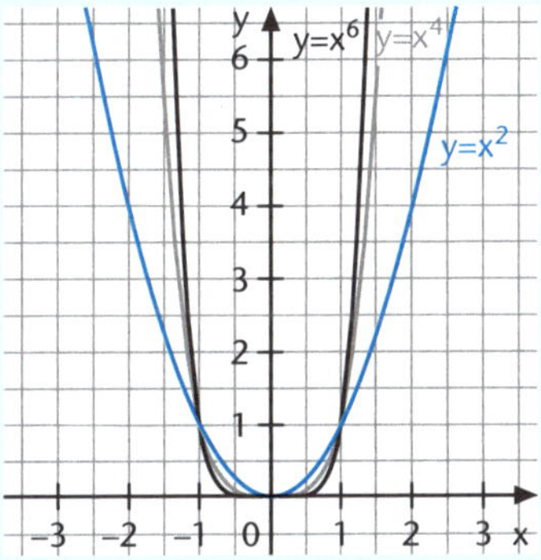

Definitionsbereich $D = \mathbb{R}$
Wertebereich: $W = \mathbb{R}_0^+$

Der Graph geht durch die Punkte (0|0), (−1|1), (1|1) und ist achsensymmetrisch zur x-Achse.

Positive ungerade Exponenten:

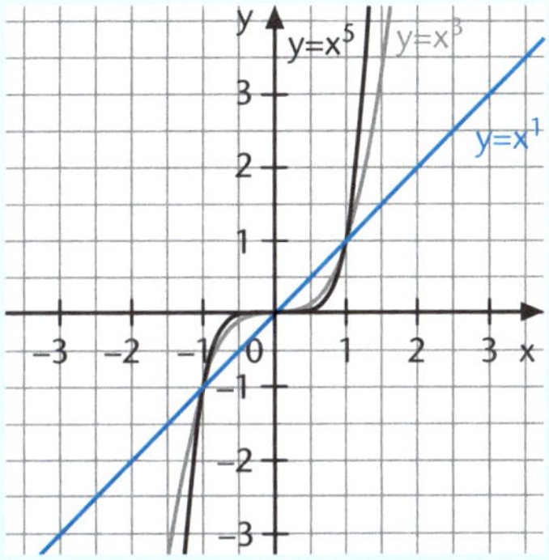

Definitionsbereich $D = \mathbb{R}$
Wertebereich: $W = \mathbb{R}$

Der Graph geht durch die Punkte (0|0), (−1|−1), (1|1) und ist punktsymmetrisch zum Nullpunkt.

1 Beachte die Graphen der Potenzfunktionen. Setze ein: <, > oder =.

a) $0{,}5^2$ ☐ $0{,}5^4$
b) $1{,}5^2$ ☐ $1{,}5^6$
c) $0{,}8^4$ ☐ $0{,}8^6$
d) $1{,}2^4$ ☐ $1{,}2^6$
e) $1{,}1^6$ ☐ 2^2
f) $(-1)^3$ ☐ $(-0{,}8)^5$
g) $(-1{,}1)^3$ ☐ $(-1{,}1)^5$
h) $1{,}5^3$ ☐ $1{,}5^5$
i) $(-2)^3$ ☐ $(-1)^5$

2 Zu welcher der beiden Funktionsgleichungen $y = x^2$ und $y = x^4$ gehört der Graph mit der weiteren Öffnung?

3 Zu welcher Funktionsgleichung gehört der Graph, der für $x > 1$ steiler ansteigt?

a) $y = x$ und $y = x^3$
b) $y = x^2$ und $y = x^4$
c) $y = x^3$ und $y = x^5$

4 Hier gelte immer $n < m$. Setze ein: <, > oder =.

a) Für $0 < x < 1$ gilt x^n ☐ x^m.
b) Für $x = 1$ gilt x^n ☐ x^m.
c) Für $1 < x$ gilt x^n ☐ x^m.
d) Für $x = 0$ gilt x^n ☐ x^m.

Potenzfunktionen mit negativem Exponenten

Negative gerade Exponenten:

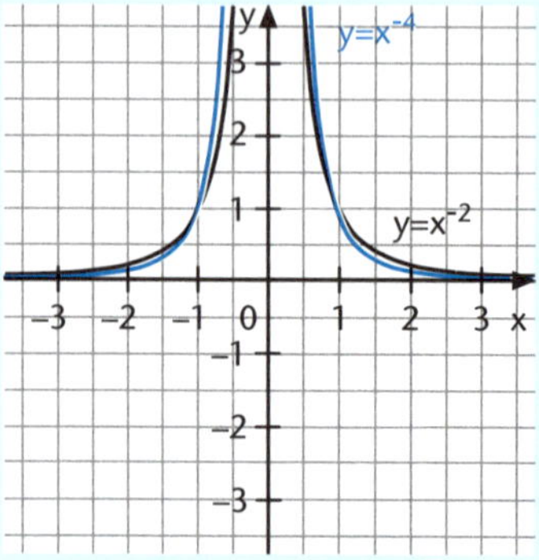

Definitionsbereich D = ℝ
Wertebereich: W = $\mathbb{R}^+$

Der Graph geht durch die Punkte (–1|1) und (1|1) und ist achsensymmetrisch zur x-Achse.

Negative ungerade Exponenten:

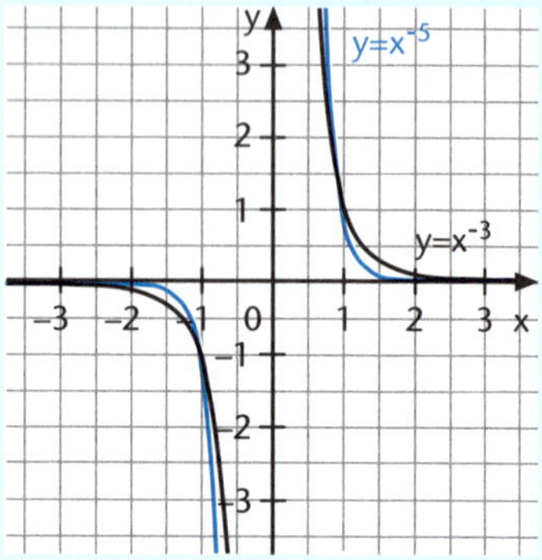

Definitionsbereich D = ℝ
Wertebereich: W = ℝ \ {0}

Der Graph geht durch die Punkte (–1|–1) und (1|1) und ist punktsymmetrisch zum Nullpunkt.

1 Ordne die Funktionsgleichungen rechts den Graphen zu.

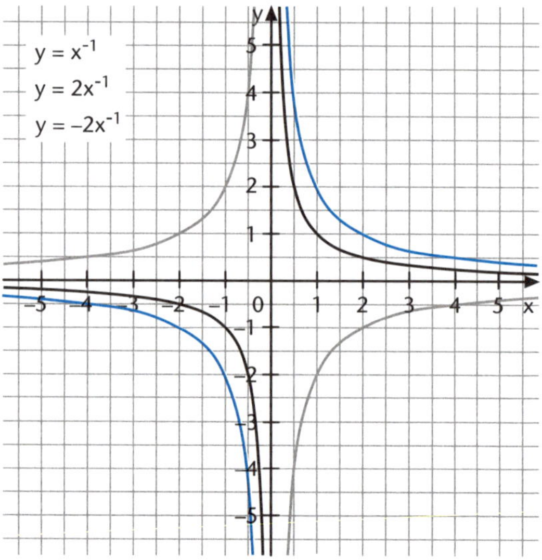

◆ **2** Welche Aussagen treffen für die Potenzfunktion mit der Funktionsgleichung $y = x^{-3}$ zu, welche nicht? Berichtige die nicht zutreffenden Aussagen.

a) Für $0 < x_1 < x_2$ gilt $y_1 > y_2$

b) Für x = 1 ist y = 1.

c) Für x = –1 ist y = –1.

d) Für x > 1 ist y > 1.

e) Für x < –1 ist y < –1.

Exponentialfunktionen

Exponentielles Wachstum und exponentielle Abnahme

Eine Anfangsgröße G ändert sich **exponentiell** in Abhängigkeit von einer anderen Größe (z. B. Zeit oder Strecke), wenn in gleichen Abständen immer mit demselben Faktor q multipliziert wird.

Für die Größe G_n nach n gleichen Abständen gilt:

$$\mathbf{G_n = G \cdot q^n}$$

Exponentielles Wachstum:

$q > 1$

q heißt Wachstumsfaktor

In der Darstellung $q = 1 + \frac{p}{100}$ heißt p % Wachstumsrate.

$G_n = G \cdot \left(1 + \frac{p}{100}\right)^n$

Exponentielle Abnahme:

$0 < q < 1$

q heißt Abnahmefaktor

In der Darstellung $q = 1 - \frac{p}{100}$ heißt p % Abnahmerate.

$G_n = G \cdot \left(1 - \frac{p}{100}\right)^n$

Beispiel:
Zinseszinsrechnung nach der Formel $K_n = K \cdot q^n$ mit $q = 1 + \frac{p}{100}$

1 In einer Bakterienkultur wurden 5000 Bakterien gezählt. Ihre Anzahl nimmt jede Stunde um 3 % zu. Wie viele Bakterien sind nach 24 Stunden zu erwarten?

2 Eine Stadt hat 275 000 Einwohner. Es wird damit gerechnet, dass die Einwohnerzahl in den nächsten 5 Jahren jährlich um 2 % abnimmt. Wie viele Einwohner wird die Stadt voraussichtlich in 5 Jahren haben?

◆ **3** Der Holzbestand eines Waldes ist in 9 Jahren von 11 000 m^3 auf 14 000 m^3 angewachsen. Wie hoch ist die jährliche Wachstumsrate?

◆ **4** Eine Pflanze wird mit 20 mg Insektengift gespritzt. Jeden Tag nimmt der Giftgehalt um den gleichen Prozentsatz ab. Nach einer Woche beträgt der Giftgehalt 10 mg. Bestimme die tägliche Abnahmerate.

5 In einer Schale wird eine Hefekultur angesetzt. Zu Beginn nimmt die Kultur eine Fläche von 5 cm^2 ein. Jede Stunde nimmt die Fläche um 20 % zu. Würde die Hefekultur nach 4 Tagen noch in ein Gefäß passen, in dem sie eine Fläche von 1 m^2 einnehmen könnte?

Exponentialfunktionen

Eine **Exponentialfunktion** hat die Funktionsgleichung
$y = a^x$ ($a > 0$, $a \neq 1$).
Definitionsbereich: $D = \mathbb{R}$ Wertebereich: $W = \mathbb{R}^+$

$a > 1$

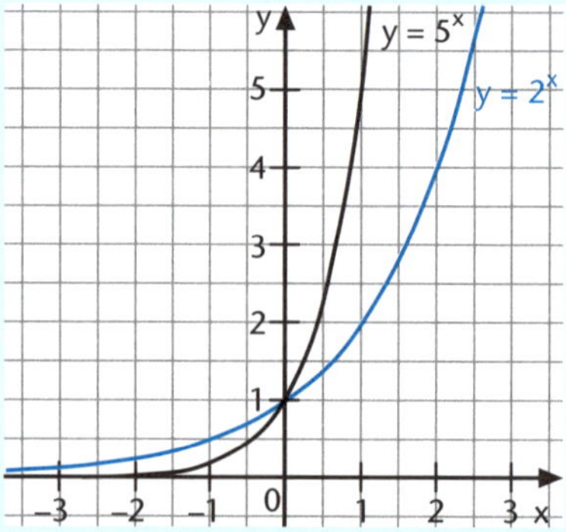

Die Funktion wächst streng monoton. Sie hat keine Nullstelle. Der Graph geht durch den Punkt (0|1).

$0 < a < 1$

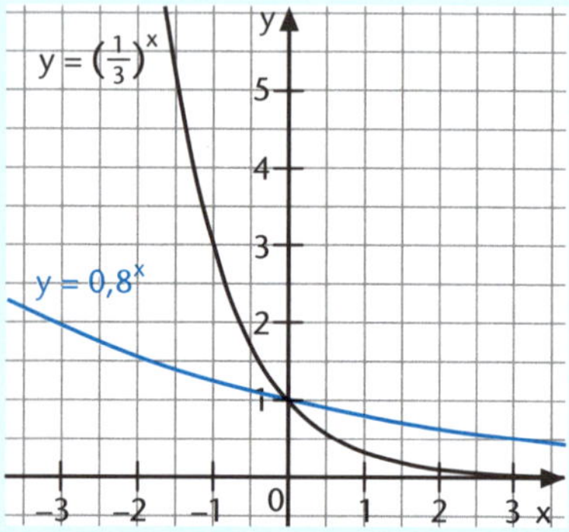

Die Funktion fällt streng monoton. Sie hat keine Nullstelle. Der Graph geht durch den Punkt (0|1).

1 a) Zeichne den Graphen zu $y = 1{,}5^x$ für $-3 \leq x \leq 5$ auf Millimeterpapier.
b) Lies möglichst genau ab: $y_1 = 1{,}5^{3,7}$; $y_2 = 1{,}5^{2,2}$; $y_3 = 1{,}5^{-0,6}$
c) Lies die Exponenten möglichst genau ab: $1{,}5^{x_1} = 5{,}5$; $1{,}5^{x_2} = 0{,}9$

2 Zeichne die Graphen zu den Funktionsgleichungen $y = 2^x$ und $y = \left(\frac{1}{2}\right)^x$ für $-2{,}5 \leq x \leq 2{,}5$ in ein Koordinatensystem. Lies an den Graphen ab:
2^1 und $\left(\frac{1}{2}\right)^{-1}$; 2^{-1} und $\left(\frac{1}{2}\right)^1$; 2^{-2} und $\left(\frac{1}{2}\right)^2$ Was fällt dir auf?

◆ **3** Nach den Potenzgesetzen gilt: $\left(\frac{1}{a}\right)^x = \frac{1}{a^x} = a^{-x}$. Begründe damit:
Die Graphen zu $y = a^x$ und $y = \left(\frac{1}{a}\right)^x$ liegen symmetrisch zur y-Achse.

4 Zu welcher Gleichung gehört der Graph, der für $x > 1$ steiler ansteigt?
a) $y = 1{,}5^x$ und $y = 2^x$ b) $y = 2^x$ und $y = 5^x$ c) $y = 1^x$ und $y = 1{,}1^x$

◆ **5** Welche Aussagen treffen zu? Berichtige die falschen Aussagen.
a) Für alle x ist $1{,}2^x > 0$
b) Es gibt x-Werte, für die gilt: $2^x < 0{,}001$
c) Für alle x ist $\left(\frac{1}{2}\right)^x < 1000$
d) $1111^0 \neq 1$

Trigonometrische Funktionen

Sinusfunktion

In den Einheitskreis (Radius r = 1) ist ein rechtwinkliges Dreieck eingezeichnet.

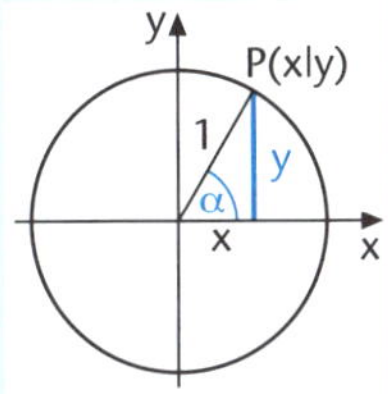

Es gilt: $\sin\alpha = \frac{\text{Gegenkathete}}{\text{Hypotenuse}} = \frac{y}{1} = y$

Für beliebige Winkel α wird die **Sinusfunktion** durch das Bild im Einheitskreis so festgelegt: sin α ist die y-Koordinate des Punktes P.

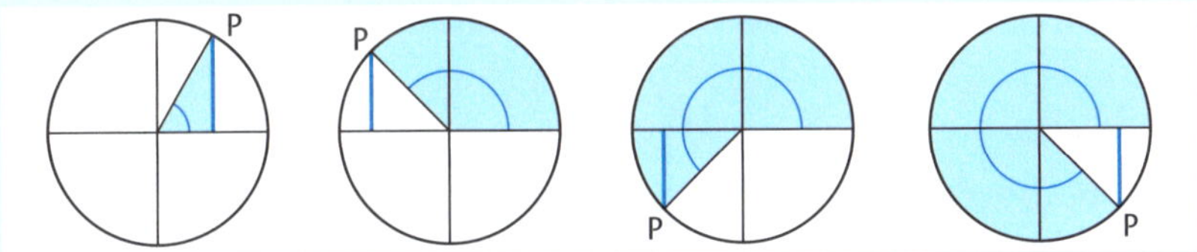

Definitionsbereich: alle Winkel   Wertebereich: [–1; 1]

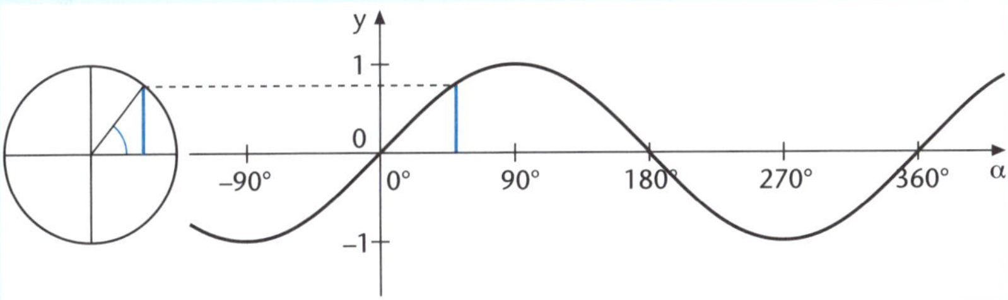

Nach jeweils 360° wiederholen sich die Werte der Sinusfunktion.
Die Sinusfunktion ist eine periodische Funktion mit der Periode 360°.
Alle Winkel $k \cdot 180°$ mit $k \in \mathbb{Z}$ sind Nullstellen der Sinusfunktion.

1 a) Für welche Winkel sind die Sinuswerte positiv, für welche negativ?
b) Stelle die Sinuswerte der Winkel 0°, 30°, 60°, …, 360° in einer Tabelle zusammen.

2 Lies am Graphen Näherungswerte ab für die Winkel mit den Sinuswerten
a) 0,4   b) –0,4   c) 0,7   d) –0,7

◆ **3** Zeige am Graphen der Sinusfunktion: Für alle Winkel α gilt:
$\sin(180° - \alpha) = \sin\alpha$ und $\sin(180° + \alpha) = -\sin\alpha$

Kosinusfunktion

In den Einheitskreis (Radius r = 1) ist ein rechtwinkliges Dreieck eingezeichnet.

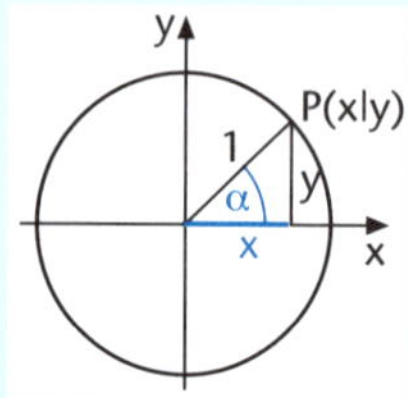

Es gilt: $\cos\alpha = \frac{\text{Ankathete}}{\text{Hypotenuse}} = \frac{x}{1} = x$

Für beliebige Winkel α wird die **Kosinusfunktion** durch das Bild im Einheitskreis so festgelegt: cos α ist die x-Koordinate des Punktes P.

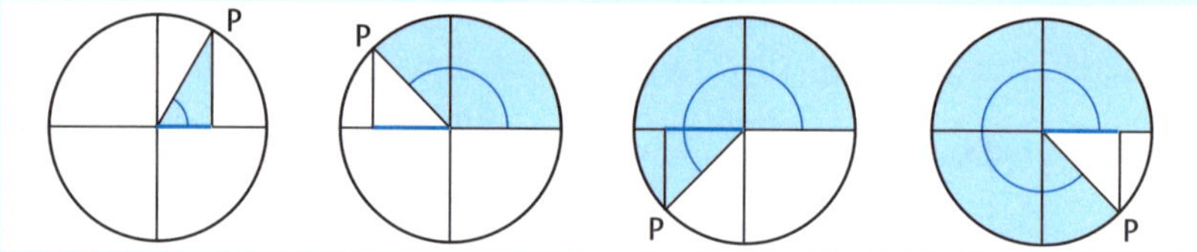

Definitionsbereich: alle Winkel   Wertebereich: [–1; 1]

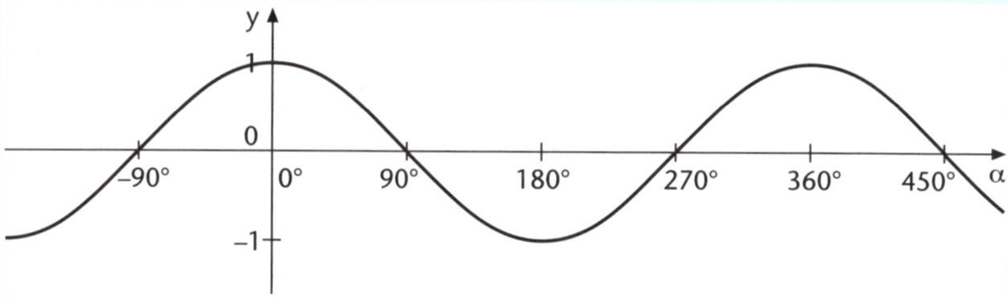

Nach jeweils 360° wiederholen sich die Werte der Kosinusfunktion.
Die Kosinusfunktion ist eine periodische Funktion mit der Periode 360°.
Alle Winkel 90° + k · 180° mit $k \in \mathbb{Z}$ sind Nullstellen der Kosinusfunktion.

1 a) Für welche Winkel zwischen 0° und 360° sind die Kosinuswerte positiv, für welche sind sie negativ?
b) Stelle die Kosinuswerte der Winkel 0°, 30°, 60°, ..., 360° in einer Tabelle zusammen.

2 Zeige am Graphen der Kosinusfunktion: Für alle Winkel α gilt:
$\cos(180° - \alpha) = -\cos\alpha$ und $\cos(180° + \alpha) = -\cos\alpha$

◆ **3** Für welche Winkel zwischen 0° und 360° gilt
a) cos ☐ = cos 60°   b) cos ☐ = –cos 30°   c) cos ☐ = –cos 45°?

4 Für welche Winkel stimmen Sinuswert und Kosinuswert überein?

Tangensfunktion

An den Einheitskreis (r = 1) ist eine Tangente gezeichnet. Im rechtwinkligen Dreieck gilt:

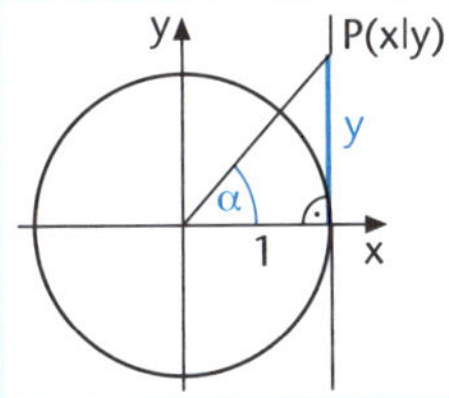

$$\tan\alpha = \frac{\text{Gegenkathete}}{\text{Ankathete}} = \frac{y}{1} = y$$

Es gilt: $\tan\alpha = \frac{\sin\alpha}{\cos\alpha}$

Für Winkel $\alpha \neq (2k + 1) \cdot 90°$ mit $k \in \mathbb{Z}$ wird die **Tangensfunktion** am Einheitskreis so festgelegt: $\tan\alpha$ ist die y-Koordinate des Punktes P.

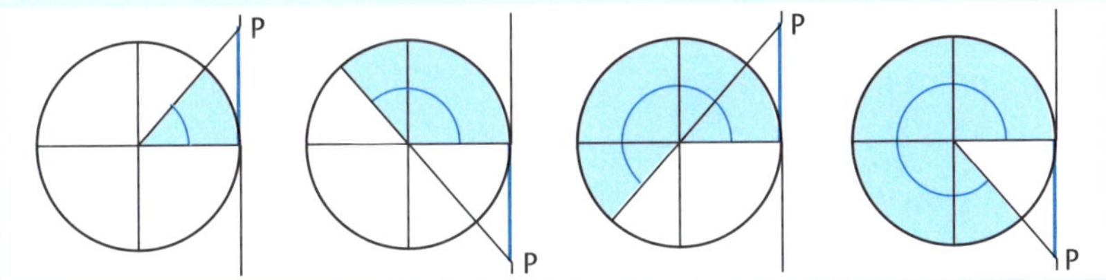

Definitionsbereich: alle Winkel $\alpha \neq (2k + 1) \cdot 90°$ mit $k \in \mathbb{Z}$.
Wertebereich: $\mathbb{R}$

Nach jeweils 180° wiederholen sich die Werte der Tangensfunktion.

Die Tangensfunktion ist eine periodische Funktion mit der Periode 180°.

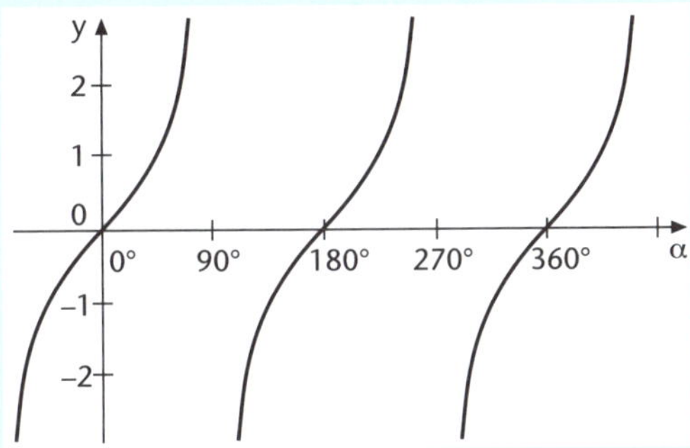

1 a) Für welche Winkel zwischen 0° und 360° sind die Tangenswerte positiv, für welche sind sie negativ?
b) Erstelle eine Tabelle mit den Tangenswerten für 0°, 30°, 45°, 60°.

2 Für welche Winkel gilt a) $\tan\alpha = 0$ b) $\tan\alpha = 1$ c) $\tan\alpha = -1$?

3 Zeige am Graphen der Tangensfunktion: Für alle Winkel α gilt:
$\tan(180° - \alpha) = -\tan\alpha$ und $\tan(180° + \alpha) = -\tan(180° - \alpha)$

Geometrie

Winkel

Winkel an Geraden

α und β sind **Nebenwinkel.**
Also: $\alpha + \beta = \mathbf{180°}$

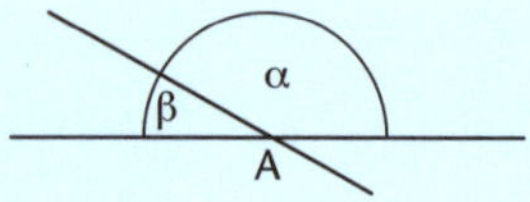

α und β sind **Scheitelwinkel.**
Also: $\alpha = \beta$

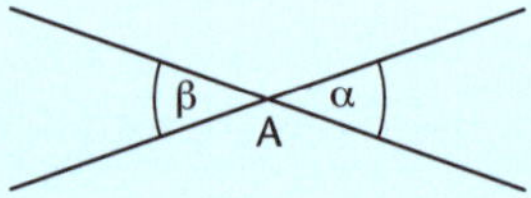

α und β sind **Stufenwinkel** an geschnittenen Parallelen.
Also: $\alpha = \beta$

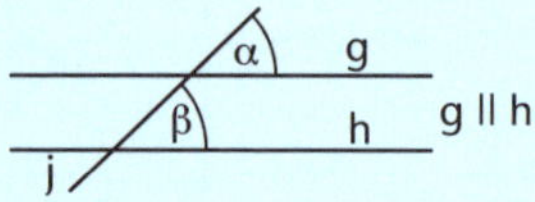

α und β sind **Wechselwinkel** an geschnittenen Parallelen.
Also: $\alpha = \beta$

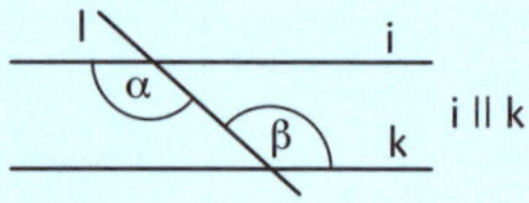

1 Berechne die fehlenden Winkel, wenn gilt:

a) $\alpha = 45°$ c) $\gamma' = 170°$
b) $\beta = 110°$ d) $\delta' = 87°$

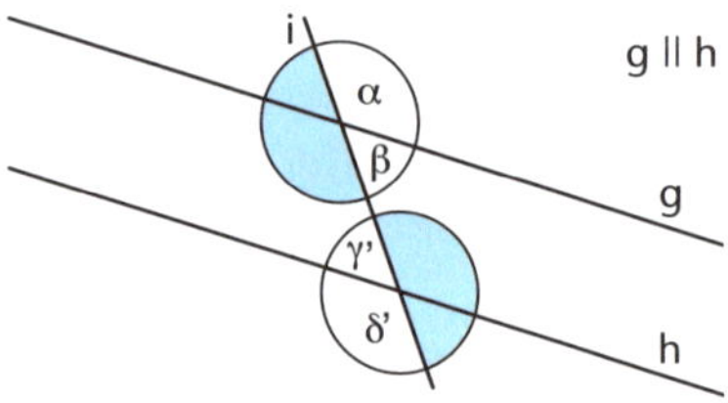

2 Zeichne zwei zueinander parallele Geraden g und h im Abstand von 2,5 cm. Zeichne Gerade i so, dass gilt:

a) $\alpha = 27°$ c) $\gamma = 134°$
b) $\beta = 95°$ d) $\delta = 45°$

Berechne die jeweils fehlenden Winkelgrößen.

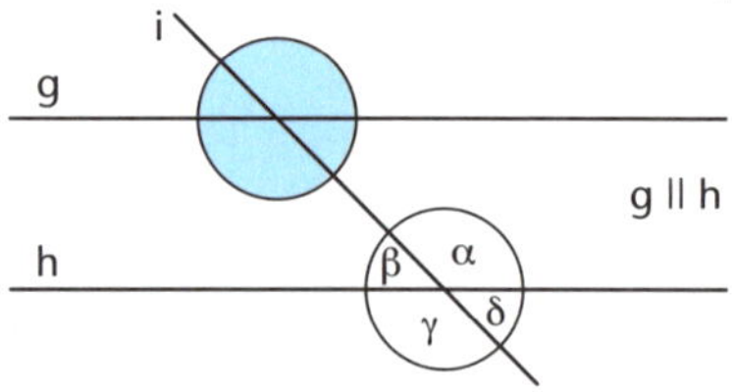

3 Bestimme die fehlenden Winkelgrößen.

a)
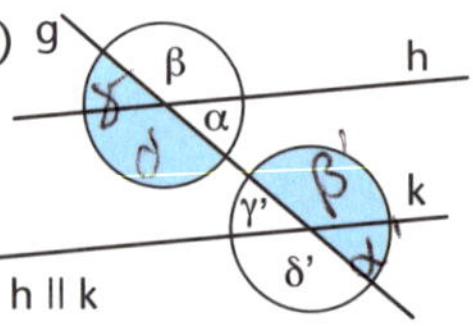

b)
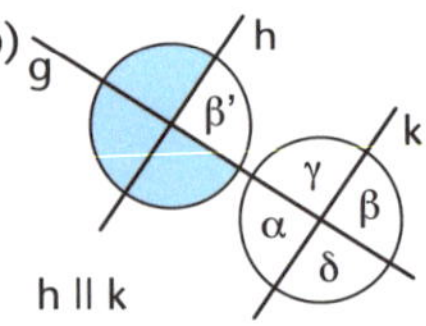

c)
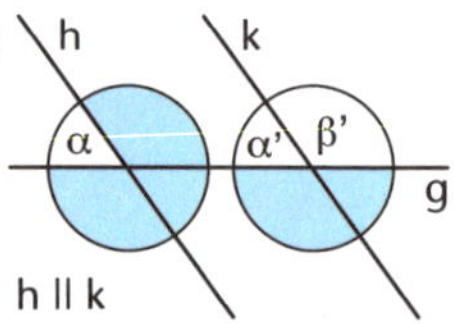

Dreieck

Bezeichnungen und Einteilung der Dreiecke

Bezeichnungen am Dreieck

Es gelten die **Dreiecksungleichungen:**

$a + b > c$ $a + c > b$ $b + c > a$

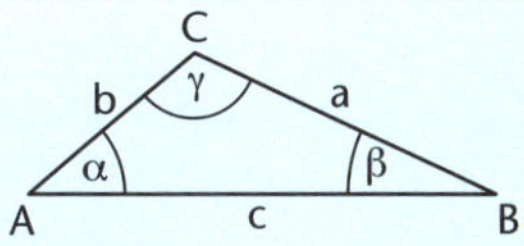

Einteilung der Dreiecke nach Seiten und Winkeln

Unregelmäßige Dreiecke

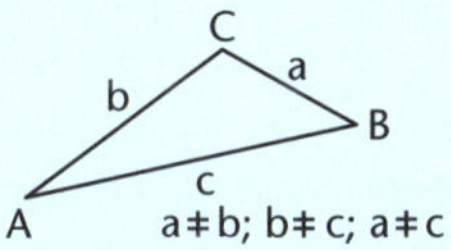

Gleichschenklige Dreiecke

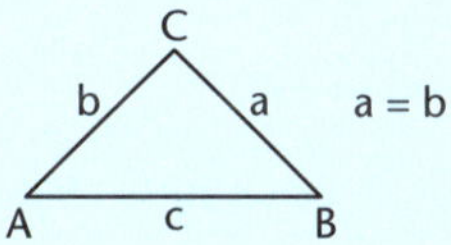

Gleichseitige Dreiecke

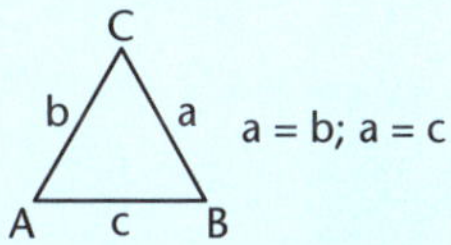

Spitzwinklige Dreiecke

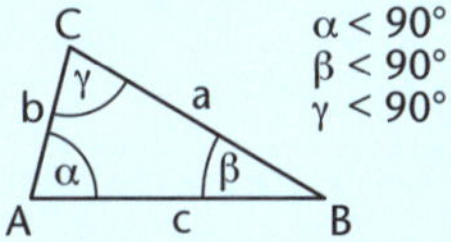

Stumpfwinklige Dreiecke

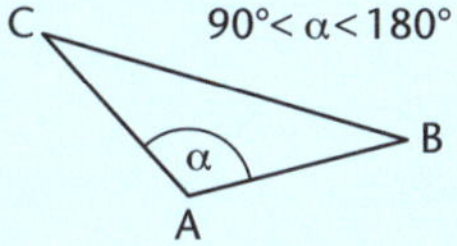

Rechtwinklige Dreiecke

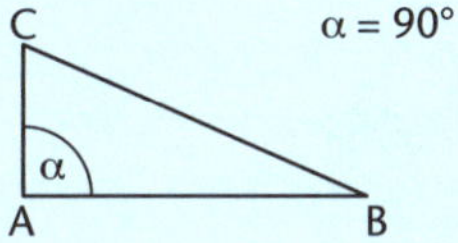

Eigenschaften von Dreiecken

Für die Innenwinkel α, β und γ gilt: $\alpha + \beta + \gamma =$ **180°.**
(Innenwinkelsatz)

Im Dreieck gehört zur längeren Seite der größere Gegenwinkel.

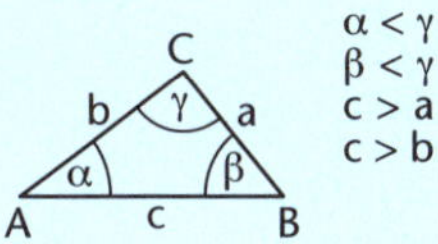

Im jedem gleichschenkligen Dreieck sind die Basiswinkel gleich groß.

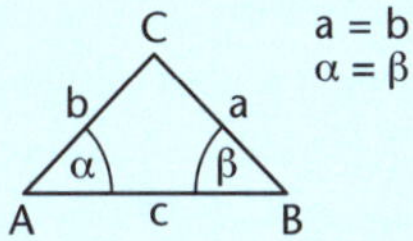

In jedem gleichseitigen Dreieck sind alle Innenwinkel gleich groß.

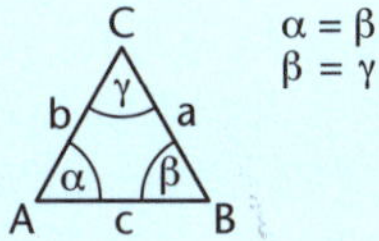

1 Berechne den fehlenden Innenwinkel im Dreieck ABC.
a) $\alpha = 46°$; $\beta = 73°$
b) $\beta = 42°$; $\gamma = 113°$
c) $\alpha = 90°$; $\gamma = 53°$

2 Wie groß ist der Winkel $\sphericalangle$ BSD im Bild, wenn $\overline{AB} \parallel \overline{CD}$ gilt.

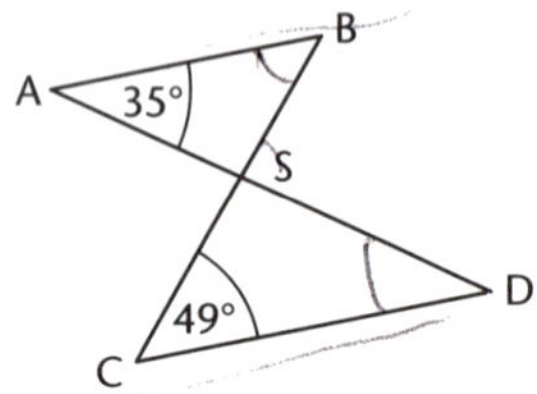

3 Berechne die Basiswinkel in einem gleichschenkligen Dreieck, wenn
(1) $\gamma = 90°$
(2) $\gamma = 45°$
(3) $\alpha = 35°$
(4) $\alpha = 120°$
(5) $\beta = 60°$
(6) $\beta = 47°$ ist.

4 Zeichne ein gleichseitiges Dreieck ABC. Miss die Innenwinkel. Was gilt?

Kongruente Dreiecke

Zwei Dreiecke sind zueinander **kongruent** (deckungsgleich), wenn sie in der Länge entsprechender Seiten und den dazugehörigen Innenwinkeln übereinstimmen.

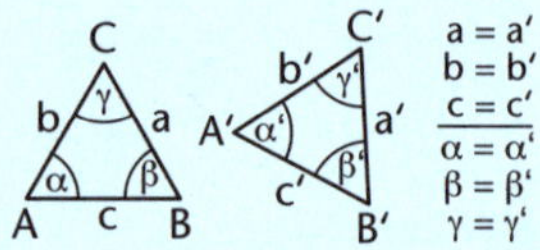

Kongruenzsatz (sss): …, wenn sie paarweise in den Längen der drei Seiten übereinstimmen.

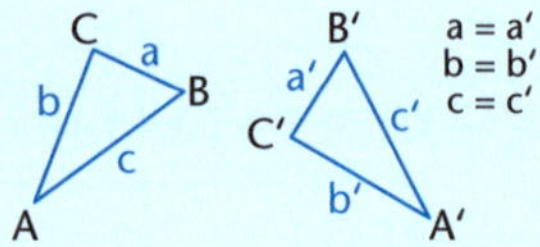

Kongruenzsatz (sws): …, wenn sie paarweise in den Längen zweier Seiten und in der Größe des eingeschlossenen Winkels übereinstimmen.

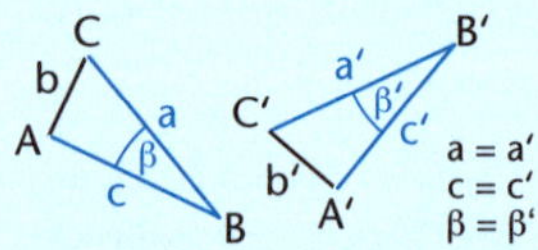

Kongruenzsatz (SsW): …, wenn sie paarweise in den Längen zweier Seiten und in der Größe des Winkels übereinstimmen, der der größeren Seite gegenüber liegt.

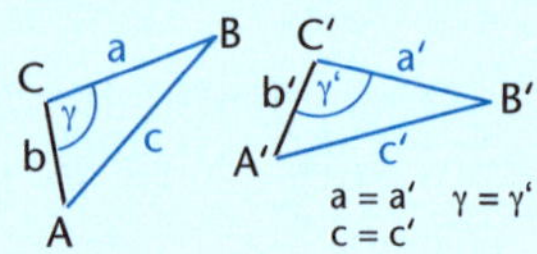

Kongruenzsatz (wsw): …, wenn sie paarweise in der Länge einer Seite und in den Größen der anliegenden Winkel übereinstimmen.

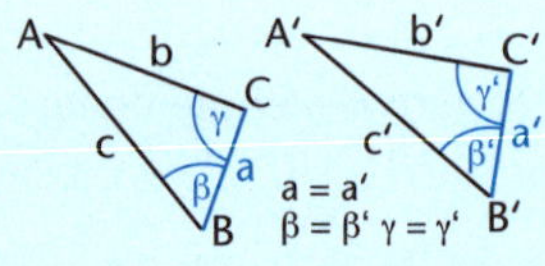

Konstruktion eines Dreiecks

Beispiel:
Zeichne ein Dreieck ABC mit
b = 3,5 cm; c = 6,3 cm; α = 45°

Skizze:

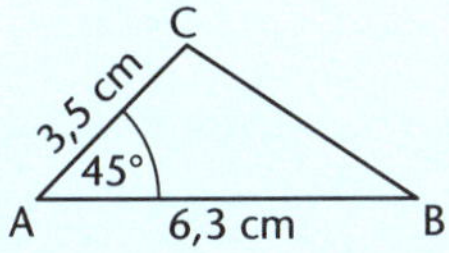

1. Zeichnen einer Skizze; die gegebenen Stücke mit Maßen eintragen.
2. Überlegen, ob die Konstruktion ausführbar ist.
3. Mit der längsten Seite beginnen, wenn möglich.
4. Längenmaße mit einem Zirkel abtragen.
5. Kontrolle aller Maße.

Konstruktion:

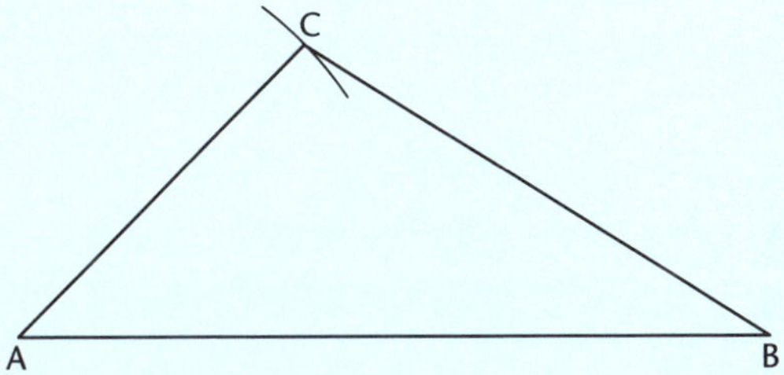

1 Welche Dreiecke sind kongruent zueinander (Längen in cm)? Begründe.

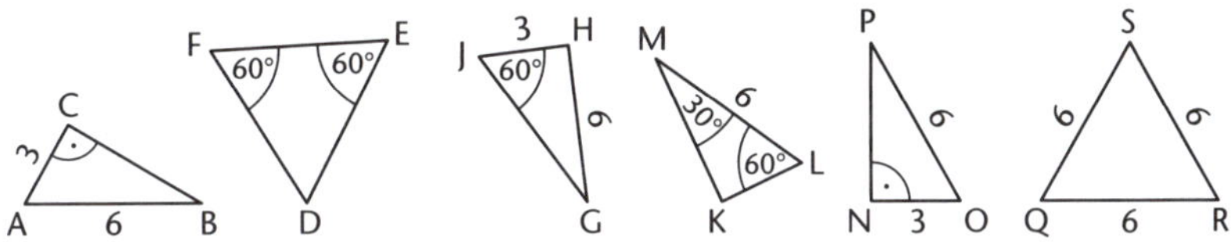

2 Paul bastelt ein pyramidenförmiges Dach. Es wird aus zueinander kongruenten gleichschenkligen Dreiecken zusammengesetzt. Berechne für die angegebenen Basiswinkel die Winkel an der Spitze. Welche sind ungeeignet? Zeichne das Netz mit Klebefalzen.

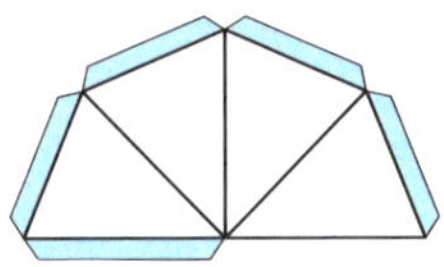

a) 53° b) 25° c) 74° d) 45°

3 Konstruiere das Dreieck, wenn das möglich ist. Die Länge der Seiten ist in cm angegeben.

	a)	b)	c)	d)	e)
Seite a	5	6	11	8	8
Seite b	4	8	4	6	7
Seite c	11,5	1	12	1	15

4 Konstruiere ein Dreieck ABC mit den folgenden Stücken. Miss die Winkel und gib die Dreiecksart an.

a) $a = 5{,}3$ cm; $c = 4{,}3$ cm; $\beta = 74°$
b) $b = 6{,}8$ cm; $c = 5{,}3$ cm; $\alpha = 86°$
c) $\gamma = 90°$; $a = 4{,}4$ cm; $b = 62$ mm
d) $a = 77$ mm; $\beta = 80°$; $c = 7{,}7$ cm

5 Durch unwegsames Gelände soll eine Gasleitung gelegt werden. Aus der Skizze sind die Maße zu entnehmen. Der Winkel bei S beträgt 30°. Ermittle aus einer maßstäblichen Zeichnung die Länge des Grabens.

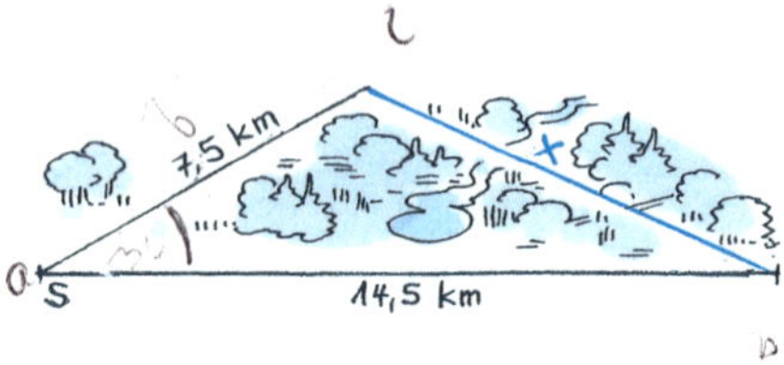

6 Konstruiere, wenn möglich, ein Dreieck ABC mit folgenden Stücken. Miss die Größe der restlichen Seiten und Winkel.

a) $a = 4{,}9$ cm; $\beta = 63°$; $\gamma = 55°$
b) $c = 3{,}4$ cm; $\alpha = 93°$ $\beta = 38°$
c) $a = 3{,}8$ cm; $b = 5{,}9$ cm; $c = 2{,}1$ cm
d) $a = 63$ mm; $b = 5{,}1$ cm; $c = 7{,}2$ cm

7 Konstruiere ein Dreieck ABC mit folgenden Stücken. Bestimme die Größe der übrigen Seiten und Winkel durch Messen.

a) $c = 6$ cm; $b = 4$ cm; $\gamma = 88°$
b) $a = 7{,}5$ cm; $b = 4{,}3$ cm; $\alpha = 120°$
c) $a = 35$ mm; $c = 6{,}3$ cm; $\gamma = 125°$
d) $b = 5{,}3$ cm; $c = 3{,}8$ cm; $\beta = 55°$

8 Konstruiere, wenn möglich, ein Dreieck ABC mit $c = 8$ cm, $b = 4$ cm und
(1) $\alpha = 30°$ (2) $\alpha = 90°$ (3) $\alpha = 40°$.

9 Eine kleine Stadt (C) soll eine Zubringerstraße zur Autobahn erhalten. Dazu ist die kürzeste Entfernung zu einer Anschlussstelle (A oder B) zu bestimmen (siehe Skizze).

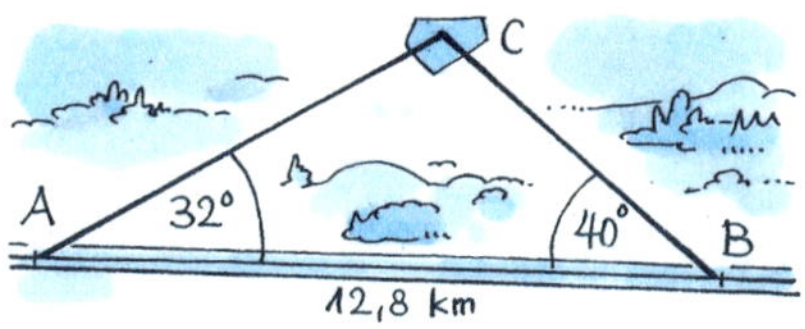

10 Konstruiere in einem Koordinatensystem (Einheit 1 cm) das Dreieck ABC. Gib näherungsweise die Koordinaten des fehlenden Punktes an. Miss die Größe der drei Innenwinkel.
Kontrolliere mit dem Innenwinkelsatz.

a) A(1|2); B(6|3)
$b = 5{,}4$ cm; $a = 5{,}0$ cm
b) B(3|4); C(8|1)
$b = 3{,}5$ cm; $c = 5{,}0$ cm
c) A(5|1); C(2|6)
$a = 2{,}6$ cm; $c = 7{,}2$ cm
d) A(3|2); B(9|4)
$a = 8{,}2$ cm; $b = 4{,}4$ cm

Ähnliche Figuren

Zentrische Streckung

Vergrößerungen und Verkleinerungen von Streckenlängen, bei denen sich die Verbindungsgeraden der Original- und Bildpunkte dieser Steckenlängen in einem Punkt Z schneiden, heißen **zentrische Streckung** mit Z – Zentrum; k – Streckungsfaktor.

1. Z liegt zwischen der Original- und Bildstrecke.

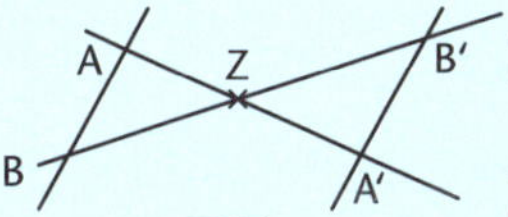

$\overline{AB}$ – Originalstrecke

$\overline{A'B'}$ – Bildstrecke

$k = \frac{\overline{A'B'}}{\overline{AB}}$

2. Z liegt nicht zwischen der Original- und Bildstrecke.

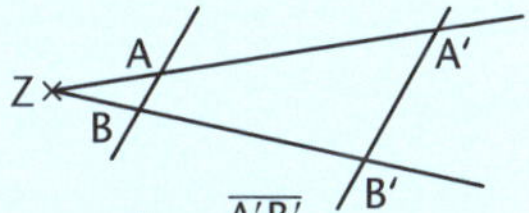

$k = \frac{\overline{A'B'}}{\overline{AB}}$

Beispiel: Zentrische Streckung (Z, k)

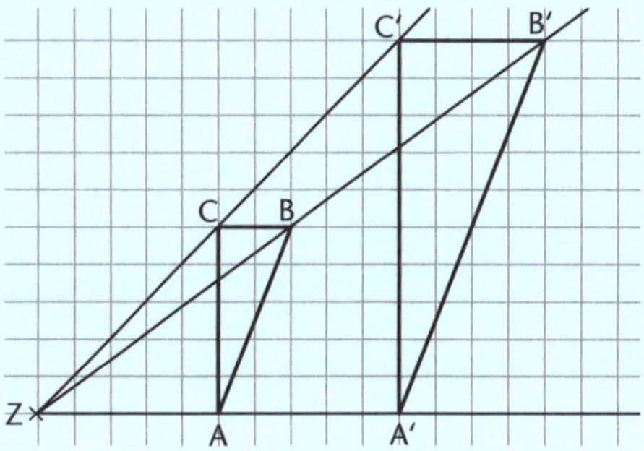

$\frac{\overline{A'C'}}{\overline{AC}} = \frac{10}{5} = 2 : 1$
k = 2

$\frac{\overline{C'B'}}{\overline{CB}} = \frac{4}{2} = 2 : 1$
k = 2

$\frac{\overline{A'B'}}{\overline{AB}} = 10{,}8 : 5{,}4$
k = 2

1 Gib die Streckenverhältnisse bei dieser zentrischen Streckung an. Schreibe sie als Verhältnisgleichung.
Berechne die Streckenlängen.

	$\overline{UV}$	$\overline{UW}$	$\overline{UX}$	$\overline{UY}$
a)	3 cm	6 cm	7 cm	
b)	5 cm	10 cm		30 cm
c)		120 cm	60 cm	180 cm
d)	7 cm		6 cm	24 cm

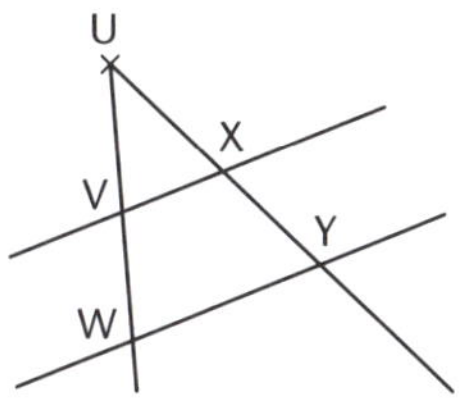

2 Trage A(2|1), B(4|2), C(3|3), Z(2|2) in ein Koordinatensystem ein. Konstruiere das Bild des Dreiecks ABC bei einer zentrischen Streckung (Zentrum Z, k = 3).

Ähnliche Dreiecke

Zwei Dreiecke sind zueinander **ähnlich,** wenn gilt:

(1) $a' : a = k$; $b' : b = k$; $c' : c = k$

(2) $a' : a = k$; $b' : b = k$; $\gamma' = \gamma$

(3) $\beta' = \beta$ und $\alpha' = \alpha$ **(Hauptähnlichkeitssatz)**

(4) $a' : a = k$; $b' : b = k$; $\beta' = \beta$ und $b' > a'$

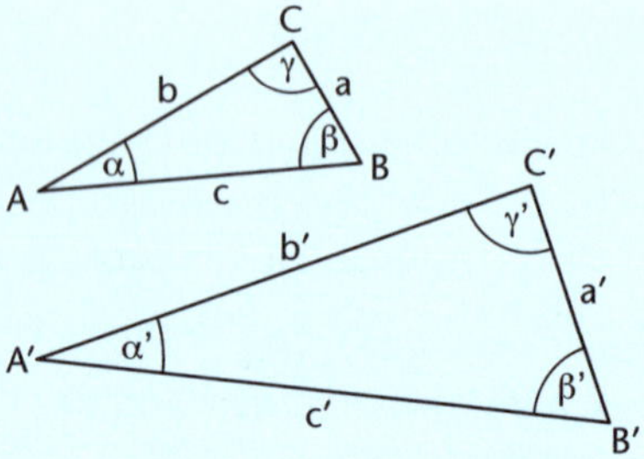

Zueinander kongruente Dreiecke sind auch zueinander ähnlich. Die Verhältniszahl k ist 1.

1 Gegeben ist ein Dreieck ABC mit $\overline{AB} = 7$ cm, $\overline{BC} = 6$ cm, $\overline{AC} = 5$ cm, $\alpha = 57{,}1°$, $\beta = 44{,}4°$ und $\gamma = 78{,}5°$.
Prüfe, ob Dreieck ABC zu Dreieck DEF ähnlich ist, wenn für DEF gilt:
a) $\overline{DE} = 12$ cm; $\overline{EF} = 10$ cm; $\overline{FD} = 14$ cm
b) $\sphericalangle DEF = 57{,}1°$; $\sphericalangle FDE = 78{,}5°$; $\overline{DE} = 50$ cm
c) $\sphericalangle EFD = 44{,}4°$; $\overline{FD} = 42$ cm; $\overline{EF} = 45$ cm
d) $\overline{DE} = 84$ cm; $\overline{DF} = 60$ cm; $\sphericalangle DFE = 78{,}5°$

◆ **2** Sind das Trapez ABCD und das Trapez EBCF zueinander ähnlich?
Hinweis: Prüfe entsprechende Seitenverhältnisse.

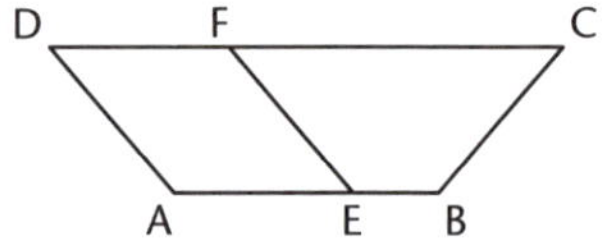

◆ **3** Im Parallelogramm ABCD ist $\overline{AB} = 4$ cm, $\overline{BC} = 5$ cm. Der Mittelpunkt E von $\overline{AB}$ und der Mittelpunkt F von $\overline{CD}$ werden miteinander verbunden. Sind die Parallelogramme AEFD und ABCD zueinander ähnlich? Begründe.

4 Zeichne zwei beliebige gleichschenklige Dreiecke. Sind sie zueinander ähnlich? Wann sind sie zueinander ähnlich?

5 Zeichne zwei beliebige gleichseitige Dreiecke. Warum müssen sie zueinander ähnlich sein?

◆ **6** Die Diagonalen zerlegen ein Parallelogramm ABCD in vier Teildreiecke. Begründe, dass gegenüberliegende Teildreiecke zueinander ähnlich sind. Begründe, dass sie sogar kongruent zueinander sind.

7 Berechne die Streckenlänge x im Kopf (Angaben in Meter; Skizzen nicht maßstäblich). Suche zuerst die zueinander ähnlichen Dreiecke.

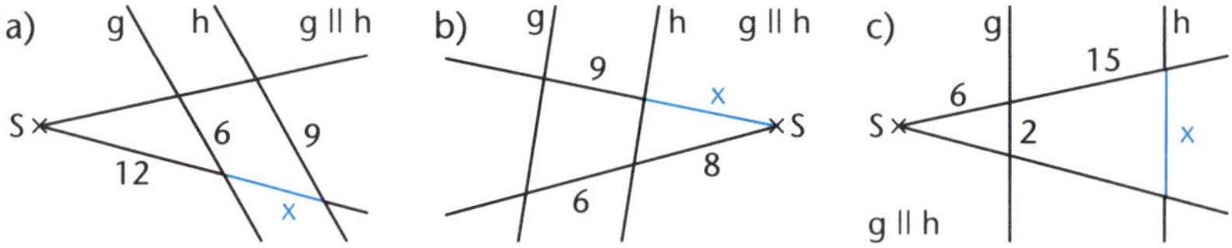

8 Wie hoch ist der Mast eines Zirkuszeltes, der einen 25 m langen Schatten wirft, wenn der Schatten eines 1,50 m hohen Stabes zur gleichen Zeit 2,65 m lang ist? Fertige eine Skizze an.

9 Um die Breite eines Flusses bestimmen zu können, wurden die Strecken a, b, und c, wie in den Skizzen angegeben, gemessen.
Wie breit ist jeweils der Fluss?

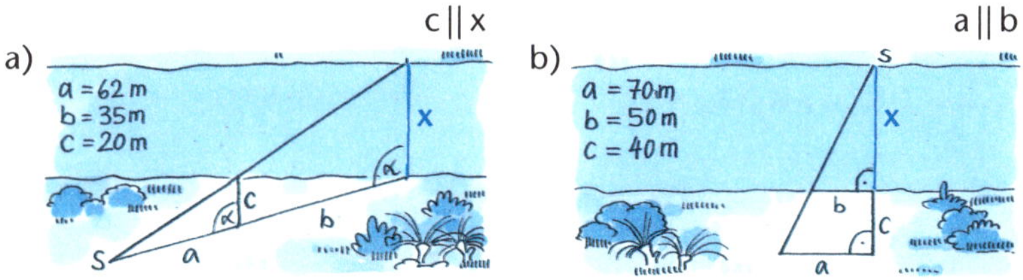

10 Berechne die Höhe des Baumes.

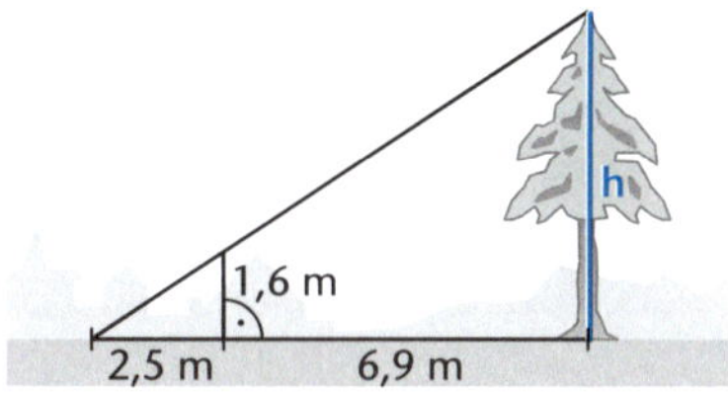

11 Die Lageskizze beschreibt das Gelände eines Gewerbegebietes. Berechne die Straßenlängen $\overline{AE}$, $\overline{ED}$, $\overline{EC}$, wenn $\alpha = \beta$ gilt.

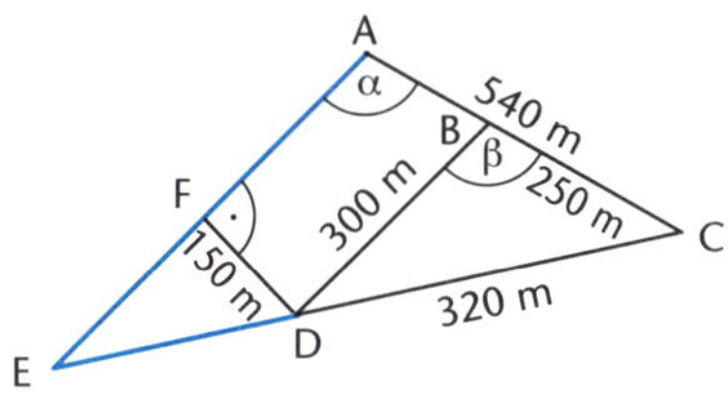

◆ **12** Der Mond ist 60 Erdradien (Erdradius 6370 km) von der Erde entfernt. Hält man einen Bleistift (Durchmesser 7 mm) im Abstand von etwa 78 cm vor das Auge, so ist der Mond gerade verdeckt.
Welchen Durchmesser hat der Mond etwa? Fertige eine Skizze an.

Berechnungen am Dreieck

Umfang und Flächeninhalt eines Dreiecks

Für den **Umfang u eines Dreiecks** mit den Seitenlängen a, b und c gilt:

u = a + b + c

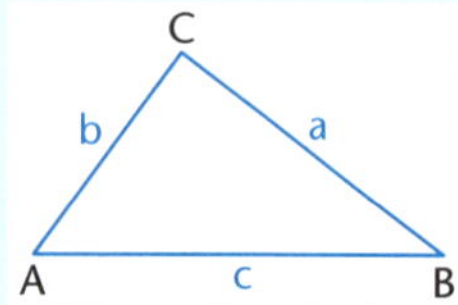

Beispiel: a = 4 cm; b = 3 cm; c = 5 cm
u = 4 cm + 3 cm + 5 cm
u = 12 cm

Für den **Flächeninhalt A eines Dreiecks** mit einer Seitenlänge g und der dazugehörigen Höhe h gilt:

$$\mathbf{A = \frac{g \cdot h}{2}}$$

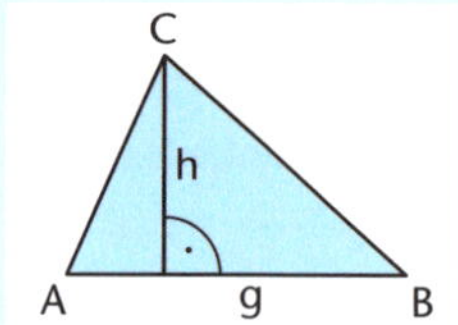

Beispiel: g = 8 cm; h = 5 cm

$$A = \frac{8\text{ cm} \cdot 5\text{ cm}}{2}$$

$$A = 20\text{ cm}^2$$

1 Übertrage die Dreiecke in das Heft. Berechne Umfang und Flächeninhalt.

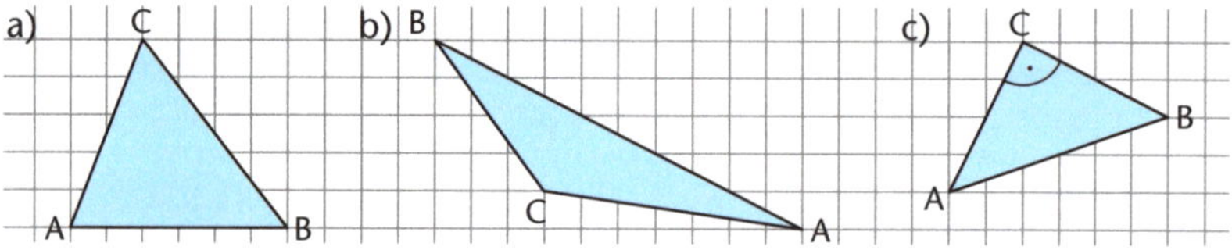

2 Zeichne das Dreieck ABC in ein Koordinatensystem (Einheit 1 cm). Schätze und berechne (ohne zu messen) den Flächeninhalt des Dreiecks.

a)	b)	c)	d)	e)
A(1|2)	A(4|1)	A(4|3)	A(7,4|1,8)	A(1,1|1,6)
B(6|2)	B(9|5)	B(10|3)	B(7,4|6,5)	B(7,8|1,6)
C(4|6)	C(4|7)	C(0|7)	C(2,1|9,7)	C(9,2|6,8)

3 Gegeben ist ein Dreieck ABC mit folgenden Maßen. Zeichne das Dreieck. Schätze und berechne seinen Flächeninhalt.

a) a = 3,2 cm; b = 4,1 cm; γ = 90°
b) a = 5,9 cm; c = 2,4 cm; β = 90°
c) b = 5,7 cm; c = 4,9 cm; α = 72°
d) c = 5,2 cm; α = 34° cm; β = 47°
e) b = 3,6 cm; α = 39° cm; γ = 51°
f) a = 4,8 cm; γ = 36° cm; α = 108°

4 Gegeben ist ein Dreieck. Berechne die fehlende Größe.

	a)	b)	c)	◆ d)	◆ e)
Seitenlänge g	3,2 cm		127 m	2,2 m	3,5 m
Höhe h	1,9 cm	12 m		14 cm	
Flächeninhalt A		192 m^2	3175 m^2		630 cm^2

5 Ein Feldstück soll als Weide genutzt werden (Skizze). Dazu wird es eingesät und mit einem Drahtzaun umgeben. Zum Einsäen werden 25 g Grassamen pro m^2 benötigt.

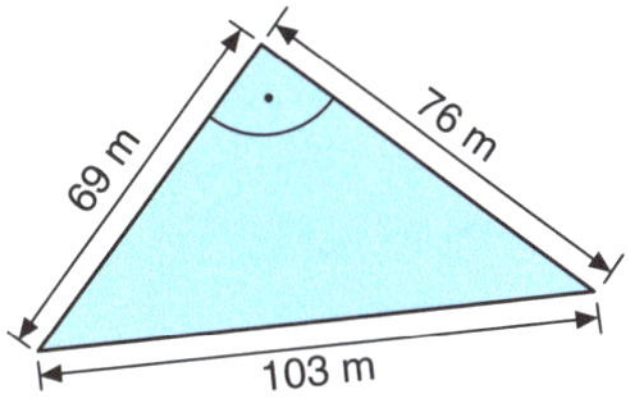

a) Wie lang wird der Zaun?
b) Wie viel Grassamen wird benötigt?
c) Ein 5 kg-Beutel Grassamen kostet mit Mehrwertsteuer 10,87 Euro. Wie viel Euro sind zu zahlen?

◆ **6** Ein Waldstück wird von Wegen begrenzt und soll mit Fichten aufgeforstet werden. 1 ha kostet 2400 €. Wie teuer wird die Aufforstung?

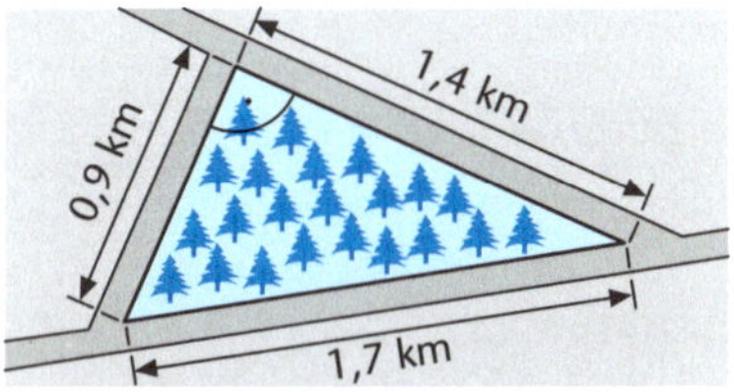

◆ **7** Die beiden Giebel eines Hauses sollen mit Holz verschalt werden.
a) Wie viel m^2 Holz werden benötigt, wenn 5 % Verschnitt zu berücksichtigen sind?
b) 1 m^2 imprägniertes Holz kostet 39 €. Berechne den Preis für das Holz.

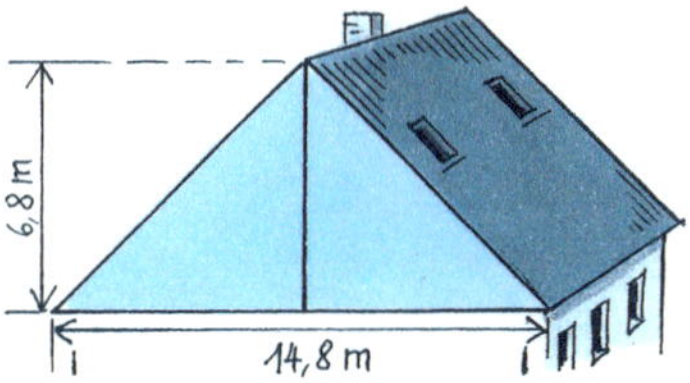

8 Das abgebildete Kirchturmdach muss neu gedeckt werden. 1 m^2 kostet 250 € mit Mehrwertsteuer. Wie teuer wird die Dacheindeckung? Runde sinnvoll. *(Hinweis:* Das Maß der Höhe ist durch eine maßstäbliche Zeichnung zu ermitteln.)

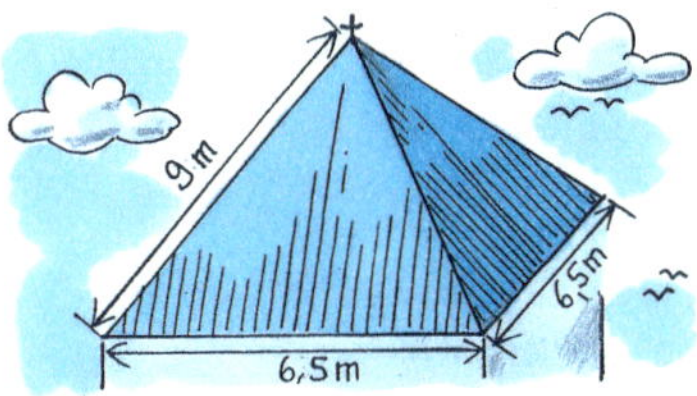

Rechtwinkliges Dreieck

Bezeichnungen am rechtwinkligen Dreieck

Die Seiten a und b, die den rechten Winkel einschließen, sind die **Katheten.**
Die Dreieckseite, die dem rechten Winkel gegenüber liegt, ist die **Hypotenuse** c.
Die Höhe h_c teilt die Hypotenuse in zwei **Hypotenusenabschnitte** (p und q) ein.

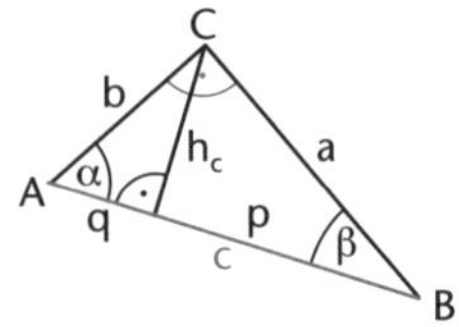

Sätze für rechtwinklige Dreiecke

Satz des Pythagoras
In jedem rechtwinkligen Dreieck sind die beiden Kathetenquadrate zusammen genauso groß wie das Hypotenusenquadrat.

Beispiel: $\mathbf{a^2 + b^2 = c^2}$

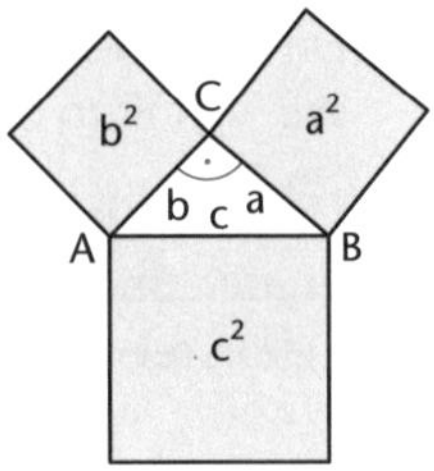

Kathetensatz
In jedem rechtwinkligen Dreieck ist ein Kathetenquadrat genauso groß wie das Rechteck aus der Hypotenuse und dem zur Kathete gehörenden Hypotenusenabschnitt.

Beispiel: $\mathbf{a^2 = p \cdot c}$
$\mathbf{b^2 = q \cdot c}$

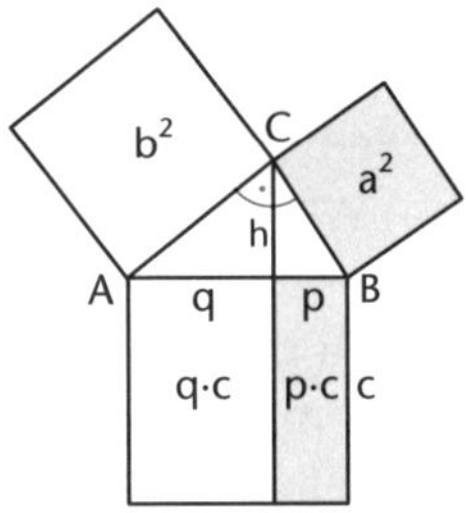

Höhensatz
In jedem rechtwinkligen Dreieck ist das Quadrat über der Höhe h_c genauso groß wie das Rechteck aus den beiden Hypotenusenabschnitten.

Beispiel: $\mathbf{h_c^2 = p \cdot q}$

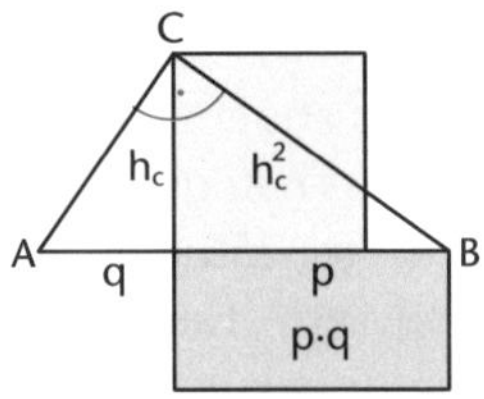

TIPP: Zuerst eine Skizze für den gegebenen Sachverhalt anfertigen und die gegebenen Stücke eintragen!

1 Überlege, welche Seiten die Katheten sind und welche die Hypotenuse ist. Schreibe eine entsprechende Gleichung auf.

a)
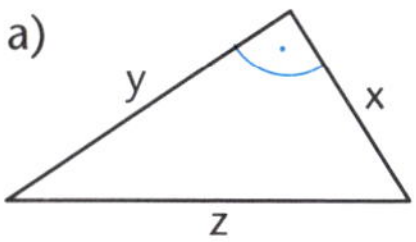

b)
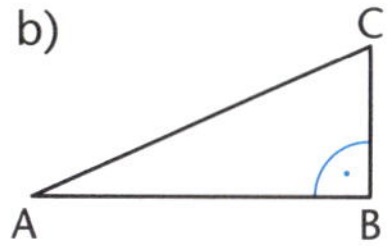

c)
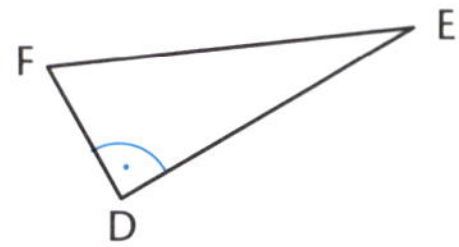

2 In einem rechtwinkligen Dreieck sind die Längen der Katheten gegeben. Berechne die Länge der Hypotenuse.

a) a = 7 dm, b = 25 dm b) a = 4,3 cm, b = 2,7 cm c) b = 8 cm, c = 17 cm d) b = 2,1 cm, c = 3,4 cm e) a = 5 mm, c = 10 mm

3 a) Trage folgende Punkte in ein Koordinatensystem ein, dessen Einheit frei wählbar ist.
A(5|0); B(3|4); C(0|5); D(−3|4); E(−4|−3)

b) Berechne jeweils ihren Abstand vom Koordinatenursprung.

c) Auf welcher Figur liegen diese Punkte? Gib zwei weitere Punkte mit ihren Koordinaten an, die auf dieser Figur liegen.

4 In einem gleichschenkligen Dreieck sind drei Stücke eingetragen (Skizze). Berechne jeweils die Länge der fehlenden Seite, wenn

a) c = 8 cm, s = 5 cm c) s = 5 dm, h = 2 dm e) h = 0,6 km, c = 0,8 km
b) c = 7,2 m, s = 5,8 m d) h = 21 mm, c = 40 mm f) s = 34 m, h = 16 m

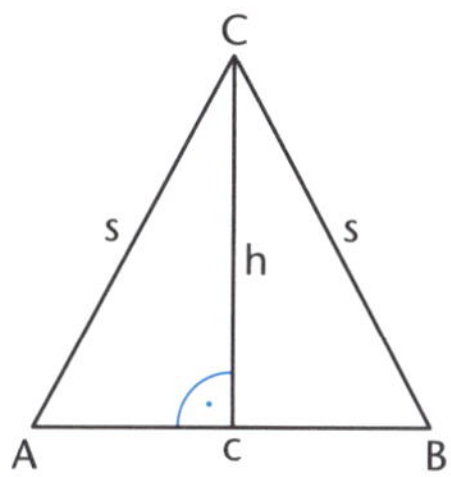

5 Von einem gleichseitigen Dreieck ist gegeben:

a) Seitenlänge (1) a = 6 cm (2) a = 0,7 m.
Berechne die Höhe h und den Flächeninhalt A.

◆ b) Höhe (1) h = 9 cm (2) h = 2,7 m.
Berechne die Seitenlänge a und den Flächeninhalt A.

◆ c) (1) $A = 24\ m^2$ (2) $A = 56\ m^2$
Berechne die Seitenlänge a.

6 Berechne die Seitenlänge x (Maße in cm).

a)
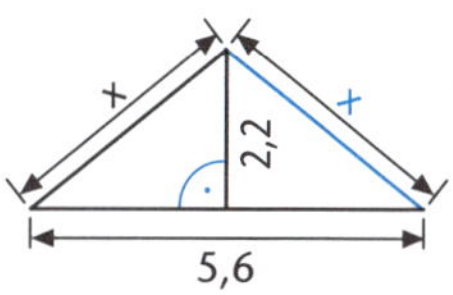

b)
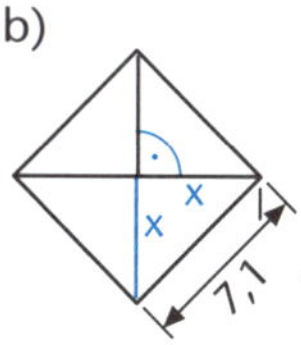

c)
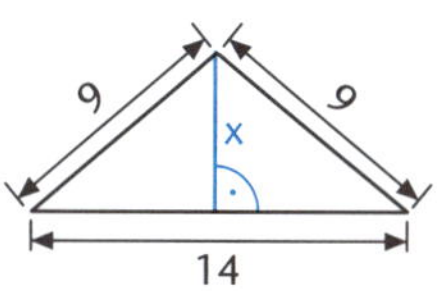

◆ d)
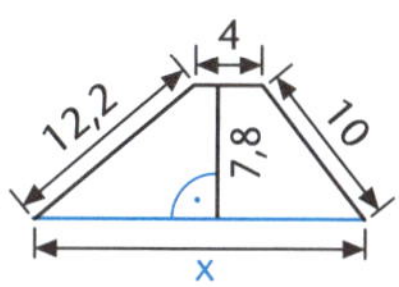

7 Ein Fußgänger will von A nach B. Er kürzt den Weg ab, indem er querfeldein geht. Wie viel Meter spart er bei diesem Weg (Skizze)?

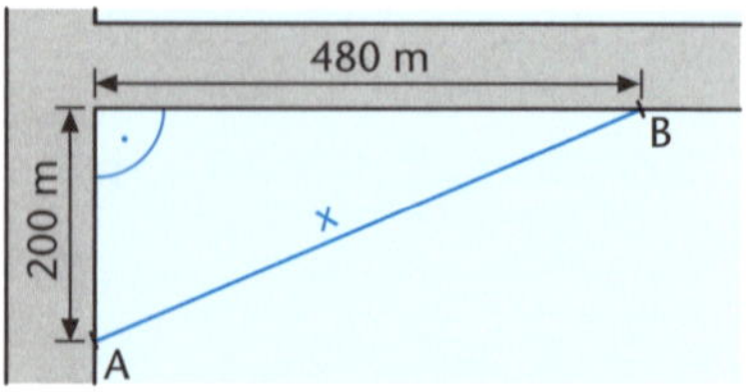

8 a) Eine 15 m lange Leiter wird an einer Hauswand aufgestellt. Wie hoch reicht die Leiter?

b) Wie hoch könnte eine Feuerwehrleiter von 45 m bzw. 65 m Länge reichen, wenn das Fahrzeug bis auf 10 m an das Gebäude fahren kann?

9 Eine 4,50 m lange Leiter lehnt in 4 m Höhe an einem Baum. In welcher Entfernung vom Baum steht die Leiter auf der Erde?

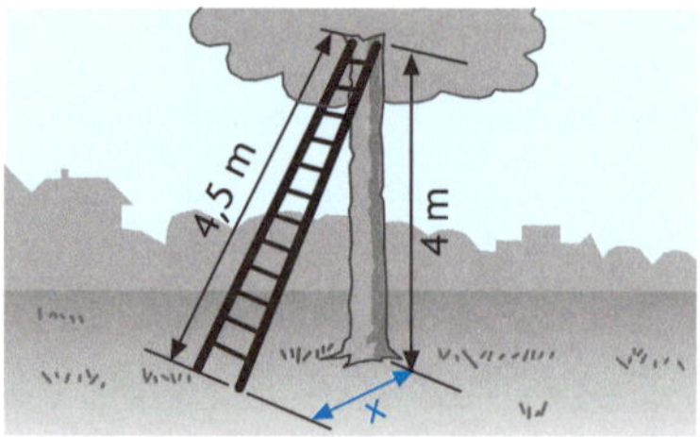

10 Sarah möchte wissen, in welcher Höhe über dem Erdboden sie sich im Kettenkarussell befindet. Wovon ist diese Höhe abhängig?

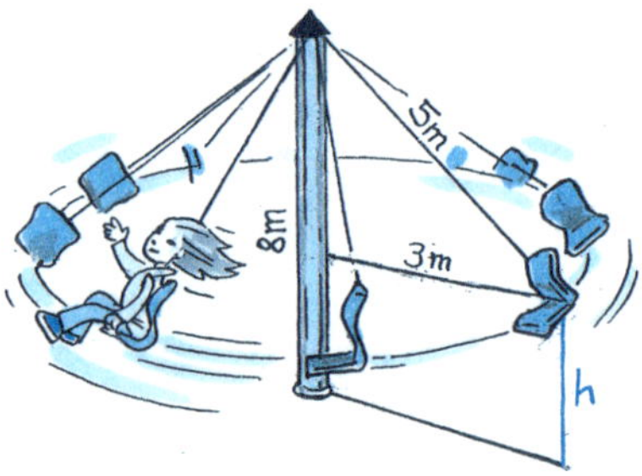

11 René hat einen Monitor mit der Diagonalen 17″. Er will kontrollieren und misst nach: Länge des Bildschirms 34,5 cm, Höhe des Bildschirms 26 cm. Prüfe durch Rechnung, ob die Angabe 17″ Monitor richtig ist (1″ = 2,54 cm).

12 Entscheide, ob das Dreieck ABC mit folgenden Stücken a = 8 cm, b = 6 cm und c = 10 cm rechtwinklig ist.

Vierecke

Das Viereck

Die **Seiten** a, b, c, d, die **Diagonalen** e und f sowie die **Innenwinkel** α, β, γ, δ heißen Stücke des Vierecks ABCD.
Die Summe der Innenwinkel beträgt 360° **(Innenwinkelsatz):**
$\alpha + \beta + \gamma + \delta =$ **360°**

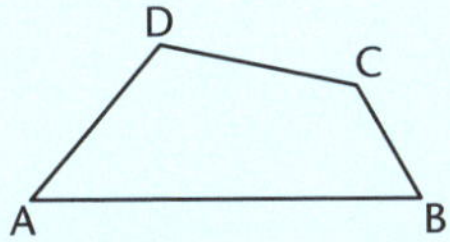

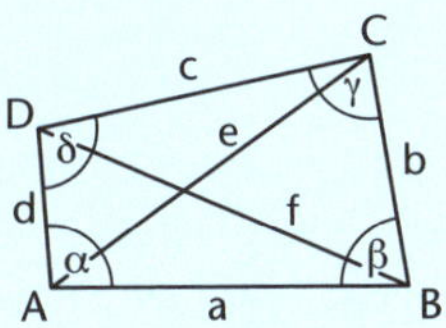

1 Ermittle jeweils die Größen des fehlenden Innenwinkels im Viereck ABCD.
a) $\alpha = 73°$; $\beta = 128°$; $\gamma = 125°$
b) $\beta = 85°$; $\gamma = 127°$; $\delta = \alpha$
c) $\alpha = 43°$; $\gamma = 24°$; $\delta = 67°$
d) $\gamma = 36°$; $\alpha = \beta = \delta$

2 Konstruiere ein Viereck ABCD. Fertige vorher eine Skizze an.
a) a = 4,5 cm; d = 3,8 cm; $\alpha = 85°$; $\beta = 78°$; $\delta = 115°$
b) b = 5,2 cm; c = 4,3 cm; $\beta = 135°$; $\gamma = 120°$; $\delta = 32°$

Achsensymmetrie bei Vierecken

1. Jedes Quadrat ist achsensymmetrisch zu den beiden Diagonalen und den beiden Mittellinien.
2. Jedes Rechteck ist achsensymmetrisch zu den beiden Mittellinien.
3. Jede Raute (Rhombus) ist achsensymmetrisch zu den beiden Diagonalen.
4. Jedes gleichschenklige Trapez ist achsensymmetrisch zu einer Mittellinie.
5. Jedes Drachenviereck ist achsensymmetrisch zu einer Diagonalen.

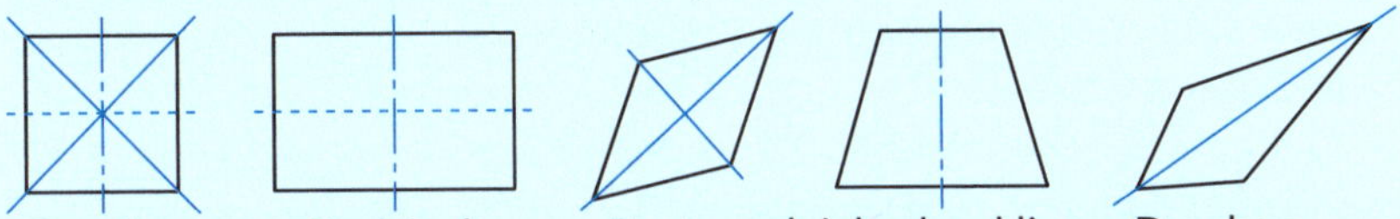

Quadrat — Rechteck — Raute — gleichschenkliges Trapez — Drachenviereck

Punktsymmetrie bei Vierecken

Parallelogramm, Raute, Rechteck und Quadrat sind punktsymmetrisch zum Schnittpunkt der Diagonalen.

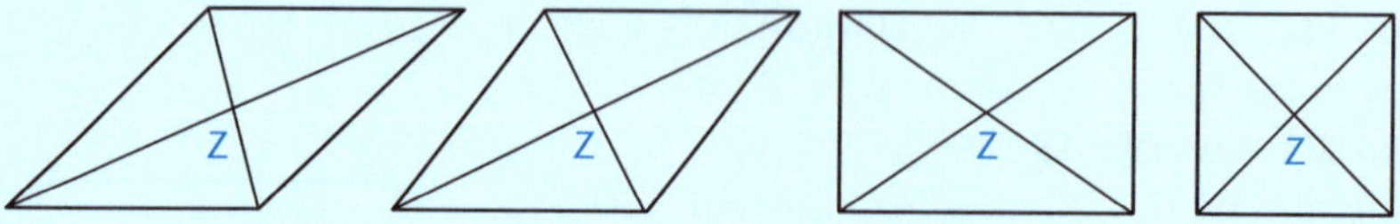

Parallelogramm Raute Rechteck Quadrat

1 Zeichne ein Parallelogramm ABCD. Miss die übrigen Stücke.

a) $a = 6{,}0$ cm; $b = 4{,}0$ cm; $\beta = 68°$
b) $a = 7{,}5$ cm; $d = 5{,}0$ cm; $\alpha = 50°$
c) $a = 4{,}7$ cm; $d = 6{,}4$ cm; $\delta = 120°$

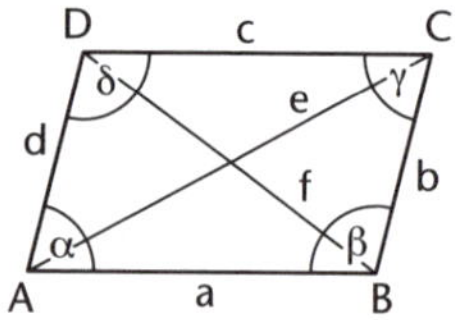

2 Zeichne ein gleichschenkliges Trapez ABCD mit $\overline{AB} \parallel \overline{CD}$. Miss die übrigen Stücke.

a) $a = 4{,}5$ cm; $d = 3{,}1$ cm; $\beta = 64°$
b) $c = 4{,}8$ cm; $b = 2{,}4$ cm; $e = 5{,}6$ cm
c) $c = 3{,}5$ cm; $d = 2{,}8$ cm; $\gamma = 125°$

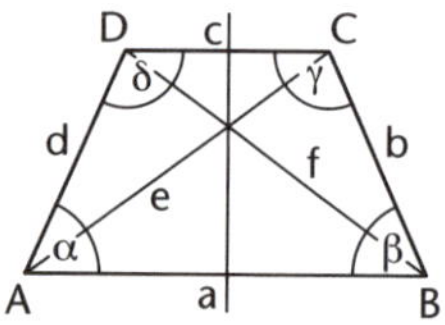

◆ **3** Die Länge einer Strecke kann manchmal nicht gemessen werden. Oft kann man sie durch eine maßstäbliche Zeichnung ermitteln.

a)

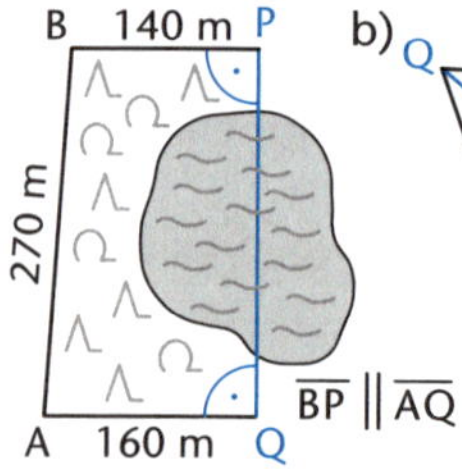

b)

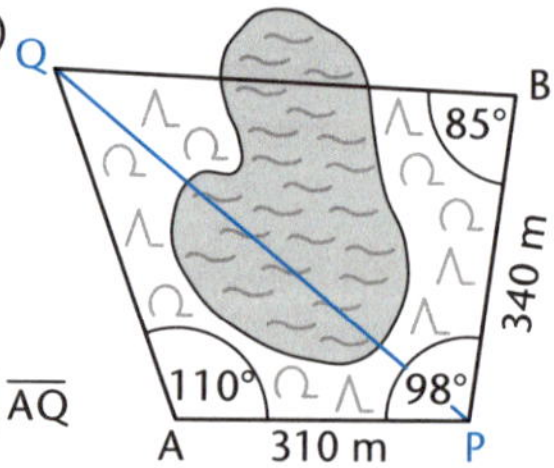

c)

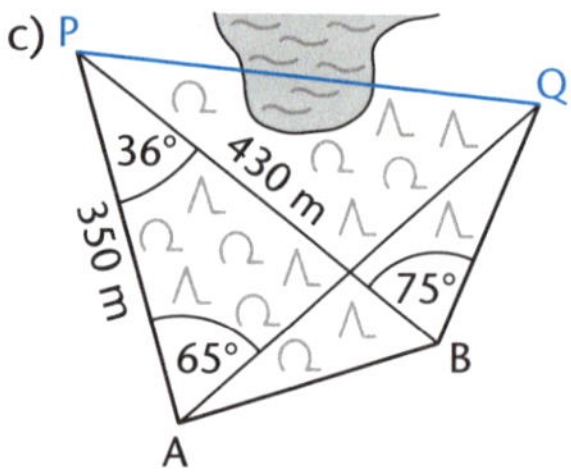

4 Der Querschnitt eines Deiches hat die Form eines gleichschenkligen Trapezes. Fertige eine maßstäbliche Zeichnung an. Bestimme die fehlenden Größen.

a) Breite der Dammsohle: 14 m; Breite der Dammkrone: 5 m; Dammhöhe: 3,70 m
b) Breite der Dammkrone: 15 m; Größe des Böschungswinkels: 38°; Länge der Böschung: 4,80 m

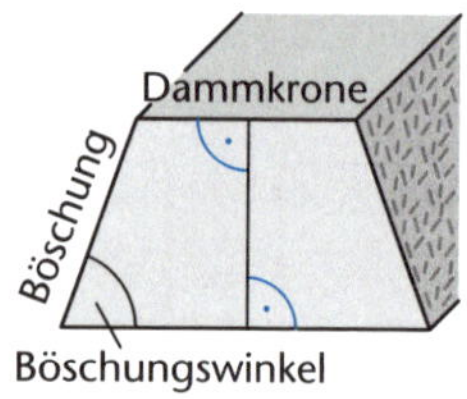

Berechnungen am Viereck/Vieleck

Flächeninhalt und Umfang von Vierecken

Flächeninhalt eines Rechtecks: $A = a \cdot b$

Umfang eines Rechtecks: $u = 2 \cdot (a + b)$

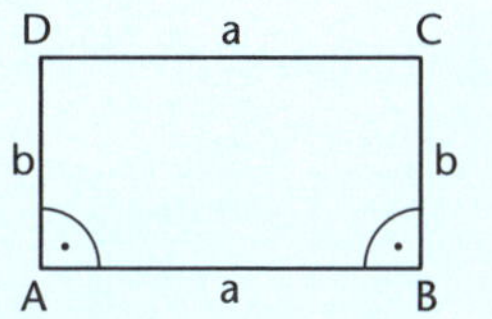

Beispiel: $a = 4$ cm; $b = 2{,}5$ cm

$A = 4\ \text{cm} \cdot 2{,}5\ \text{cm}$ $\quad u = 2 \cdot (4\ \text{cm} + 2{,}5\ \text{cm})$

$A = 10\ \text{cm}^2$ $\quad u = 13\ \text{cm}$

Flächeninhalt eines Quadrates: $A = a \cdot a$

$A = a^2$

Umfang eines Quadrates: $u = 4 \cdot a$

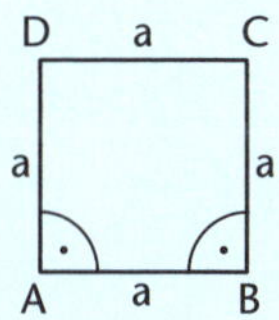

Beispiel: $a = 1{,}9$ cm

$A = (1{,}9\ \text{cm})^2$ $\quad u = 4 \cdot 1{,}9\ \text{cm}$

$A = 3{,}61\ \text{cm}^2$ $\quad u = 7{,}6\ \text{cm}$

Flächeninhalt eines Parallelogramms:

$A = g \cdot h$

Umfang eines Parallelogramms: $u = 2 \cdot (a + b)$

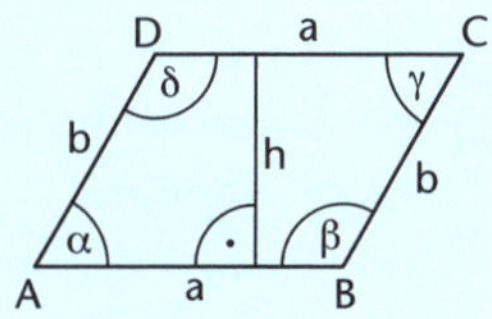

$a = g$

Beispiel: $g = 3{,}5$ cm; $b = 3$ cm; $h = 2{,}7$ cm

$A = 3{,}5\ \text{cm} \cdot 2{,}7\ \text{cm}$ $\quad u = 2 \cdot (3{,}5\ \text{cm} + 3\ \text{cm})$

$A = 9{,}45\ \text{cm}^2$ $\quad u = 13\ \text{cm}$

Flächeninhalt eines Drachenvierecks sowie einer **Raute: $A = \frac{1}{2} \cdot e \cdot f$**

Umfang eines Drachenvierecks: $u = 2 \cdot (a + b)$

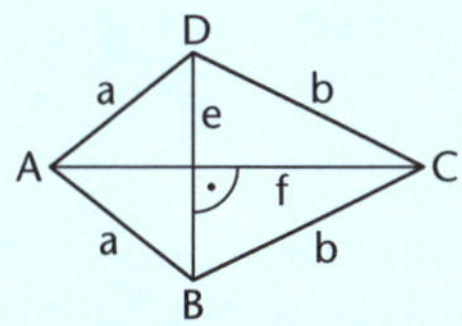

Umfang einer Raute: $u = 4 \cdot a$

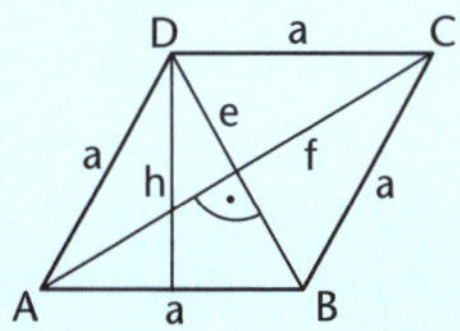

Beispiel: Drachenviereck $e = 5{,}6$ m; $f = 10{,}8$ m

$A = \frac{1}{2} \cdot 5{,}6\ \text{m} \cdot 10{,}8\ \text{m}$

$A = 30{,}24\ \text{m}^2$

1 Berechne den Flächeninhalt und den Umfang des Rechtecks.

a) a = 2,3 cm; b = 4,5 cm
b) a = 1,2 km; b = 3,2 km
c) a = 34 mm; b = 17 mm
d) a = 45 mm; b = 2,3 cm
e) a = 4 cm; b = a
f) a = 45 mm; a = b

2 Berechne die fehlenden Stücke eines Rechtecks.

	a)	b)	c)	d)	e)	f)
a	6 cm	5,6 cm			5 m	
b			12 mm	2,8 cm		
A	36 cm²	45,36 cm²	144 mm²	14,56 cm²		21 m²
u					26 m	20 m

3 Ein Baugrundstück ist 23,9 m breit und 54,5 m lang. Berechne den Preis für das Grundstück, wenn 1 m² (einschließlich Mehrwertsteuer) 145 € kostet. Das Grundstück muss eingezäunt werden.
Wie lang wird der Zaun?

4 Ein rechteckiges Wohnzimmer, das 3,85 m breit und 5,25 m lang ist, soll mit Teppichboden ausgelegt werden. 1 m² Teppichboden kostet einschließlich Mehrwertsteuer 68,57 €. Berechne die Materialkosten.

5 Die in der Skizze dargestellte Brachfläche soll mit Mischwald (Fichten und Buchen) aufgeforstet werden.

a) Berechne die aufzuforstende Fläche.
b) Die Aufforstung kostet 13 500 € pro ha. Berechne die Kosten.

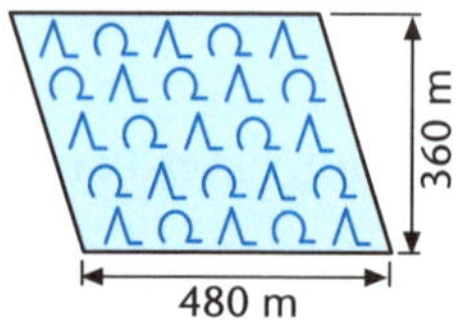

◆ **6** Die Diagonale eines Quadrats beträgt 7,2 cm. Berechne den Flächeninhalt A.

7 Die Seite a eines Parallelogramms ist 4,6 dm lang (h_a = 3,5 dm, u = 18,8 dm).

a) Berechne den Flächeninhalt A.
b) Berechne die Seitenlänge b.
c) Berechne die Höhe h_b.

8 Berechne den Flächeninhalt folgender Trapeze mit $A = \frac{1}{2}(a + c)\,h$.

a)
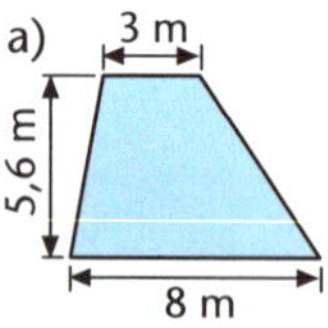

b)
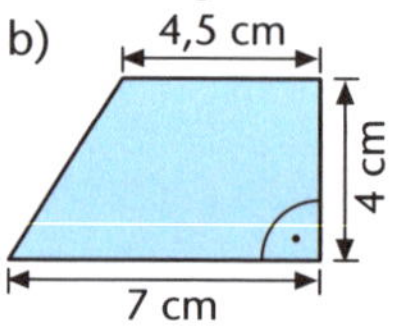

c)
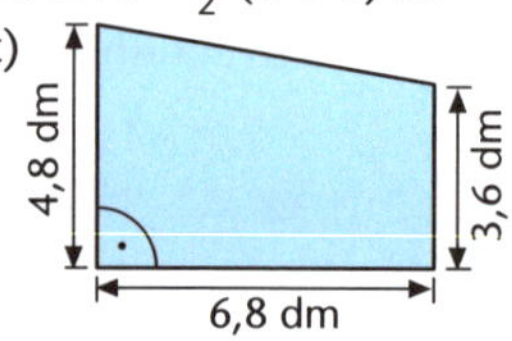

9 Ein rechteckiger Verkaufsraum, der 6 m lang und 7 m breit ist, soll durch einen Anbau vergrößert werden. Das Bauunternehmen schlägt 3 Varianten vor (siehe Zeichnungen).
Welche Variante vergrößert die Verkaufsraumfläche am meisten?

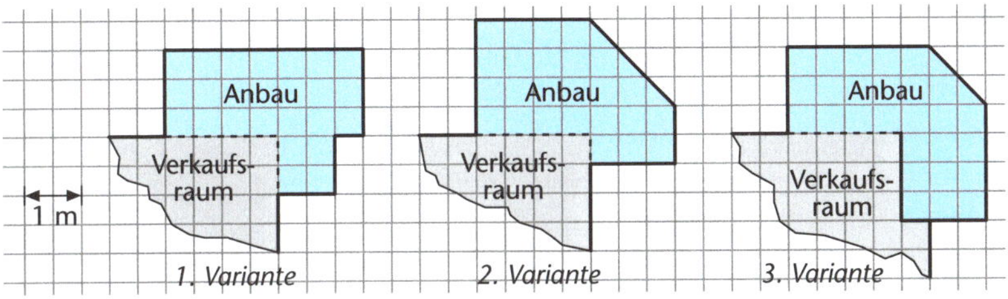

10 Bestimme den Flächeninhalt des dargestellten Grundstückes. Eine Diagonale des Vielecks ist besonders hervorgehoben. Da auf ihr alle eingetragenen Höhen stehen, nennt man sie auch Standlinie. Denke an einen Lösungsplan.

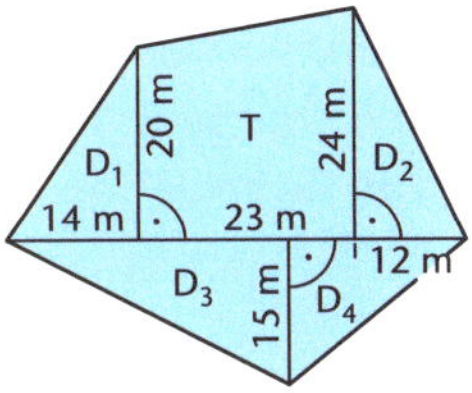

11 Zeichne das Fünfeck ABCDE mit A(2|6), B(4|2), C(7|1), D(9|6) und E(5|9) in ein Koordinatensystem (Einheit 1 cm).
Bestimme den Flächeninhalt des Fünfecks mithilfe der Standlinie $\overline{AD}$.

12 Berechne den Flächeninhalt der folgenden Figuren.

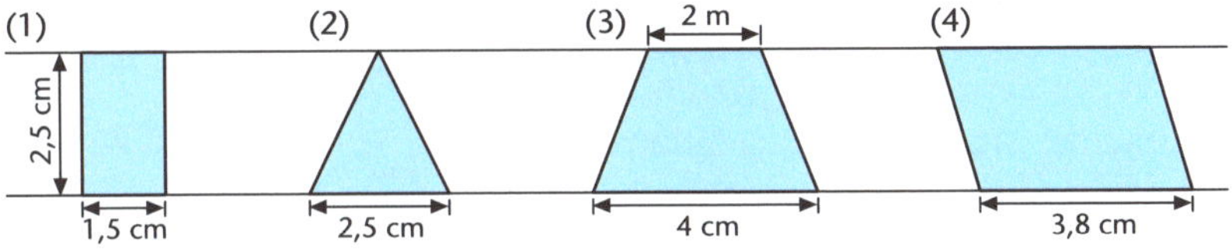

13 Ein Fenster in der Form eines gleichschenkligen Dreiecks soll mit Isolierglas versehen werden. Die Grundseite g ist 1,60 m lang und die Höhe h beträgt 0,95 m. 1 m^2 des Glases kostet 68 €. Für die dreieckige Form berechnet die Fensterfirma einen Aufschlag von 80 %.
Berechne die Kosten.

14 Eine Tür ist 0,85 m breit und 2,10 m hoch. Die Transportfirma muss einen Spiegel, der 2,15 m breit und 2,70 m lang ist, durch die Tür transportieren.
Ist das möglich?

Kreis

Geraden und Winkel am Kreis

Alle Punkte P, die auf einem **Kreis** liegen, haben von einem festen Punkt M dieselbe Entfernung r. Der Punkt **M** heißt **Mittelpunkt des Kreises** und **r Radius des Kreises.**
Die Verbindungsstrecke zweier Kreispunkte durch den Mittelpunkt M heißt **Durchmesser d.** Es gilt: **d = 2r**

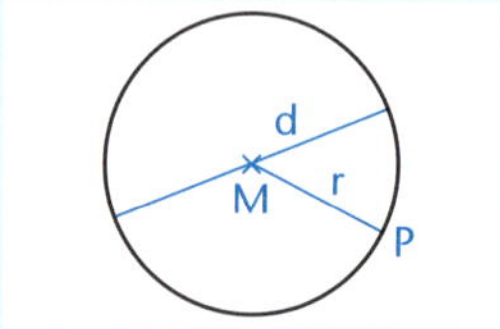

Der Winkel α heißt Zentriwinkel (auch Mittelpunktswinkel) **über dem Bogen $\overset{\frown}{AB}$** mit dem Scheitelpunkt M oder ∢ AMB. Das Verhältnis von Bogenlänge b zum Radius r ist das Bogenmaß. $b = \alpha \cdot \frac{\pi}{180°}$

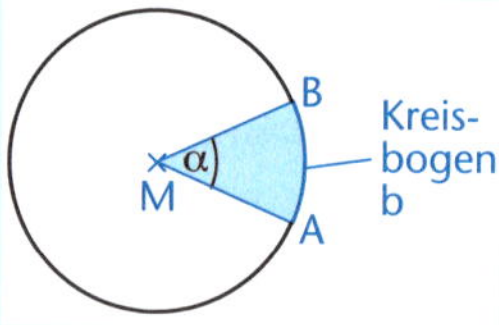

Jede Verbindungsstrecke zweier Kreispunkte heißt **Sehne** des Kreises.
Die Mittelsenkrechte m einer Sehne geht durch den Mittelpunkt M des Kreises.

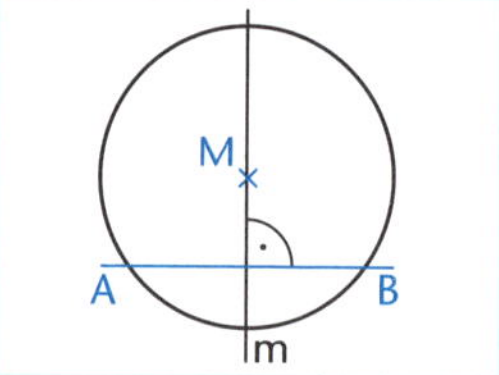

Eine Gerade t, die den Kreis mit dem Mittelpunkt M in genau einem Punkt P berührt, heißt **Tangente.** Die Tangente t steht senkrecht auf dem Berührungsradius $\overline{MP}$.
Schneidet eine Gerade s einen Kreis in zwei Punkten, dann heißt diese Gerade s **Sekante.**
Eine Gerade p, die einen Kreis nicht schneidet, heißt **Passante.**

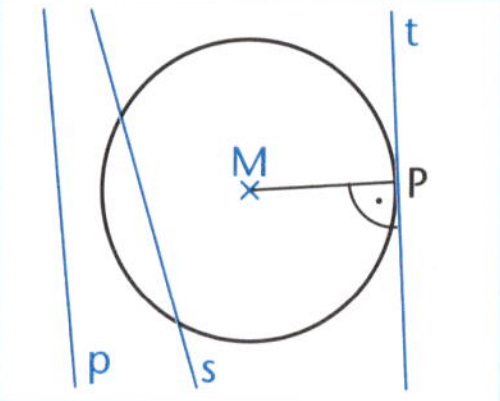

1 a) Zeichne einen Kreis mit dem Mittelpunkt M und Radius r = 2,5 cm. Zeichne dazu eine Gerade g so, dass der Mittelpunkt M von g (1) den Abstand 2 cm (2) den Abstand 2,5 cm hat.
b) Wie heißen die Geraden?

2 Zeichne einen Kreis. Konstruiere in drei Punkten dieses Kreises die Tangenten. Wähle sie so, dass sie ein Dreieck bilden und der Kreis im Inneren des Dreiecks liegt.

Satz des Thales

Wenn der Punkt C eines Dreiecks auf dem Halbkreis über der Strecke $\overline{AB}$ liegt, dann ist das Dreieck ABC rechtwinklig. Einen solchen Halbkreis über einem Durchmesser eines Kreises nennt man **Thaleskreis.** Den ∢ ACB nennt man auch **Peripheriewinkel.**

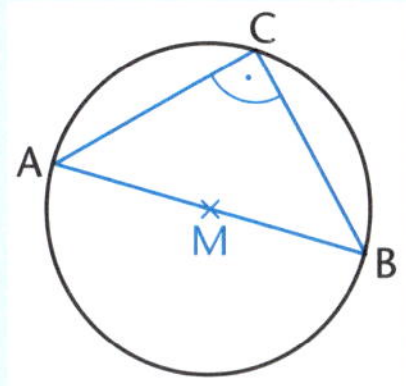

1 Konstruiere ein rechtwinkliges Dreieck aus den gegebenen Stücken. Beginne mit der Seite, die dem rechten Winkel gegenüberliegt.

a)	b)	c)	d)	e)
$c = 4{,}8$ cm	$a = 7{,}1$ cm	$b = 6{,}2$ cm	$c = 8$ cm	$b = 6{,}4$ cm
$\beta = 62°$	$\beta = 37°$	$\gamma = 37°$	$h = 3$ cm	$h = 2{,}3$ cm
$\gamma = 90°$	$\alpha = 90°$	$\beta = 90°$	$\gamma = 90°$	$\beta = 90°$

2 Konstruiere ein rechtwinkliges gleichschenkliges Dreieck ABC mit der gegebenen Basis. Wende den Satz des Thales an.

a) $c = 3{,}9$ cm b) $a = 6{,}2$ cm c) $b = 5{,}5$ cm d) $a = 42$ mm

3 Gegeben ist ein Kreis mit $r = 4{,}2$ cm. Konstruiere ein Rechteck, dessen Ecken auf dem Kreis liegen. Eine Seite soll 2,5 cm lang sein.

Umfang und Flächeninhalt eines Kreises

Umfang u eines Kreises: $u = \pi \cdot d$ bzw. **$u = 2 \cdot \pi \cdot r$**

Schriftliches Rechnen: Näherungswert 3,14

Beim Taschenrechner: Taste π

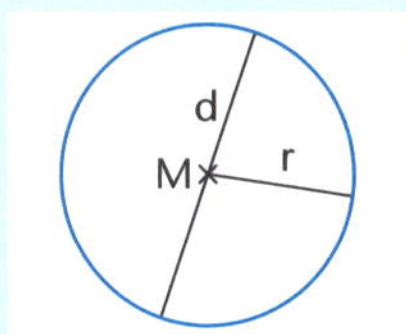

Beispiel: $r = 6$ cm; *Überschlag:* $u \approx 2 \cdot 3 \cdot 6$ cm

$u \approx 36$ cm

$u = 2 \cdot \pi \cdot 6$ cm

$u = 37{,}68$ cm (Rechnung schriftlich)

$u = 37{,}6991$ cm (Taschenrechner)

Flächeninhalt A eines Kreises: $A = \pi \cdot r^2$ bzw. **$A = \frac{1}{4} \cdot \pi \cdot d^2$**

Beispiel: $r = 4$ cm; *Überschlag:* $A \approx 3 \cdot 4^2\ \text{cm}^2$

$A \approx 48\ \text{cm}^2$

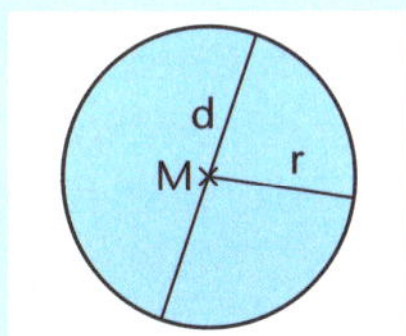

$A = \pi \cdot (4\ \text{cm})^2$

$A = 50{,}24\ \text{cm}^2$ (Rechnung schriftlich)

$A = 50{,}2655\ \text{cm}^2$ (Taschenrechner)

1 Berechne den Umfang u des Kreises.
a) r = 3 cm b) r = 7,4 m c) r = 21 km d) r = 31,4 mm e) r = 12,7 cm

2 In der Tabelle ist der äußere Durchmesser eines Rades für verschiedene Fahrräder angegeben. Gib für jeden Fahrradtyp an:
a) Wie lang ist der Weg, den man mit einer Radumdrehung zurücklegt?
b) Wie oft dreht sich das Rad auf einer 1 km langen Strecke?

Fahrradtyp	Außendurchmesser
Kinderfahrrad	500 mm
Mountainbike	614 mm
Treckingrad	716 mm

3 Für das Messen von Entfernungen wird ein Laufrad verwendet. Der Durchmesser eines Laufrades beträgt 32 cm. Wie viele Umdrehungen macht das Rad bei einer Weglänge von 8,04 m?

4 Das Rad eines Förderturms hat einen Radius von 2,80 m. Bei einer Radumdrehung wird der Förderkorb um eine Strecke angehoben, die dem Umfang des Rades entspricht. Wie viele Umdrehungen muss das Rad machen, damit der Förderkorb ca. 500 m gehoben wird?

5 Berechne jeweils den Flächeninhalt und den Umfang der Flächen.

a)
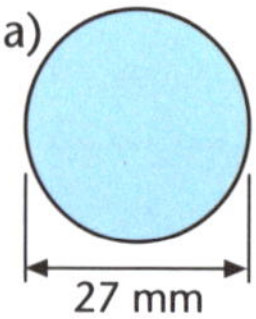

b)
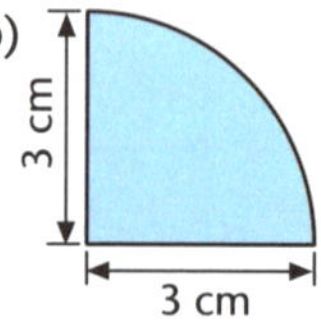

c)
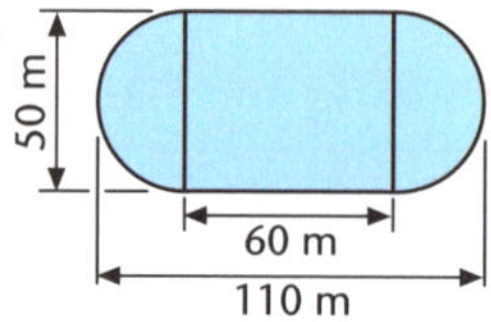

6 Berechne Flächeninhalt A und Umfang u des Kreises.
a) r = 2,5 cm b) r = 2,43 m c) d = 7 m d) d = 2,7 km e) r = 0,25 km

7 Bestimme Durchmesser und Querschnitt eines Baumstammes mit
(1) 55 cm (2) 1,45 m (3) 4,3 m Umfang.

8 Der Durchmesser des Riesenrades im Wiener Prater beträgt 61 m.
a) Wie viel m legt ein Tourist in einer Gondel bei einer Umdrehung des Riesenrades zurück?
b) In einem Prospekt wird angegeben, dass sich das Rad mit einer Geschwindigkeit von 0,75 m pro Sekunde bewegt. Wie lange braucht das Riesenrad für eine Umdrehung ohne Halt?

9 Die Länge des Äquators beträgt etwa 40 000 km. Berechne den Erdradius.

10 Der Einsatzradius eines Rettungshubschraubers beträgt 80 km. Wie viel Quadratkilometer groß ist das Gebiet, in dem der Hubschrauber eingesetzt werden kann?

11 Gegeben ist der Umfang u eines Kreises. Berechne seinen Flächeninhalt A.
a) u = 1 m b) u = 5 m c) u = 4,25 km d) u = 34,6 dm e) u = 9,3 cm

12 Gegeben ist der Flächeninhalt A eines Kreises. Berechne den Umfang u.
a) A = 1 m² b) A = 6 m² c) A = 56 cm² ◆ d) A = 26,4 ha

13 Die Erde durchläuft während eines Jahres (etwa 365 Tage) um die Sonne angenähert eine Kreisbahn. Ihr Radius beträgt ungefähr $1{,}5 \cdot 10^8$ km.
a) Welchen Weg legt die Erde in einem Jahr (an einem Tag; in einer Sekunde) zurück?
b) Mit welcher Durchschnittsgeschwindigkeit (in $\frac{km}{h}$) bewegt sich die Erde auf ihrer Bahn um die Sonne?

14 Ein kreisrundes Beet (d = 6,5 m) wird mit Steinen eingefasst. Man rechnet mit neun Rasenkantensteinen auf 1 m. Wie viele Steine werden benötigt?

◆ **15** Drehbewegungen werden z. B. mit Antriebsriemen von einem Elektromotor auf die Welle einer Kreissäge übertragen. Wie oft dreht sich das Sägeblatt mit dem Durchmesser d_2, wenn der Antriebsmotor 2000 Umdrehungen pro Minute ausführt? (Maße siehe Skizze.)

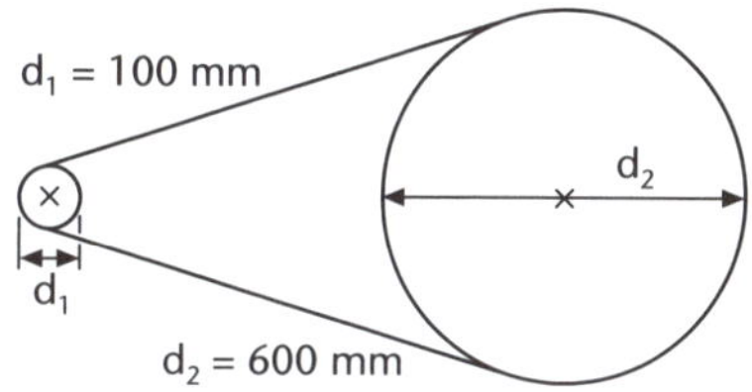

◆ **16** Aus einer quadratischen Marmorplatte mit einer Seitenlänge von 89,0 cm soll die größtmögliche Kreisfläche als Tischplatte geschnitten werden. Berechne den Flächeninhalt der Tischfläche. Wie viel Prozent der Marmorplatte sind Abfall?

17 Bei Schraubverbindungen verwendet man Unterlegscheiben. Sie haben die Form eines Kreisringes. Berechne den Flächeninhalt der Unterlegscheibe mit dem äußeren Radius r_a = 5,5 cm und inneren Radius r_i = 3,2 cm.

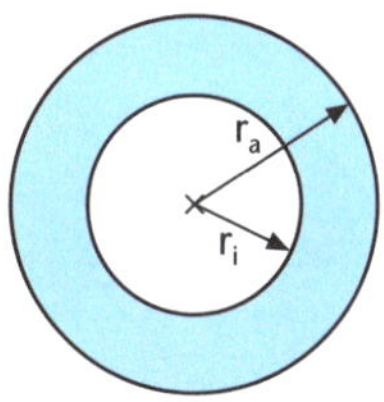

Darstellung eines Körpers

Schrägbild

Das **Schrägbild** mit α = **45°** und **Verkürzungsverhältnis q** = $\frac{1}{2}$ wird wegen seiner Anschaulichkeit und der einfachen Konstruktion bevorzugt. Die Bilder der Strecken $\overline{AD}$, $\overline{BC}$, $\overline{EH}$ und $\overline{FG}$ sind nur halb so lang wie die Originalstrecken am geometrischen Körper.
Sind die Originalstrecken parallel zueinander, dann sind es auch die Bildstrecken.

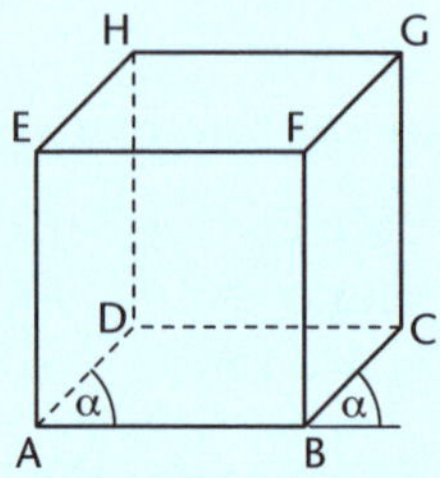

Schrittfolge für das Konstruieren eines Schrägbildes:

1. Klarheit über die Körperform und den voraussichtlichen Platzbedarf verschaffen.
2. Zuerst das Schrägbild der Grundfläche zeichnen, wobei eine Originalseite der Grundfläche parallel zur Unter- bzw. Oberkante des Zeichenblattes liegen sollte. Sie wird in wahrer Größe dargestellt.
3. Alle Kanten, die am Körper nach hinten verlaufen, werden um 45° gedreht und auf die Hälfte ihrer wahren Größe verkürzt.
4. Die Eckpunkte des Schrägbildes der Grundfläche werden bezeichnet. Danach werden die Kanten oder Strecken in Höhenrichtung gezeichnet.
5. Prüfen, ob alle Kanten des Körpers abgebildet wurden.
6. Unsichtbare Kanten mit Strichellinie zeichnen.

1 Zeichne das Schrägbild eines Würfels mit der Kantenlänge a = 3 cm.

2 Zeichne das Schrägbild eines Quaders mit den Kantenlängen a = 5 cm, b = 3 cm und c = 2 cm.

3 Übernimm die Figuren auf Kästchenpapier und vervollständige sie jeweils zu einem Schrägbild eines Quaders.

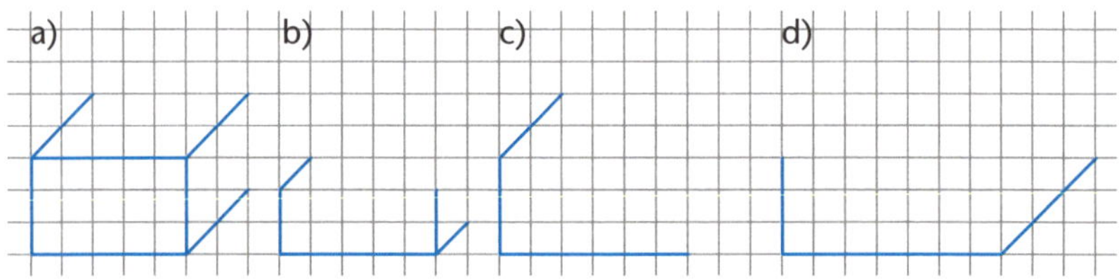

4 Notiere alle Kanten des Quaders, die im Schrägbild
a) in wahrer Länge gezeichnet sind;
b) kürzer als in der Wirklichkeit sind.

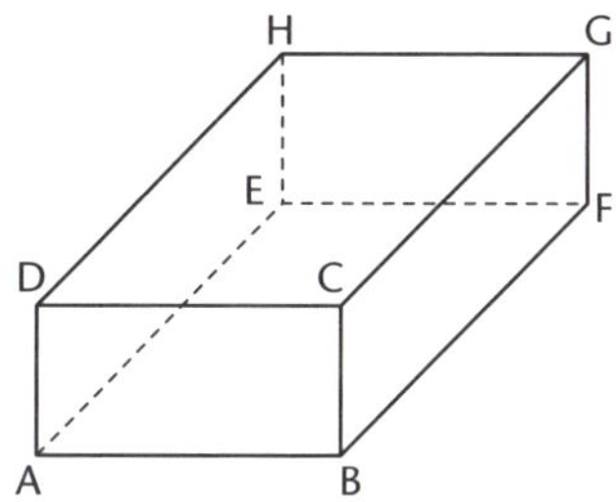

5 Übernimm die Figuren auf Kästchenpapier und vervollständige sie jeweils zu einem Schrägbild eines Prismas.

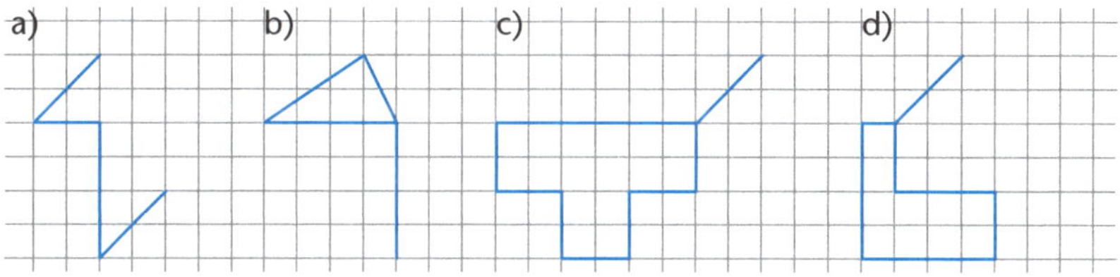

◆ **6** Zeichne das Schrägbild einer Pyramide, deren Grundfläche ein Quadrat (a = 3 cm) ist und deren Höhe 4,5 cm beträgt.

◆ **7** Ein dreiseitiges Prisma liegt auf der Seitenfläche ABED. Die Grundfläche ABC ist ein 4 cm hohes gleichschenkliges Dreieck. Zeichne das Schrägbild eines solchen Prismas.

◆ **8** Zeichne das Schrägbild eines Kegels, dessen Grundfläche einen Radius r = 2,5 cm hat. Seine Höhe beträgt 5 cm.

9 Zeichne ein Netz
a) einer regelmäßigen vierseitigen Pyramide mit der Grundkante a = 2,5 cm und der Seitenkante s = 5 cm;
b) einer dreiseitigen Pyramide, deren Begrenzungsflächen vier gleichseitige Dreiecke mit s = 3,5 cm sind („regelmäßiges Tetraeder“).

◆ **10** Zeichne das Schrägbild eines Zylinders mit r = 3 cm und mit der Höhe h = 4,5 cm. Der Zylinder steht auf der Grundfläche (Kreis).

11 a) Zeichne das Schrägbild eines Quaders mit a = 3,5 cm, b = 3,0 cm und c = 4,2 cm. Überlege an einer Skizze, welche Kanten in wahrer Größe bzw. verkürzt gezeichnet werden müssen.
◆ b) Zeichne in das Schrägbild des Quaders aus Teilaufgabe a) eine Pyramide mit derselben Grundfläche und der Höhe c ein.

Berechnungen an Körpern

Prisma (Säule)

Grundfläche G; Oberfläche O; Mantelfläche M; Volumen V

Allgemein gilt: $\mathbf{V = G \cdot h}$ $\quad \mathbf{O = 2 \cdot G + M}$

Quader

$G = ab$ $\quad M = 2(ac + bc)$

$O = 2(ab + ac + bc)$

$V = abc$

Schrägbild:

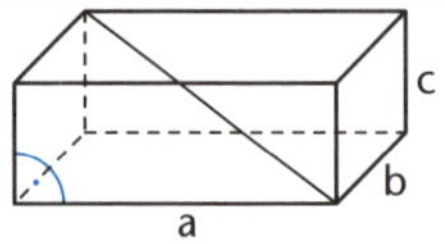

Netz:

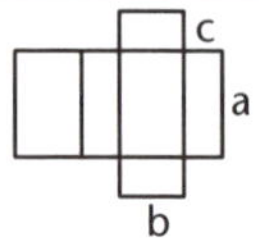

Würfel

$G = a^2$ $\quad M = 4a^2$

$O = 6a^2$ $\quad V = a^3$

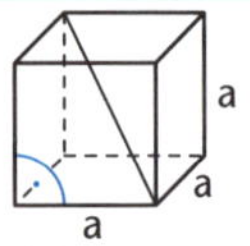

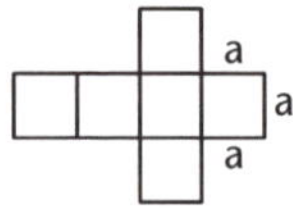

Regelmäßiges dreiseitiges Prisma

$G = \frac{a^2}{4}\sqrt{3}$ $\quad M = 3ah$

$O = \frac{a}{2}(a\sqrt{3} + 6h)$ $\quad V = \frac{a^2}{4} h \sqrt{3}$

Schrägbild:

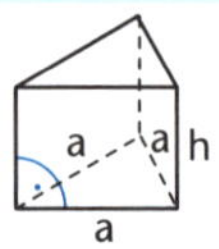

Netz:

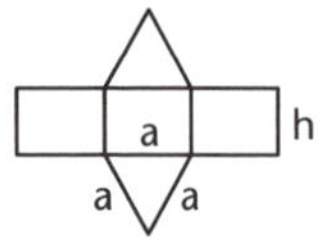

Regelmäßiges sechsseitiges Prisma

$G = \frac{3\sqrt{3}}{2} a^2$ $\quad M = 6ah$

$O = 3a(a\sqrt{3} + 2h)$ $\quad V = \frac{3a^2}{2} h \sqrt{3}$

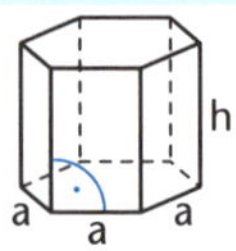

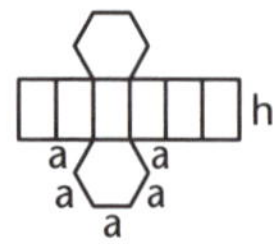

1 Berechne das Volumen V und die Größe der Oberfläche O eines Quaders.
a) a = 6 cm; b = 8 cm; c = 12 cm
b) a = 120 mm; b = 75 mm; c = 9 mm
c) a = 1,46 m; b = 2,67 m; c = 0,15 m

2 Eine Holzkiste ist 1,25 m lang, 0,85 m breit und 0,95 m hoch.
a) Berechne das Volumen der Kiste.
b) Wie viel m^2 Holz werden zur Herstellung der Kiste benötigt?
c) Wie viel m^2 Holz werden für 12 solcher Kisten benötigt, wenn noch zusätzlich 10 % Verschnitt zu berücksichtigen sind?

3 Ein Schwimmbad ist 50 m lang, 12 m breit und 2 m tief.
a) Das Schwimmbad soll gefliest werden. Es werden zusätzlich noch 15 % der gesamten Fläche für Verblendungen benötigt. 1 m^2 Fliesen einschließlich Arbeitslohn kostet 94 €. Berechne die Kosten.
b) Der Kubikmeter Wasser kostet 2,85 €. Wie teuer ist die Füllung des Bades, wenn das Wasser 1,80 m tief sein soll?

4 Berechne das Volumen V und die Größe der Oberfläche O eines Würfels.
a) a = 5 cm   b) a = 65 m   c) a = 0,08 m   d) a = 1,6 dm

5 Auf einem Bauplatz soll eine würfelförmige Baugrube mit einer Seitenlänge a = 23 m ausgehoben werden.
a) Wie viel m^3 Erde müssen ausgehoben werden?
b) Wie oft müssen zwei Muldenkipper fahren, wenn jeder 80 m^3 Erde transportieren kann?

◆ **6** In einer Fußgängerzone werden acht würfelförmige Blumenkübel mit einer äußeren Kantenlänge von a = 70 cm aufgestellt. Alle Kübel sollen außen gestrichen werden. Für wie viel Quadratmeter muss Farbe gekauft werden? Zeichne das Netz eines Kübels (Maßstab 1:20).

7 Zur Verpackung von Lebkuchen benutzt eine Firma Pappkartons.
a) Zeichne das Netz des Kartonhauses.
b) Bei der Herstellung werden 18 % für Verschnitt dazugerechnet. Berechne den Bedarf an Pappe pro Haus.

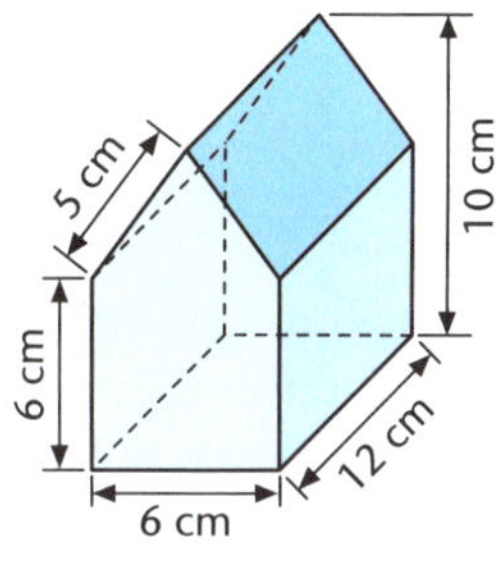

◆ **8** Berechne die Größe der Oberfläche eines Prismas (Maße in mm). Bestimme fehlende Kantenlängen oder Höhen im jeweiligen Prisma.

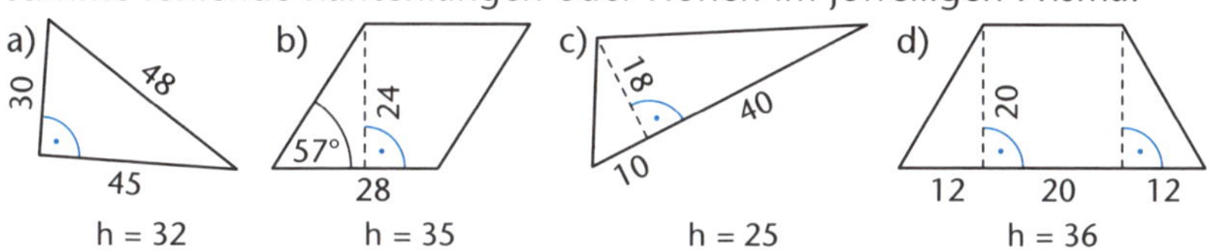

9 Für den Neubau einer Straße muss ein Damm aufgeschüttet werden. Sein Querschnitt ist ein gleichschenkliges Trapez. Die Dammsohle ist 38 m breit, die Dammkrone ist 12 m breit, die Höhe beträgt 7,20 m. Wie viel Kubikmeter Erde sind für 2 km Dammlänge aufzuschütten?

Pyramide

Grundfläche G; Oberfläche O; Mantelfläche M; Volumen V

Allgemein gilt: $\mathbf{V = \frac{1}{3} \cdot G \cdot h}$ $\mathbf{O = G + M}$

Quadratische Pyramide

$G = a^2$ $M = 2ah_s$

$O = a\,(a + 2h_s)$ $V = \frac{1}{3}a^2\,h$

Schrägbild:

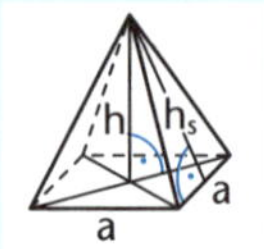

Netz:

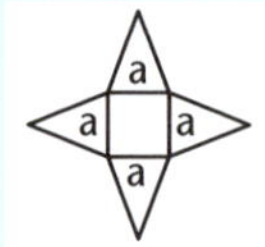

1 Von einer geraden quadratischen Pyramide sind gegeben:
a) $a = 3{,}5$ cm; $h = 5{,}5$ cm b) $a = 45$ mm; $h = 6$ cm
Berechne das Volumen und die Oberfläche der Pyramide.

2 Berechne die fehlenden Größen der quadratischen Pyramide.

	a)	b)	c)	d)	e)
a (in cm)	6,3	3,5			
h (in cm)	10	7,4	7,8	5,5	
G (in cm²)			169		100
◆ h_s (in cm)					
◆ O (in cm²)					
V (in cm³)				95,04	400

3 a) Ein pyramidenförmiges Zelt mit der Höhe $h = 1{,}80$ m besteht aus vier Dreieckbahnen und einem quadratischen Bodenteil mit der Seitenlänge $a = 2{,}20$ m.
Zeichne ein maßstäbliches Netz des Zeltes. Bedenke, dass das Zelt auch aufgestellt werden soll.

b) Aus wie viel m^2 Stoff besteht die Oberfläche des Zeltes, wenn für Überstände und Nähte zusätzlich etwa 20 % zu berücksichtigen sind?

c) Wie groß wäre die Oberfläche, wenn das Zelt bei gleicher Grundfläche 2 m hoch sein sollte?

4 Die größte Pyramide ist die um 2600 v. Chr. erbaute Cheopspyramide. Sie war ursprünglich 146 m hoch, die Seitenlänge der quadratischen Grundfläche betrug ca. 233 m.

a) Bereche den ursprünglichen Rauminhalt.

b) Wie groß ist der Flächeninhalt der Seitenflächen?

Zylinder

Grundfläche G; Deckfläche D; Oberfläche O; Mantelfläche M; Volumen V

Allgemein gilt: $\mathbf{V = G \cdot h}$ $\mathbf{O = 2 \cdot G + M}$ $\mathbf{G = D}$

Gerader Zylinder

$G = \pi r^2$ $M = 2\pi r h$

$O = 2\pi r(r + h)$ $V = \pi r^2 h$

Schrägbild:

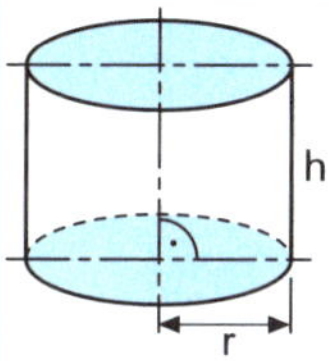

Netz:

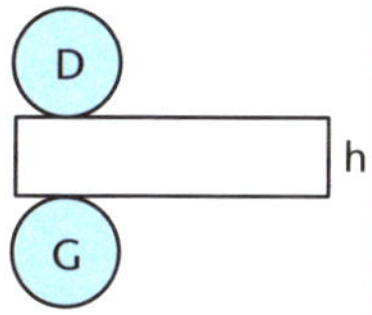

1 Berechne die fehlenden Größen r, h, O, V eines Zylinders. Runde sinnvoll.

	a)	◆ b)	c)	d)	◆ e)	f)
r	5 cm		7,8 dm	17 cm		
h	30 cm	1,2 m	30 cm		5 cm	5 cm
O		4,524 m²			113,1 cm²	
V				5432 cm³		1 dm³

2 Berechne den Blechbedarf für 1000 zylinderförmige Behälter. Runde die Ergebnisse sinnvoll.

a) r = 12,5 cm, h = 28 cm
b) r = 2,75 cm, h = 35 cm
c) d = 5,4 cm, h = 3,8 cm
d) d = 0,50 m, h = 0,5 dm

3 Die Walze einer Straßenbaumaschine hat einen Durchmesser von 1,30 m und eine Arbeitsbreite von 2,35 m. Welche Größe hat die Fläche, die die Walze mit einer Umdrehung bearbeitet?

◆ **4** Der Rundstahl in einer Metallbaufirma ist 6,40 m lang und hat einen Durchmesser von 120 mm. 1 cm³ des Stahls wiegt 7,85 g. Wie viel wiegt ein Bund mit 50 Stück?

◆ **5** Berechne das Volumen und die Oberfläche eines Ringes mit folgenden Abmessungen:

a) $r_a = 27$ cm; $r_i = 16$ cm; h = 12 cm
b) $r_a = 485$ mm; $r_i = 390$ mm; h = 185 mm
c) $r_a = 1{,}74$ m; $r_i = 12{,}50$ dm; h = 85 cm

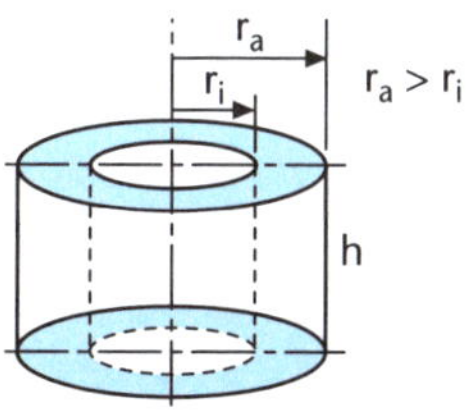

Kegel

Grundfläche G; Oberfläche O; Mantelfläche M; Volumen V

Gerader Kegel

$s^2 = r^2 + h^2$

$G = \pi r^2$ $M = \pi r s$

$O = \pi r (r + s)$ $V = \frac{\pi}{3} r^2 h$

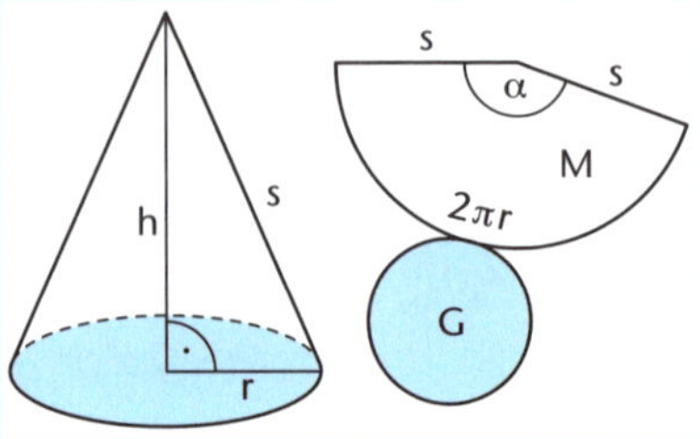

1 Berechne die fehlenden Größen eines Kegels. Runde sinnvoll.

	a)	b)	◆ c)	◆ d)
r	3 cm	4,5 cm		6 m
h	15 cm		12 m	
s		14 cm		
M				1206,4 m²
G				
O				
V			452,4 m³	

2 Berechne die fehlenden Größen r, h, O, V eines Kegels. Runde.

a) h = 5 cm; $G = 113{,}1\ cm^2$
b) h = 1,2 m; $G = 2{,}5\ m^2$
c) $G = 876\ cm^2$; $V = 5432\ cm^3$
d) r = 7,8 cm; h = 7,8 cm

3 Zeichne das Netz eines Kegels mit r = 8 cm und s = 12 cm (α = 240°) und berechne die Größe der Oberfläche O.

4 Ein kegelförmiger Sandhaufen soll abgefahren werden. Der Umfang der Grundfläche (Kreis) wird durch Abschreiten näherungsweise mit 22 m ermittelt. Seine Höhe wird auf 2 m geschätzt. Wie viel Fahrten müssen gemacht werden, wenn ein Kipper mit 3 t Tragfähigkeit den Sand abfahren soll? ($1\ m^3$ Sand wiegt 1800 kg.)

5 Es soll ein Kegel aus Marmor mit dem Radius r = 2,5 m und mit einer Höhe h = 3,5 m errichtet werden. Wie schwer ist der Kegel, wenn $1\ cm^3$ Marmor 2,6 g wiegt?

6 Eine Schultüte soll außen mit Glanzpapier beklebt werden. Wie viel cm^2 Papier sind für das Bekleben erforderlich, wenn die Tüte einen Durchmesser d = 30 cm und eine Seitenhöhe s = 80 cm hat? Für Verschnitt und Klebefalze sind 9 % zusätzlich zu berücksichtigen.

Kugel

Durchmesser der Kugel d; Oberfläche O; Volumen V

$d = 2r$

$O = 4\pi r^2$ *bzw.* $O = \pi d^2$

$V = \frac{4}{3}\pi r^3$ *bzw.* $V = \frac{1}{6}\pi d^3$

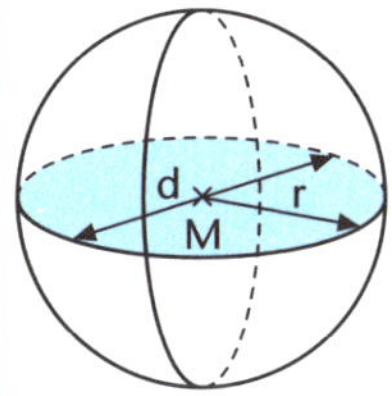

1 Eine Kugel hat den Durchmesser d bzw. den Radius r. Berechne das Volumen.
a) $d = 15{,}4$ cm b) $r = 9{,}8$ cm c) $r = 32{,}5$ mm d) $d = 1{,}2$ m

2 Welche Luftmasse wird bei normalem Luftdruck (1013 kPa) und 0°C von einem Ballon verdrängt, wenn die Dichte der Luft $\varrho = 0{,}00129\ \frac{g}{cm^3}$ beträgt und der Durchmesser des Ballons 6,5 m ist?

3 Die menschliche Lunge besteht aus etwa 1,6 Milliarden Bläschen mit einem Durchmesser von rund 0,2 mm. Berechne die Oberfläche aller Bläschen und vergleiche mit einer dir bekannten Flächengröße.

4 Die Erde hat einen Radius von etwa 6370 km. Berechne ihr Volumen und ihre Oberfläche.

5 Aus einem Wasserhahn tropfen in 30 Sekunden 10 Tropfen mit etwa 4 mm Durchmesser. Wie viel Liter Wasser werden
a) an einem Tag;
b) in einer Woche;
c) in einem Jahr vergeudet?

6 Wie viele Schrotkugeln (Durchmesser 2 mm) sind aus 2 kg Blei zu gewinnen? Ein cm^3 wiegt 11,35 g.

7 Von 1000 gleich großen Glaskugeln ermittelt man mit einem Überlaufgefäß ein Gesamtvolumen von 8,7 cm^3. Welchen mittleren Durchmesser haben die Glaskugeln?

8 Die Größe eines Handballs gibt man durch den Umfang u an.
a) Männerhandball: $u = 59$ cm
b) Frauenhandball: $u = 55$ cm
Wie viel cm^2 an Material werden jeweils benötigt, wenn man 20 % Verschnitt berücksichtigt?

Zusammengesetzte Körper

1 Berechne das Volumen des Werkstücks.

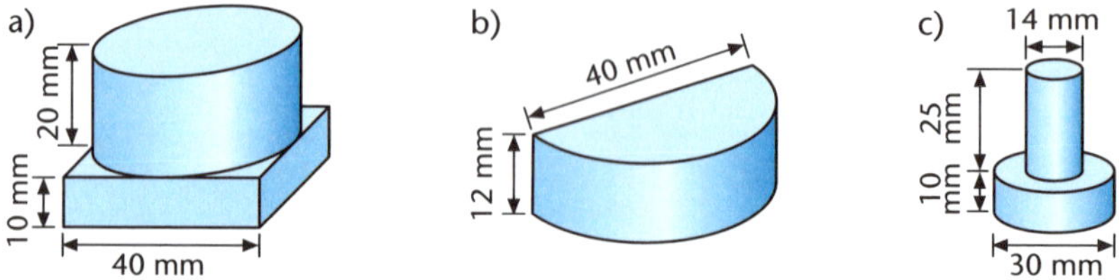

2 Eine Litfaßsäule hat einen Umfang von 3,50 m, sie ist 2,90 m hoch. Der untere Sockel von 30 cm soll nicht beklebt werden.

a) Berechne die Größe der zu beklebenden Werbefläche.

b) Wie viele Plakate mit den Maßen 35 cm x 53 cm könnten „theoretisch" aufgeklebt werden?

3 Berechne die Masse der Werkstücke aus Beton (Dichte $\varrho = 2{,}4\ \frac{g}{cm^3}$, Angaben in Millimeter).

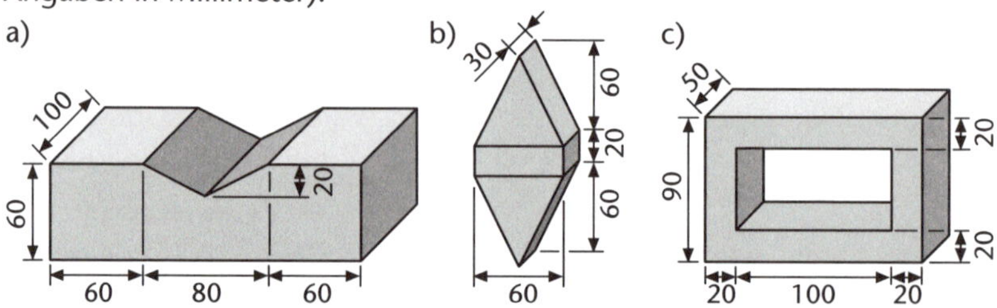

4 Aus einer Bleikugel (d = 4 cm) soll ein gerader Kegel mit einer Körperhöhe von 5 cm gegossen werde. Berechne den Radius der Grundfläche des Kegels.

5 Berechne die Oberfläche und das Volumen der Prismen.

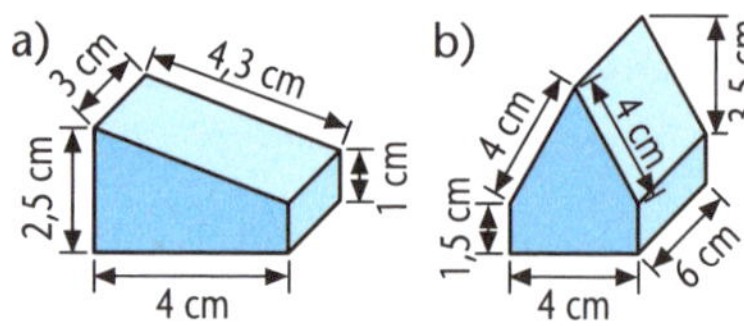

◆ **6** Im Bild sind die Querschnitte von Stahlträgern gegeben (Maße in cm; Länge jedes Trägers: 5,50 m). Berechne die Masse der Stahlträger (1 cm^3 Stahl wiegt 7,8 g).

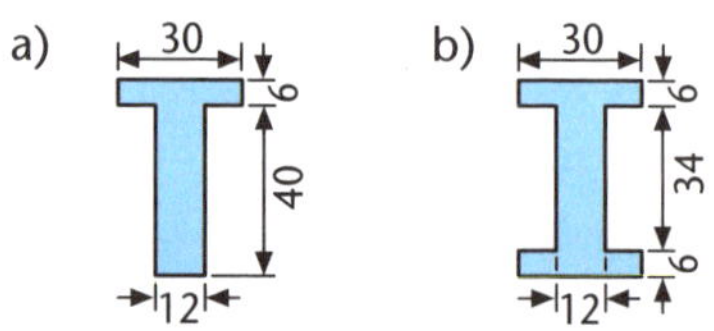

Trigonometrie

Sinus, Kosinus und Tangens im rechtwinkligen Dreieck

Für ein **rechtwinkliges Dreieck ABC** mit $\gamma = 90°$ gilt:

$$\sin\alpha = \frac{\text{Länge der Gegenkathete von }\alpha}{\text{Länge der Hypotenuse}}$$

$$\mathbf{\sin\alpha = \frac{a}{c}}$$

$$\cos\alpha = \frac{\text{Länge der Ankathete von }\alpha}{\text{Länge der Hypotenuse}}$$

$$\mathbf{\cos\alpha = \frac{b}{c}}$$

$$\tan\alpha = \frac{\text{Länge der Gegenkathete von }\alpha}{\text{Länge der Ankathete von }\alpha}$$

$$\mathbf{\tan\alpha = \frac{a}{b}}$$

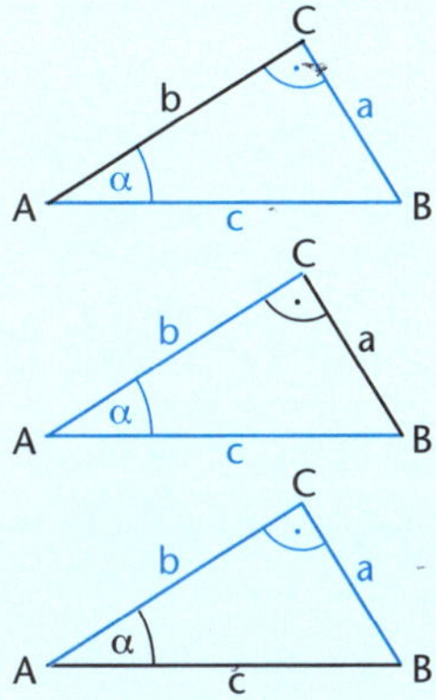

Beispiel: $\gamma = 90°$, $a = 5$ cm, $c = 13$ cm

b: $a^2 + b^2 = c^2$
$b = \sqrt{c^2 - a^2}$
$b = \sqrt{13^2 - 5^2}$ cm
$b = 12$ cm

α: $\sin\alpha = \frac{a}{c}$
$\sin\alpha = \frac{5\text{ cm}}{13\text{ cm}}$
$\sin\alpha \approx 0{,}384615$
$\alpha \approx 22{,}6199°$
$\alpha \approx 22{,}6°$

β: $\cos\beta = \frac{a}{c}$
$\cos\beta = \frac{5\text{ cm}}{13\text{ cm}}$
$\cos\beta \approx 0{,}384615$
$\beta \approx 67{,}3801°$
$\beta \approx 67{,}4°$

Für eine *Kontrolle:* Da $\gamma = 90°$ groß ist, muss auch $\alpha + \beta = 90°$ sein.

1 Berechne in den rechtwinkligen Dreiecken – wenn möglich – $\sin\alpha$, $\sin\beta$, $\cos\alpha$, $\cos\beta$, $\tan\alpha$, $\tan\beta$ und die Länge der Hypotenuse.

a) $b = 7$ cm; $\alpha = 13°$; $\gamma = 90°$
b) $b = 4{,}3$ cm; $\beta = 43°$; $\alpha = 90°$
c) $b = 40$ cm; $\beta = 32°$; $\gamma = 90°$
d) $b = 20{,}3$ cm; $\beta = 43°$; $\gamma = 90°$
e) $c = 98{,}6$ m; $b = 67{,}6$ m; $\alpha = 90°$
f) $c = 245{,}6$ m; $a = 95{,}8$ m; $\beta = 90°$
g) $b = 15{,}7$ km; $\beta = 55°$; $\alpha = 90°$
h) $a = 233$ m; $\alpha = 63°$; $\gamma = 90°$

Schreibe die Ergebnisse der Teilaufgaben in Tabellenform nebeneinander. Vergleiche zeilenweise. Versuche Gemeinsamkeiten zu entdecken.

2 Eine Seilbahn überwindet auf einer Strecke von 480 m eine Höhendifferenz von 325 m. Wie groß ist der Steigungswinkel?

3 Bei Bergstraßen wird oft die Steigung in Prozent angegeben. Z. B. bedeuten 8 % Steigung, dass bei einer horizontalen Entfernung e = 100 m eine Höhenzunahme h = 8 m zu verzeichnen ist ($8\,\% = \frac{8}{100}$).

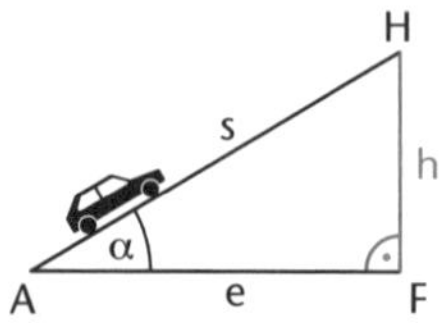

a) Schreibe das Verhältnis h : e für eine Steigung von 23 % auf.

◆ b) Welcher Höhenunterschied wird auf einer 2,5 km langen Straße s bei einer Steigung von 15 % überwunden? Schau die Skizze genau an, denn es ist die Länge der Straße gegeben, nicht die horizontale Entfernung.

Berechnungen an beliebigen Dreiecken

Der Sinussatz

In jedem Dreieck ist das Verhältnis der Längen zweier Dreiecksseiten gleich dem Verhältnis der Sinuswerte der gegenüberliegenden Winkel.

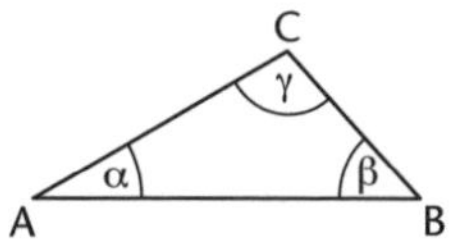

$\frac{a}{b} = \frac{\sin\alpha}{\sin\beta}$ $\qquad \frac{a}{c} = \frac{\sin\alpha}{\sin\gamma}$ $\qquad \frac{b}{c} = \frac{\sin\beta}{\sin\gamma}$

Beispiel: $a = 7{,}1\text{ cm};\ \alpha = 41°;\ \beta = 73°;$

$\gamma = 180° - \alpha - \beta$

$\gamma = 66°$

Skizze:

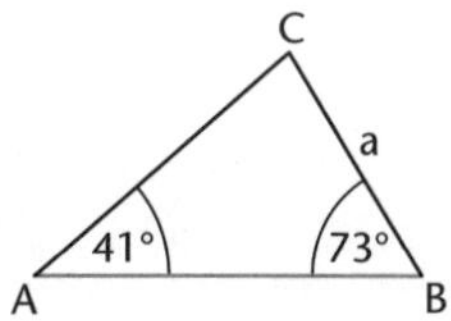

$\frac{a}{b} = \frac{\sin\alpha}{\sin\beta}$ $\qquad \frac{a}{c} = \frac{\sin\alpha}{\sin\gamma}$

$b = \frac{a \cdot \sin\beta}{\sin\alpha}$ $\qquad c = \frac{a \cdot \sin\gamma}{\sin\alpha}$

$b = \frac{7{,}1\text{ cm} \cdot \sin 73°}{\sin 41°}$ $\qquad c = \frac{7{,}1\text{ cm} \cdot \sin 66°}{\sin 41°}$

$b \approx 10{,}3493\text{ cm}$ $\qquad c \approx 9{,}88657\text{ cm}$

$b \approx 10{,}3\text{ cm}$ $\qquad c \approx 9{,}9\text{ cm}$

Der Kosinussatz

In jedem Dreieck ABC gilt:

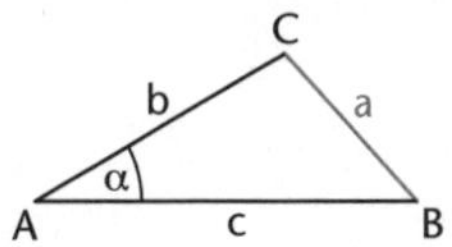

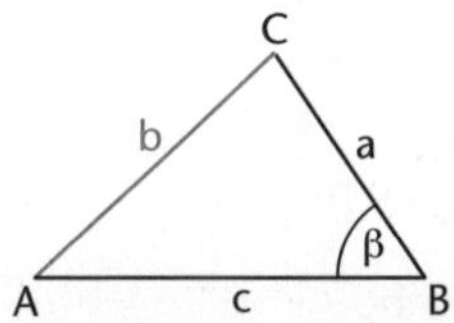

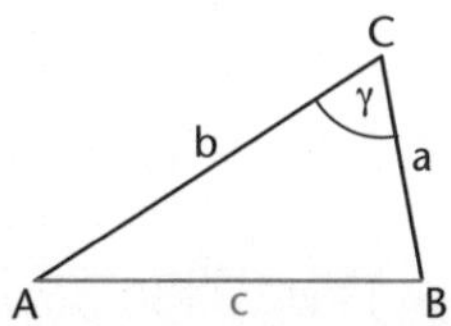

$a^2 = b^2 + c^2 - 2bc \cdot \cos\alpha$ $\qquad b^2 = a^2 + c^2 - 2ac \cdot \cos\beta$ $\qquad c^2 = a^2 + b^2 - 2ab \cdot \cos\gamma$

TIPP: Bevor in der Geometrie gerechnet wird, skizziert man den Sachverhalt, um für die Lösung der Aufgaben notwendige Beziehungen leichter zu erkennen.
Beim Sinus- oder Kosinussatz ist das Wissen über die Sinus- und Kosinuswerte von Winkeln, die zwischen 0° und 180° liegen, anzuwenden.

1 Berechne die übrigen Seiten und Winkel des Dreiecks ABC. Kontrolliere durch Konstruktion.
a) $\alpha = 63{,}2°$; $\beta = 41°$; $b = 5{,}2$ cm
b) $\beta = 22{,}5°$; $\gamma = 69{,}3°$; $c = 6{,}4$ cm
c) $\alpha = 115°$; $\gamma = 29{,}2°$; $c = 4{,}8$ cm
d) $\beta = 25°$; $\gamma = 78°$; $c = 9$ cm

2 Berechne die übrigen Seiten und Winkel des Dreiecks ABC. Kontrolliere auch durch Konstruktion.
a) $a = 7{,}1$ cm; $b = 6{,}3$ cm; $\gamma = 66°$
b) $a = 12{,}3$ dm; $c = 8{,}9$ dm; $\beta = 53°$
c) $b = 8{,}1$ m; $c = 10{,}4$ m; $\alpha = 67°$
d) $a = 6{,}8$ cm; $b = 6{,}4$ cm; $\gamma = 47°$

3 Die Grundfläche eines Kegels hat den Radius 5 m. Der Winkel an der Spitze des Kegels beträgt 112°. Berechne die Höhe des Kegels.

◆ **4** Ermittle die Oberfläche und das Volumen einer quadratischen Pyramide, deren Grundkantenlänge 6 cm beträgt und deren Seitenflächen einen Winkel von 70° mit der Grundfläche einschließen.

5 In der Nähe von Thale (Harz) bringt ein Sessellift die Touristen in etwa 4 Minuten zur 240 m höher gelegenen Rosstrappe. Die Fahrstrecke ist 540 m lang.
a) Ermittle die durchschnittliche Steigung in Prozent.
b) Ermittle den durchschnittlichen Steigungswinkel.

6 Der Giebel eines Satteldaches ist 13,38 m breit und 17,05 m hoch. Welche Neigung hat das Dach?

7 Eine Leiter mit der Länge 4,5 m lehnt an einer Mauer. Der Fuß der Leiter ist 1 m von der Mauer entfernt.
a) Wie weit reicht die Leiter an der Mauer hoch?
b) Welchen Neigungswinkel hat die Leiter gegen
(1) den Boden und (2) die Wand?

◆ **8** Bei völliger Windstille steigt ein Heißluftballon senkrecht auf. Ein Spaziergänger, der sich ca. 800 m vom Aufstiegsort entfernt befindet, sieht den Ballon unter einem Winkel von 22°. Kurz danach sieht er den Ballon unter einem Winkel von 35°. Wie viel Meter ist der Ballon in der Zwischenzeit gestiegen?

Komplexe Aufgaben

1 Herr Ramos möchte den Flächeninhalt seines Grundstücks bestimmen. Er zeichnet es in ein Koordinatensystem ein (siehe Skizze). Für die Berechnung wählt er die Trapezmethode. Die nötigen Größen können aus der Skizze entnommen werden.

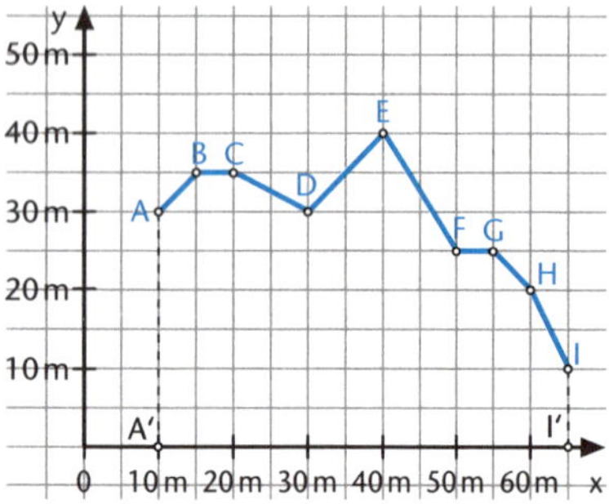

a) Gib alle für die Berechnung nötigen Größen in m an.

b) Berechne den Flächeninhalt des Grundstücks.

c) Wie viel Euro muss Herr Ramos beim Kauf bezahlen, wenn 1 m² Boden 5,89 € kosten?

◆ **2** Auf einem Grundstück (siehe Skizze) wurden $\alpha_1 = 43°$ und $\beta_2 = 52°$ gemessen. Die ∢ BAD und ∢ CBA sind jeweils rechte Winkel.

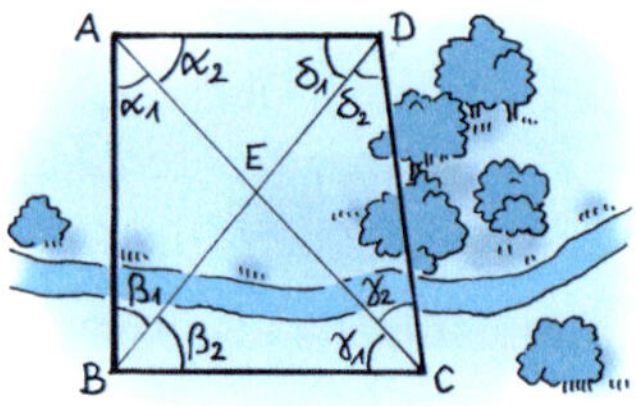

a) Berechne die Winkel γ_1 und δ_1.

b) Ist die Größe des Winkels δ_2 zu bestimmen?

3 Klaas möchte gern einen Kleiderschrank mit den Abmessungen: Breite 1,86 m, Tiefe 60 cm und Höhe 1,90 m in seinem neuen Zimmer aufbauen. Das Profil der Wand, an der er den Schrank aufstellen will, entnimm der Skizze. Sie ist nicht maßstäblich.

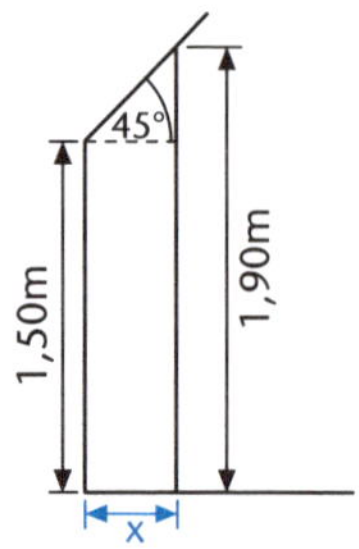

a) Zeichne ein Schrägbild des Schrankes im Maßstab 1:20.

b) Wie weit steht der Schrank von der Wand ab?

c) Wie viel Euro kostet eine Holzplatte zur Verkleidung des Zwischenraumes? 1 m² der Holzplatte kostet 3,45 €.

4 Gärtner wollen in der Mitte eines kreisförmigen Beetes einen Baum pflanzen. Sie haben den Durchmesser des Beetes mit 6 m ermittelt. Sie müssen die Mitte bestimmen.

a) Bestimme den Mittelpunkt M durch Konstruktion.

b) Berechne den Abstand des Mittelpunktes von der Sehne $\overline{AB}$.

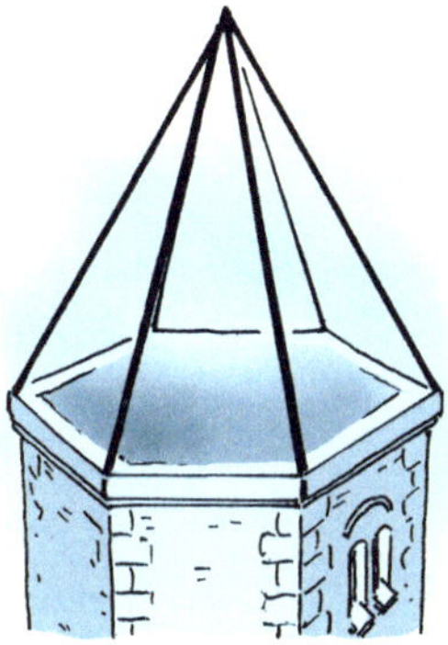

5 Die Grundfläche eines Turmes ist ein regelmäßiges Sechseck.

a) Wie groß ist die Fläche des Turmdaches, wenn eine Seite des Sechsecks 2,10 m lang ist und die Gratsparren (Seitenkanten) 12 m lang sind?

b) Wie viel würde es kosten, wenn man das Dach mit Kupferblech decken wollte und dafür einen Mehrbedarf von 20 % einplant? (1 m^2 Kupferblech soll 94,32 € kosten.)

6 Das Pantheon in Rom ist in seinem Hauptteil ein Zylinder mit einer aufgesetzten Halbkugel. Der Durchmesser des Zylinders und die Höhe des Bauwerkes sind gleich: 43,5 m. Wie groß ist die Innenfläche, wenn man das „Auge“ oben und die Nischen unberücksichtigt lässt?

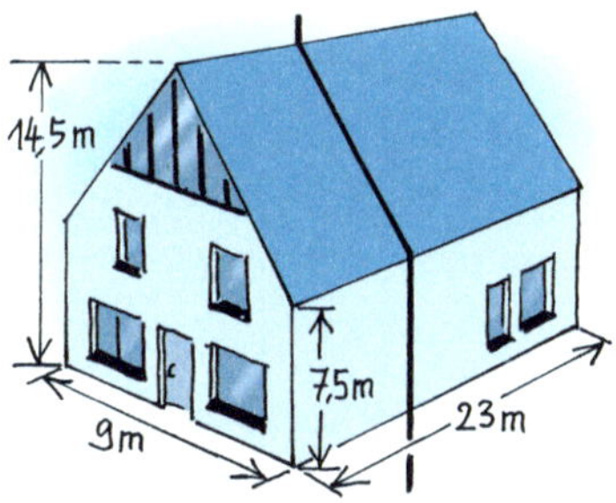

7 Ein Haus mit einem Satteldach ist 23 m lang und 9 m breit. Vom Fundament bis zum Dachansatz werden 7,5 m, bis zum First des Daches 14,5 m gemessen (Skizze).

a) Wie groß ist die Dachfläche?

b) Was kostet die Ziegeleindeckung des Daches, wenn 100 m^2 für 2950 € angeboten werden?

c) Auf dem Dach soll ein Blitzableiter, der den First um 80 cm überragt, angebracht werden. Er wird auf kürzestem Weg über das Dach, an der Hauswand zum Erdboden und 2 m in diesen geführt. Wie lang ist er?

Stochastik

Statistische Untersuchungen

Arithmetisches Mittel, Spannweite und mittlere Abweichung

Das **arithmetische Mittel** (Mittelwert) $\bar{x}$ von Daten $x_1, x_2, \ldots, x_n$ wird berechnet, indem man die Summe der Werte durch die Anzahl der Werte dividiert.

$$\bar{x} = \frac{x_1 + x_2 + \ldots + x_n}{n}$$

Die **Spannweite w** ist die Differenz zwischen dem größten und dem kleinsten Wert.

$$w = x_{max} - x_{min}$$

Ein Maß für die Streuung der Daten ist die **mittlere Abweichung a** der Daten vom arithmetischen Mittel.

$$a = \frac{|x_1 - \bar{x}| + |x_2 - \bar{x}| + \ldots + |x_n - \bar{x}|}{n}$$

Beispiel:

Beim Ballweitwurf erzielte Weiten: 37 m, 32 m, 35 m, 38 m, 41 m

Arithmetisches Mittel: $\bar{x} = \frac{37 + 32 + 35 + 38 + 41}{5}$ $\quad \bar{x} = 36{,}6$ m

Spannweite: $w = 41 - 32$ $\quad w = 9$ m

Mittlere Abweichung:

$$a = \frac{|37 - 36{,}6| + |32 - 36{,}6| + |35 - 36{,}6| + |38 - 36{,}6| + |41 - 36{,}6|}{5} \quad a = 2{,}48 \text{ m}$$

1 Beim Training im Kugelstoßen erzielte ein Sportler folgende Weiten: 10,40 m; 12,10 m; 11,50 m; 8,80 m; 9,90 m; 12,10 m. Berechne das arithmetische Mittel, die Spannweite und die mittlere Abweichung.

2 Zwei Sportler erreichten im Diskuswurf folgende Weiten:

A	36,90 m	47,20 m	41,10 m	40,60 m	41,30 m	39,50 m
B	35,80 m	41,90 m	41,70 m	47,20 m	41,80 m	42,10 m

a) Berechne für jeden der beiden Sportler das arithmetische Mittel der Weiten, die Spannweite und die mittlere Abweichung.

b) Vergleiche die Werte der beiden Sportler. Gehört zu dem Sportler mit der größeren Spannweite auch die größere mittlere Abweichung?

Rangliste und Median

Der **Median** (Zentralwert) z von Daten wird bestimmt, indem man zunächst die Daten der Größe nach in einer **Rangliste** ordnet.

Ist die Anzahl der Daten *ungerade*, so ist der Median der Wert auf dem mittleren Platz in der Rangliste.

Ist die Anzahl der Daten *gerade*, so ist der Median der Mittelwert der beiden Werte in der Mitte der Rangliste.

Beispiele:

Monatseinkommen der fünf Beschäftigten der Firma A:

Herr Alt	Herr Berg	Frau Kauder	Frau Semm	Herr Wald
2500 €	2450 €	5240 €	2350 €	2700 €

Rangliste: 2350 € 2450 € 2500 € 2700 € 5240 €
Mitte der Rangliste feststellen.
Median: 2500 €

Monatseinkommen der sechs Beschäftigten der Firma B:

Frau Bey	Frau Hess	Herr Luft	Frau Orth	Herr Pilz	Herr Zahn
2600 €	2320 €	5840 €	2650 €	2500 €	2450 €

Rangliste: 2320 € 2450 € 2500 € | 2600 € 2650 € 5840 €
Mitte der Rangliste feststellen.

Median: $z = \frac{2500\ € + 2600\ €}{2} = 2550\ €$

1 Bei der Betreuung von Kunden hat Herr Mai diese Strecken zurückgelegt:

Montag	Dienstag	Mittwoch	Donnerstag	Freitag
175 km	190 km	165 km	380 km	180 km

a) Wie viel Kilometer ist Herr Mai durchschnittlich pro Tag gefahren?
b) Bestimme für die Entfernungen in der Liste den Median.
c) Welcher Wert erscheint für die zurückgelegten Strecken aussagekräftiger, das arithmetische Mittel oder der Median?

2 Die Arbeitszeit von Frau Arp in den letzten vier Wochen betrug: 38 h; 34 h; 36 h; 28 h. Bestimme arithmetisches Mittel und Median. Vergleiche die Aussagekraft.

Boxplot

Ein **Boxplot** gibt Übersicht über Lage und Streuung von Daten.

Man ermittelt zunächst mit einer Rangliste den Median.
Er zerlegt die Rangliste in eine obere und eine untere Hälfte.
Der Median der unteren Hälfte heißt **unteres Quartil** ($x_{0,25}$), der Median der oberen Hälfte heißt **oberes Quartil** ($x_{0,75}$).
Bei ungerader Anzahl von Daten wird zur Bestimmung der Quartile der Median sowohl zur unteren als auch zur oberen Hälfte gezählt.
Der kleinste und der größte Wert, das untere und das obere Quartil und der Median *(Fünfzahlen* oder *Fünf-Punkte-Verteilung)* werden in einem Boxplot dargestellt.

Die Box geht vom unteren bis zum oberen Quartil. Die beiden Linien außerhalb der Box werden durch den größten und den kleinsten Wert festgelegt. Der Median wird in der Box markiert.

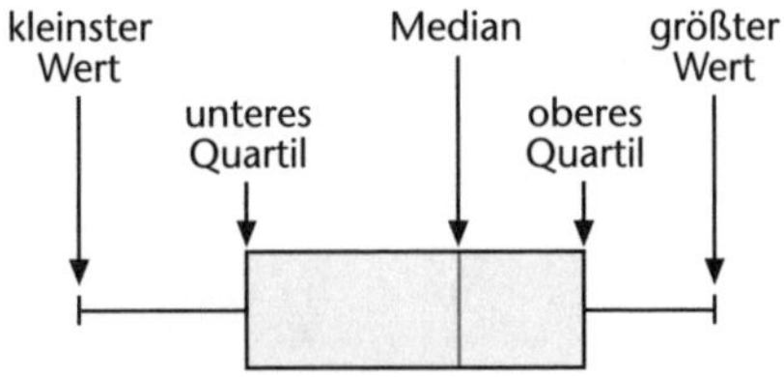

Die beiden Teile der Box und die Linien (whiskers) links und rechts der Box enthalten jeweils ungefähr ein Viertel der Daten. Die beiden Quartile heißen daher auch *oberer* und *unterer Viertelwert.*

Beispiel:
Zehn Jugendliche wurden gefragt, wie viele Stunden sie im vergangenen Monat in einer Disco waren.
Daten: 10 h; 2 h; 16 h; 25 h; 14 h; 0 h; 12 h; 16 h; 20 h; 5 h
Rangliste:

0	2	**5**	10	12		14	16	**16**	20	25
		unteres Quartil			13 Median			**oberes Quartil**		

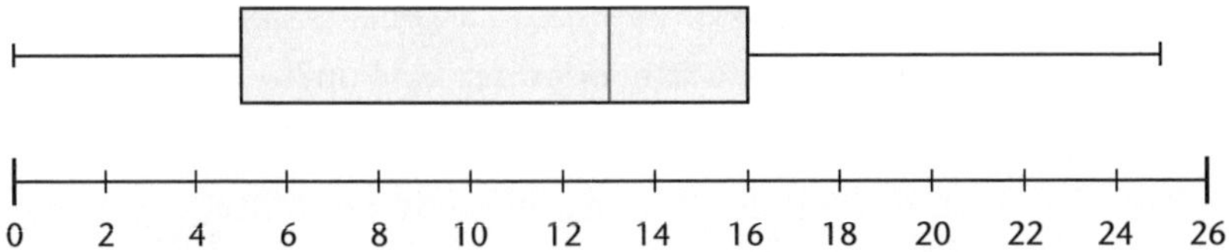

1 Elf Jugendliche wurden befragt, wie viel Euro sie im letzten Monat für die Nutzung ihres Handys ausgegeben haben.
Beträge: 26 €; 39 €; 20 €; 10 €; 60 €; 32 €; 14 €; 36 €; 30 €; 12 €; 26 €

a) Erstelle eine Rangliste der Daten und ermittle die Fünf-Punkte-Verteilung (Median, kleinster und größter Wert, unteres und oberes Quartil). Beachte, dass wegen der ungeraden Anzahl der Daten zur Ermittlung der Quartile der Median sowohl zur unteren als auch zur oberen Hälfte der Rangliste gezählt wird.

b) Zeichne zu den Daten einen Boxplot.

2 An zehn aufeinanderfolgenden Tagen wurden in einem Dorf diese Niederschlagsmengen in Liter pro m^2 gemessen:
25; 25; 28; 25; 33; 28; 31; 36; 32; 25.
Bestimme die Fünf-Punkte-Verteilung und zeichne einen Boxplot.

3 In einem Test konnten 100 Punkte erreicht werden. Die Ergebnisse von zwei Testgruppen A und B sind in den beiden Boxplots dargestellt.

a) Lies für jede Gruppe die kleinste und die größte Punktzahl und den Median möglichst genau ab.

b) Die Box um den Median ist bei Gruppe B kleiner als bei Gruppe A. Was bedeutet das?

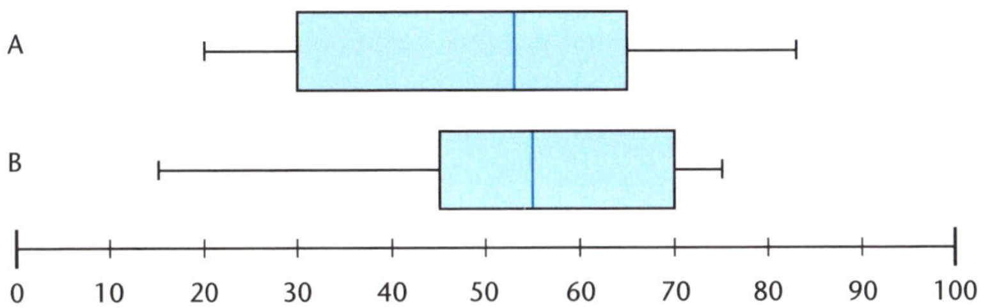

4 Bei einem Test wurden die Leistungen von drei Teilnehmergruppen A, B und C verglichen. Es konnten 50 Punkte erreicht werden.

A	19	36	49	43	32	14	42	48	24	40	38
B	26	15	33	29	31	31	33	20	30	50	20
C	47	43	48	16	47	28	9	35	12	44	41

a) Zeichne die Boxplots für die drei Gruppen in einer Zeichnung übereinander. Wähle auf der Achse für 10 cm 50 Punkte.

b) Welche Gruppe ist „in der Spitze" am stärksten? Woran kannst du das erkennen?

c) In welcher Gruppe sind die Ergebnisse am meisten ausgeglichen? Begründe deine Antwort.

Kombinatorik

Stichproben mit Berücksichtigung der Reihenfolge

Gegenstände, Personen, u. a. können miteinander kombiniert werden. Werden zwei unterschiedliche Gegenstände r und s kombiniert, so ist die Gesamtzahl A aller möglichen Anordnungen: $A = r \cdot s$.

Beispiel:
Es gibt $5 \cdot 4$ Möglichkeiten, 5 Hosen mit 4 Pullovern zu kombinieren.

Aus n Objekten nacheinander k Objekte geordnet wählen und anordnen.
(Auswahl einer Stichprobe mit Berücksichtigung der Reihenfolge)

Anzahl aller Möglichkeiten A:

Bei Auswahl *mit* Wiederholung (Zurücklegen)

$$A = n^k$$

Bei Auswahl *ohne* Wiederholung (Zurücklegen)

$$A = n \cdot (n - 1) \cdot (n - 2) \cdot \ldots \cdot (n - (k - 1))$$

Beispiel:
In einer Dose sind 5 Kugeln, die mit den Zahlen 1, 2, 3, 4, 5 beschriftet sind. Aus der Dose werden nacheinander willkürlich 3 Kugeln genommen. Die erhaltenen Zahlen werden in eine Reihe geschrieben.

Jede entnommene Kugel wird in die Dose zurückgelegt.
$5^3 = 125$ Möglichkeiten

Entnommene Kugeln werden nicht in die Dose zurückgelegt.
$5 \cdot 4 \cdot 3 = 60$ Möglichkeiten

Die Anzahl der Möglichkeiten für die Anordnung von n verschiedenen Objekte in einer Reihe ist $n \cdot (n - 1) \cdot (n - 2) \cdot \ldots \cdot 2 \cdot 1 = n!$
(Man liest: „**n Fakultät**".)

Beispiel:
Aus den Ziffern 1, 2, 3, 4, 5 kann man genau $5 \cdot 4 \cdot 3 \cdot 2 \cdot 1$ verschiedene Zahlen bilden, in denen jede Ziffer genau einmal vorkommt.

1 Wie viele verschiedene Speisefolgen kann man aus 3 Vorspeisen, 4 Hauptgerichten und 2 Nachspeisen zusammenstellen?

2 Wie viele vierstellige Zahlen mit lauter ungeraden Ziffern gibt es, in denen jede Ziffer a) mehrmals b) nur einmal vorkommen darf?

3 Wie viele Möglichkeiten gibt es, 9 Kinder in eine Reihe zu stellen?

Stichproben ohne Berücksichtigung der Reihenfolge

Aus n Objekten mit einem Griff k Objekte ungeordnet wählen.
(Auswahl einer Stichprobe ohne Berücksichtigung der Reihenfolge)

Anzahl der Möglichkeiten $A = \dfrac{\mathbf{n \cdot (n-1) \cdot (n-2) \cdot \ldots \cdot [n-(k-1)]}}{\mathbf{1 \cdot 2 \cdot \ldots \cdot k}}$

Beispiel:
In einer Dose sind 6 Kugeln, die mit den Zahlen 1, 2, 3, 4, 5, 6 beschriftet sind. Aus der Dose werden mit einem Griff 4 Kugeln entnommen und in eine Schale gelegt. Die Anordnung ist unwichtig.

Es gibt $\frac{6 \cdot 5 \cdot 4 \cdot 3}{1 \cdot 2 \cdot 3 \cdot 4} = 15$ Möglichkeiten.

1 a) In einer Eisdiele gibt es 10 verschiedene Sorten Eis. Wie viele Möglichkeiten gibt es, für einen Becher 3 verschiedene Sorten auszuwählen?
b) Auf dem Jahrmarkt darf der Gewinner einer Lotterie aus 5 verschiedenen Preisen 2 Preise wählen. Wie viele Möglichkeiten gibt es?
c) In einem Ferienclub werden 8 sportliche Aktivitäten angeboten. Jana möchte an 3 Angeboten teilnehmen. Wie viele Möglichkeiten hat sie?
d) Beim Lotto „6 aus 49" werden 6 von 49 Zahlen angekreuzt. Wie viele Möglichkeiten gibt es dafür?

2 In einer Jugendherberge sollen 8 Jungen auf zwei Vierbettzimmer verteilt werden. Wie viele Möglichkeiten gibt es dafür?

◆ **3** Zur Vorbereitung eines Klassenfestes werden von den 11 Schülerinnen und 12 Schülern der Klasse 10b jeweils zwei durch Los bestimmt. Diese vier bilden den Festausschuss. Wie viele mögliche Festausschüsse gibt es?

◆ **4** In Leas Zimmer gibt es 4 Lampen. Lea liebt Abwechslung, deshalb wählt sie jeden Abend 2 Lampen aus. Kann sie eine Woche lang ihr Zimmer jeden Abend auf andere Art beleuchten?

◆ **5** Die Klasse 10a und ihre Klassenlehrerin (21 Personen) besuchen die Pizzeria „Da Lino". Alle bestellen ihre Wunschpizza.
Mehmet meint: „Mindestens zwei von uns bekommen Pizzen mit dem gleichen Belag."
Hat er Recht?

Für 4,50 €
drei Beläge wählen
Pilze; Tomaten;
Käse; Broccoli;
Zwiebeln; Salami

Absolute und relative Häufigkeit

Häufigkeit eines Ergebnisses

Kommt in einer Liste von n Daten ein bestimmtes Ergebnis E genau k-mal vor, so heißt

$H_n(E) = k$	$h_n(E) = \frac{k}{n}$
absolute Häufigkeit von E	**relative Häufigkeit von E**

Die relative Häufigkeit kann in Prozent angegeben werden.
Die Datenliste kann auf verschiedene Arten entstanden sein, z. B. durch Beobachtung, Befragung, Test oder durch ein Zufallsexperiment.

Beispiele:
Bei einer Verkehrszählung in der Parkstraße wurde in einer Liste die Fahrzeugart (Lkw oder Pkw) notiert. Von den 240 Kfz waren 204 Pkw.

Absolute Häufigkeit von Pkw:	Relative Häufigkeit von Pkw:
204	$\frac{204}{240} = 0{,}85 = 85\,\%$

Es wurde 100-mal mit einem Würfel gewürfelt und jeweils das Ergebnis notiert. In der Ergebnisliste tritt 21 mal das Ergebnis 6 auf.

Absolute Häufigkeit der 6:	Relative Häufigkeit der 6:
21	$\frac{21}{100} = 0{,}21 = 21\,\%$

1 Bei 18 von 45 Verkehrsunfällen auf einer Bundesstraße war überhöhte Geschwindigkeit die Hauptursache. Gib die relative Häufigkeit dafür an.

2 Bei der Überprüfung von 360 Fahrrädern auf Verkehrssicherheit war bei 234 Fahrrädern die Beleuchtung defekt.
a) Bestimme die relative Häufigkeit einer defekten Beleuchtung.
b) Wie groß sind die absolute und die relative Häufigkeit der Fahrräder ohne Beanstandung bei der Beleuchtung?

3 Eine Reißzwecke wurde auf einen Tisch geworfen. Dabei zeigte die Spitze bei 39 % der Würfe nach oben. Absolut zeigte die Spitze bei 117 Würfen nach oben. Wie viele Würfe wurden durchgeführt?

4 Im Monat Mai waren in einer Stadt an 13 % aller Verkehrsunfälle Kinder beteiligt. Absolut waren das 130 Unfälle.
a) Wie viele Verkehrsunfälle haben sich insgesamt in der Stadt ereignet?
b) An wie vielen Verkehrsunfällen waren keine Kinder beteiligt?

Relative Häufigkeit und Wahrscheinlichkeit

Wird ein Zufallsexperiment sehr oft durchgeführt, so stabilisiert sich im Allgemeinen die relative Häufigkeit eines bestimmtes Ergebnisses. Die **relative Häufigkeit** kann daher als Schätzwert für die **Wahrscheinlichkeit**, mit der das Ergebnis eintritt, dienen.

Beispiel:
Es wurde 1000-mal mit zwei Würfeln gewürfelt und jeweils die Augensumme notiert. Für die Augensumme 8 entstand folgende Tabelle.

Anzahl aller Würfe	200	400	600	800	1000
davon mit Augensumme 8	31	51	83	113	139
Relative Häufigkeit	0,155	0,128	0,138	0,141	0,139

Als Schätzwert für die Wahrscheinlichkeit, dass sich beim Würfeln mit zwei Würfeln die Augensumme 8 ergibt, kann man 0,139 verwenden.

1 Zwei Münzen wurden 1000-mal geworfen. Es wurde jeweils notiert, welche Seiten oben lagen. In der Tabelle steht, wie oft beide Münzen gleichzeitig „Zahl" zeigten.

Anzahl aller Würfe	200	400	600	800	1000
davon beide Münzen „Zahl"	43	113	146	208	253

a) Bestimme jeweils die relative Häufigkeit für das Ergebnis *beide Münzen zeigen Zahl.*
b) Gib einen Schätzwert für die Wahrscheinlichkeit des Ergebnisses *beide Münzen zeigen Zahl* beim Werfen von zwei Münzen an.
c) Schätze, wie oft wohl beide Münzen Zahl zeigen, wenn die Münzen 3000-mal geworfen werden.

2 Es wurde 2000-mal mit drei Würfeln gewürfelt.
Dabei ergab sich 232-mal die Augensumme 9.
a) Gib einen Schätzwert für die Wahrscheinlichkeit der Augensumme 9 beim Würfeln mit drei Würfeln an.
b) Wie groß war ungefähr die Anzahl der Würfe mit drei Würfeln, wenn dabei 93-mal die Augensumme 9 vorkam?

3 Bei 1800 Würfen mit zwei Würfeln war in 1353 Fällen eine der beiden Augenzahlen eine Primzahl. Schätze die Wahrscheinlichkeit, dass beim Würfeln mit zwei Würfeln eine der Augenzahlen eine Primzahl ist.

Wahrscheinlichkeit

Laplace-Experimente

Zufallsexperimente, bei denen alle möglichen Ergebnisse gleich wahrscheinlich sind, heißen **Laplace-Experimente.**

In diesem Fall kann man die Wahrscheinlichkeit p (E) eines Ereignisses E mit der **Laplace-Regel** berechnen:

$$\textbf{Wahrscheinlichkeit } p(E) = \frac{\text{Anzahl der zu E gehörenden Ergebnisse}}{\text{Anzahl aller möglichen Ergebnisse}}$$

Beispiele:

Laplace-Experiment:	Ereignis E:
Würfeln mit einem Würfel	Die gewürfelte Augenzahl ist gerade.
6 mögliche Ergebnisse	Zu E gehören 3 Ergebnisse.

Wahrscheinlichkeit $p(E) = \frac{3}{6} = \frac{1}{2}$

Laplace-Experiment:	Ereignis E:
Zweimal eine Münze werfen	Je ein Wurf ergibt Zahl bzw. Bild.
4 mögliche Ergebnisse	Zu E gehören 2 Ergebnisse.

Wahrscheinlichkeit $p(E) = \frac{2}{4} = \frac{1}{2}$

1 Aus einem Skatspiel (32 Karten, davon 4 Asse) wird blind eine Karte gezogen. Mit welcher Wahrscheinlichkeit ist es ein As?

2 Es wird mit einem Würfel gewürfelt. Bestimme die Wahrscheinlichkeit, dass für die gewürfelte Augenzahl gilt:

a) Sie ist ungerade.
b) Sie ist kleiner als 6.
c) Sie ist größer als 5.
d) Sie ist größer als 2.
e) Sie ist durch 3 teilbar.
f) Sie ist durch 6 teilbar.

3 In einer Dose sind 50 gleich große Kugeln mit den Nummern 1, 2, ..., 50. Eine Kugel wird blind gezogen. Bestimme die Wahrscheinlichkeit, dass für die Nummer der Kugel gilt:

a) Sie ist größer als 32.
b) Sie ist kleiner als 50.
c) Sie ist durch 6 teilbar.
d) Sie ist durch 25 teilbar.
e) Sie ist nicht durch 5 teilbar.
f) Sie ist eine Primzahl.
g) Sie ist durch 9 oder durch 10 teilbar.
h) Sie liegt zwischen 20 und 40.

4 Eine Münze wird 4-mal geworfen. Nach jedem Wurf wird notiert, welche Seite oben liegt.

a) Schreibe alle 16 möglichen Ergebnisse auf.

b) Bestimme die Wahrscheinlichkeit der Ereignisse:

(1) Viermal liegt Zahl oben.

(2) In den ersten beiden Würfen liegt Zahl oben, in den letzten beiden Würfen liegt Bild oben.

(3) Genau 2-mal liegt Zahl oben.

(4) Im 1.Wurf liegt Zahl oben, im 4.Wurf liegt Bild oben.

5 In einer Dose sind vier Zettel mit den Zahlen 1, 2, 3, 4. Felix zieht mit einem Griff zwei Zettel aus der Dose. Wie groß ist die Wahrscheinlichkeit, dass er die Zettel mit den Zahlen 2 und 3 zieht?

TIPP: Oft ist es nicht nötig, alle möglichen Ergebnisse eines Laplace-Experiments aufzuschreiben. Die Anzahl der Ergebnisse kann meistens schnell mit Mitteln der Kombinatorik bestimmt werden.

6 Es wird dreimal mit einem Würfel gewürfelt.

a) Wie viele Ergebnisse sind möglich?

b) Bestimme die Wahrscheinlichkeit der Ereignisse:

(1) Es wird dreimal eine Sechs gewürfelt.

(2) Es wird dreimal die gleiche Zahl gewürfelt.

(3) Es werden drei verschiedene Zahlen gewürfelt.

(4) Die Summe der gewürfelten Zahlen ist 4.

◆ **7** In einem Eimer sind 20 gleiche Kugeln mit den Nummern 1 bis 20. Claudia schreibt drei verschiedene Zahlen von 1 bis 20 auf einen Zettel, dann nimmt Jens mit einem Griff blind drei Kugeln aus dem Eimer. Wie groß ist die Wahrscheinlichkeit, dass unter den drei Nummern auf Claudias Zettel

a) alle drei gezogenen Nummern sind?

b) keine einzige der gezogenen Nummern ist?

c) mindestens eine der gezogenen Nummern ist?

8 Herr Schmitz besucht ein Galopprennen mit 12 Pferden. Er ist kein Fachmann und gibt rein zufällig einen Tipp für den Zieleinlauf der ersten drei Pferde ab. Wie groß ist die Wahrscheinlichkeit, dass

a) der Zieleinlauf genau der von Herrn Schmitz vorhergesagte ist?

b) die von Herrn Schmitz genannten Pferde unabhängig von der Reihenfolge die ersten drei Plätze belegen?

Mehrstufige Zufallsversuche

Pfadregeln

Ein mehrstufiger Zufallsversuch kann oft durch ein **Baumdiagramm** beschrieben werden. Für die Berechnung der Wahrscheinlichkeit gilt:

1. Pfadregel:
Die Wahrscheinlichkeit für ein Ergebnis ist das Produkt der Wahrscheinlichkeiten längs **des Pfades,** der **zu diesem Ergebnis** führt.

2. Pfadregel:
Die Wahrscheinlichkeit eines Ereignisses ist die Summe der Wahrscheinlichkeiten **aller Pfade,** die **zu diesem Ereignis** gehören.

Beispiel:
In einer Dose sind 6 gleich große Kugeln, 4 weiße und 2 schwarze. Eine Kugel wird gezogen und nach Notieren der Farbe beiseite gelegt. Dann wird eine zweite Kugel gezogen und deren Farbe notiert.

Baumdiagramm:

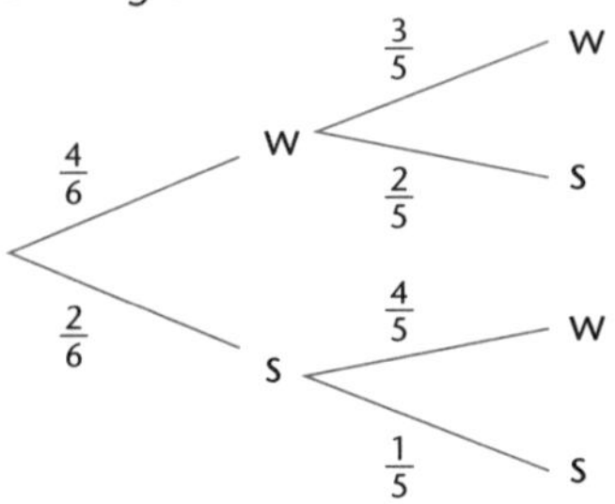

$p(w, w) = \frac{4}{6} \cdot \frac{3}{5} = \frac{2}{5}$

$p(w, s) = \frac{4}{6} \cdot \frac{2}{5} = \frac{4}{15}$

$p(s, w) = \frac{2}{6} \cdot \frac{4}{5} = \frac{4}{15}$

$p(s, s) = \frac{2}{6} \cdot \frac{1}{5} = \frac{1}{15}$

p(gleichfarbige Kugeln) $= \frac{2}{5} + \frac{1}{15} = \frac{7}{15}$

1 In einer Dose liegen 5 gleich große Kugeln, 2 schwarze und 3 weiße. Eine Kugel wird gezogen und nach Notieren der Farbe zurückgelegt. Dann wird erneut eine Kugel gezogen, deren Farbe notiert wird.

a) Zeichne zu diesem Zufallsexperiment ein Baumdiagramm.
b) Mit welcher Wahrscheinlichkeit sind beide Kugeln gleichfarbig?
c) Mit welcher Wahrscheinlichkeit ist mindestens eine der beiden Kugeln weiß?

2 In einer Dose liegen 10 gleichartige Kugeln, 5 rote, 3 blaue und 2 gelbe. Dreimal nacheinander wird je eine Kugel blind aus der Dose genommen und beiseite gelegt.

a) Zeichne das Baumdiagramm zu diesem Experiment. Schreibe die Wahrscheinlichkeiten an die Teilstriche.

b) Bestimme die Wahrscheinlichkeit für das Ereignis:

(1) Die gezogenen Kugeln sind rot.

(2) Die gezogenen Kugeln sind gleichfarbig.

(3) Die Kugeln wurden in der Reihenfolge rot, gelb, blau gezogen.

◆ (4) Die gezogenen Kugeln sind verschiedenfarbig.

3 Eine 1-Cent-Münze und eine 2-Cent-Münze werden nacheinander geworfen.

a) Zeichne ein geeignetes Baumdiagramm und beschrifte es.

b) Bestimme die Wahrscheinlichkeit, dass keine der Münzen Zahl zeigt.

4 Eine Münze wird zweimal geworfen. Wie groß ist die Wahrscheinlichkeit, dass die beiden Ausfälle verschieden sind?

5 Eine Münze wird dreimal geworfen. Bestimme die Wahrscheinlichkeit des Ereignisses:

a) „dreimal Zahl“

b) „genau zweimal Zahl“

c) „genau einmal Zahl“

d) „mindestens einmal Zahl“

6 In einer Quizshow wird der Hauptgewinn je nach Wunsch der Kandidaten durch zweimaliges Würfeln oder durch fünfmaligen Münzwurf vergeben. Beim Würfeln erhält man den Hauptgewinn, wenn zweimal eine 6 gewürfelt wird, beim Münzwurf, wenn fünfmal Zahl oben liegt. Bei welcher Entscheidung ist die Gewinnwahrscheinlichkeit größer?

7 Die Buchstaben E, H, I, N, R werden auf je einen Zettel geschrieben. Die Zettel werden in eine Dose gelegt und dann nacheinander ohne Zurücklegen blind aus der Dose genommen und nebeneinander gelegt. Wie groß ist die Wahrscheinlichkeit, dass dabei das Wort RHEIN entsteht?

8 Die Lostrommel in einer Fernsehshow enthält vier gleichartige Kugeln, von denen zwei mit dem Buchstaben E und je eine mit den Buchstaben B und L beschriftet sind. Die Trommel wird gedreht, und dann fallen die Kugeln nacheinander in Glasröhren, sodass man die Buchstaben lesen kann. Wie groß ist die Wahrscheinlichkeit, dass dabei das Wort ELBE entsteht?

Komplexe Aufgaben

1 In einem Hotel mit 12 freien Einzelzimmern sollen 7 Gäste untergebracht werden. Wie viele Möglichkeiten gibt es dafür?

2 Bei Festlichkeiten stößt jeder Gast mit jedem anderen Gast sein Glas an.
a) Wie oft erklingen die Gläser bei 5 Gästen?
b) Die Gläser erklingen 21-mal. Wie viele Gäste stoßen miteinander an?

◆ **3** Wie viele Möglichkeiten gibt es, aus den 6 Spartenleitern eines Sportvereins einen Festausschuss aus 3 Personen zu wählen?

◆ **4** Eine Bäckerei bietet 8 verschiedene Brötchensorten an. Bei einer Werbeaktion konnten die Kunden einen Monat lang zwei beliebige Brötchen zum Sonderpreis kaufen. Herr Manz meint: „Ich habe an jedem Tag des Monats eine andere Kombination von zwei Brötchen gekauft.“
Kann das sein?

5 In einer Dose liegen drei 1-€-Münzen und drei 2-€-Münzen. Katja nimmt blind nacheinander drei Münzen heraus und steckt sie in ihr Portemonnaie. Bestimme die Wahrscheinlichkeit, dass der Wert der herausgenommenen Münzen genau 5 € beträgt.

6 In der Eisenbahn kommen Frau Bartel und Frau Zeuner ins Gespräch. Frau Bartel erzählt, dass sie drei Enkelkinder im Alter von 3, 4 und 5 Jahren hat. Frau Zeuner nimmt an, dass die Geburt eines Jungen und eines Mädchens gleich wahrscheinlich sind. Wie groß ist unter dieser Annahme die Wahrscheinlichkeit, dass
a) alle drei Enkelkinder Jungen sind?
b) genau ein Enkelkind ein Mädchen ist?
c) mindestens ein Enkelkind ein Mädchen ist?
d) die beiden ältesten Enkelkinder Mädchen sind?

◆ **7** Bei der Einweihung eines neuen Windparks hält ein Minister eine Rede. Er hat bereits 2 Seiten seines 5-seitigen Manuskripts vorgetragen, als ein Windstoß das Manuskript vom Rednerpult herunterweht und durcheinanderwirbelt. Hastig werden die 5 Blätter wieder eingesammelt und dem Minister unsortiert übergeben. Wie groß ist die Wahrscheinlichkeit, dass die noch nicht vorgetragenen 3 Seiten in dem Blätterstapel in der richtigen Reihenfolge unmittelbar hintereinander liegen?

8 In einer roten Dose liegen 3 Zettel mit den Buchstaben A, E, L. In einer blauen Dose liegen 6 Zettel, und zwar je zwei Zettel mit den Buchstaben A, E und L. Jonas darf eine der Dosen auswählen. Dann zieht er mit verbundenen Augen nacheinander ohne Zurücklegen 3 Zettel aus der Dose seiner Wahl. Er bekommt einen Preis, wenn er den Namen LEA zieht. Bei welcher Wahl hat Jonas die größere Gewinnchance?

9 Eine Zufallsmünze zeigt auf einer Seite die Zahl 1, auf der anderen die Zahl 2. Die Münze wird geworfen, und dann werden aus einer Dose mit einer roten und zwei blauen Kugeln so viele Kugeln herausgenommen, wie die oben liegende Zahl der Münze angibt. Wie groß ist die Wahrscheinlichkeit, dass die rote Kugel aus der Dose genommen wird?

10 Bei einem Glücksspiel mit einem roten und einem grünen Würfel darf Ina die Gewinnregel selbst auswählen.
Bei welcher Gewinnregel hat Ina die größere Gewinnchance?

Gewinnregeln

A: Eine der Augenzahlen ist eine Primzahl.

B: Die Summe der Augenzahlen ist eine Primzahl.

11 In einer Quizshow werden einem Kandidaten drei Fragen und zu jeder Frage vier mögliche Antworten vorgelegt. Jeweils genau eine der vier Antworten ist die richtige. Der Kandidat ist ratlos und wählt deshalb bei jeder Frage zufällig eine der vier Antworten aus. Bestimme die Wahrscheinlichkeit, dass der Kandidat

a) dreimal die richtige Antwort gibt.

b) genau zweimal die richtige Antwort gibt.

c) mindestens einmal eine falsche Antwort gibt.

◆ **12** In einer Dose sind gleichartige Kugeln, 2 blaue und mehrere rote. Mit 60 %iger Wahrscheinlichkeit erhält man zwei verschiedenfarbige Kugeln, wenn man blind nacheinander ohne Zurücklegen zwei Kugeln aus der Dose herausnimmt.

a) Zeichne das Baumdiagramm zu diesem Zufallsexperiment.

b) Bezeichne die unbekannte Anzahl der roten Kugeln mit x. Schreibe die Wahrscheinlichkeiten an die Teilstriche.

c) Erstelle eine Gleichung für die Wahrscheinlichkeit, dass die beiden gezogenen Kugeln verschiedenfarbig sind.

d) Löse die Gleichung und bestimme so die Anzahl der roten Kugeln in der Dose. Mache die Probe am Baumdiagramm.

6

1 4 387 621; 702 350 832; 23 060 481 089; 403 006 543 800

2

	Milliarden			Millionen			Tausender					
	HMrd.	ZMrd.	Mrd.	HMio.	ZMio.	Mio.	HT	ZT	T	H	Z	E
a)						7	5	0	0	3	2	5
b)						1	2	3	7	8	9	4
c)				5	6	7	0	4	0	3	4	5
d)			8	0	0	7	3	4	1	0	8	0

1 A = 6 000 B = 14 000 C = 28 000 D = 41 000 E = 53 000 F = 62 000
G = 77 000 H = 85 000 I = 99 000 J = 107 000 K = 116 000

7

1 a) 660
6120
10 000

b) 20 000
45 000
1 000

c) 20 000
4 320 000
10 000

d) 164 000 000
68 000 000
1 000 000

2 Mindestens 25 000, höchstens 34 999 Zuschauer.

1 a) 23 + 49 = 72 b) 89 – 34 = 55 c) 23 · 5 = 115 d) 75 : 5 = 15

2 a) 57 + 39 = 96 b) 156 : 13 = 12 c) 7 · 14 = 98 d) 81 – 42 = 39

3 27 – 11 = 16, 43 – 27 = 16 Die andere Zahl heißt 11 oder 43.

8

1 a) 176 b) 186 c) 167
d) 86 e) 97 f) 170
g) 7 300 h) 6 300 i) 3 800
j) 76 000 k) 35 l) 26
m) 140 n) 36 o) 28

2 a) 400 b) 300 c) 560
d) 700 e) 800 f) 360
g) 140 h) 240 i) 210
j) 240 k) 20 l) 20
m) 70 n) 100 o) 100

3 a) 2150 b) 5600
c) 2150 d) 150
e) 150 f) 2100
g) 42 h) 7
i) 64

9

1 a) 65 499 b) 437 275 c) 38 086 d) 18 689 e) 512 590

2 a) 12 366 b) 3722 c) 747 517 d) 22 267 e) 31 218

3 a) Überschlag: 38 000 + 5000 + 13 000 = 56 000; Genau: 56 247
b) Überschlag: 678 000 – 5000 – 215 000 = 458 000; Genau: 458 585

4 Durch Eingang C kommen 2438 Personen in die Halle.

5 a) 1685 + 3275 = 4960
3689 + 1271 = 4960
1864 + 2276 = 4140
2896 + 1244 = 4140
995 + 2825 = 3820
2458 + 1362 = 3820

b) 2115 – 1317 = 798
6690 – 5892 = 798
7138 – 5217 = 1921
2610 – 689 = 1921
3897 – 2432 = 1465
4798 – 3333 = 1465

6 a)

13 805
12 493 + 1312
6096 + 7709
34 754 – 20 949

b)

43 208
21 760 + 21 448
50 640 – 7432
52 006 – 8798

c)

133 544
221 413 – 87 869
56 314 + 77 230
214 500 – 80 956

d)

344 221
276 676 + 67 545
500 326 – 156 105
178 543 + 165 678

9

1 a) 3024, 5256, 5656 b) 68 328, 51 480, 11 339 c) 579 034, 133 672, 421 044 d) 414 656, 397 000, 176 680 e) 495 599, 578 754, 71 247 10

2 Die Lieferung kostet 105 570 €.

3 a) 7120 : 8 = 890 b) richtig c) 9282 : 42 = 221 d) richtig e) richtig f) 5795 : 19 = 305

4 Ein Monitor kostet 268 €.

5 a) 245, 326, 126 b) 248, 364, 716 c) 544, 206, 391 d) 358, 511, 365 e) 321, 305, 891

6 a) 10 Rest 22 b) 127 Rest 10 c) 21 d) 268 Rest 4 e) 22

7 a)
$22 \cdot 63 = 1386$
$77 \cdot 18 = 1386$
$1053 \cdot 782 = 823\,446$
$918 \cdot 897 = 823\,446$
$56 \cdot 45 = 2520$
$72 \cdot 35 = 2520$
$208 \cdot 77 = 16\,016$
$143 \cdot 112 = 16\,016$

b)
$3672 : 51 = 72$
$5832 : 81 = 72$
$1448 : 4 = 362$
$2534 : 7 = 362$
$6756 : 12 = 563$
$16\,327 : 29 = 563$
$2079 : 11 = 189$
$7938 : 42 = 189$

1 a) 2, 4, 6, 8, 10, 12, 14, 16, 18, 20 11
6, 12, 18, 24, 30, 36, 42, 48, 54, 60
b) 6, 12, 18, 24, 30, 36, 42, 48, 54, 60
10, 20, 30, 40, 50, 60, 70, 80, 90, 100
c) 8, 16, 24, 32, 40, 48, 56, 64, 72, 80
3, 6, 9, 12, 15, 18, 21, 24, 27, 30
d) 15, 30, 45, 60, 75, 90, 105, 120, 135, 150
25, 50, 75, 100, 125, 150, 175, 200, 225, 250

2 a) kgV: 20 b) kgV: 12 c) kgV: 40 d) kgV: 48

3 kgV (15,6) ist 30; Nach 30 Minuten fahren zum ersten Mal wieder ein Bus und eine Straßenbahn gleichzeitig ab.

1 a) 1, 2, 4, 8
b) 1, 3, 5, 15
c) 1, 2, 3, 4, 6, 8, 12, 24
d) 1, 2, 3, 4, 6, 9, 12, 18, 36
e) 1, 2, 3, 5, 6, 9, 10, 15, 18, 30, 45, 90

2 a) 1, 2, 3, 4, 6, 12
1, 3, 5, 15
b) 1, 2, 3, 6, 9, 18
1, 2, 3, 4, 6, 8, 12, 24
c) 1, 2, 4
1, 3, 5, 15
d) 1, 2, 4, 8, 16, 32, 64
1, 2, 4, 5, 8, 10, 20, 40

11 **3** 2,10 m = 210 cm, 1,80 m = 180 cm
5, 10, 30 sind gemeinsame Teiler von 210 und 180.
Fliesen mit den Seitenlängen 5 cm, 10 cm, 30 cm können ohne Verschnitt verlegt werden.

12 **1** Durch 2 teilbar: a) 336 432 756 b) 128 930 12 012
Durch 4 teilbar: a) 336 432 756 b) 128 12 012

2 a) 212; 216 b) 320; 324; 328 c) 316; 336; 356; 376; 396 d) 2508; 2528; 2548; 2568; 2588 e) 9604; 9624; 9644; 9664; 9684

3 Durch 3 teilbar: a) 189 963 b) 3264
Durch 9 teilbar: a) 189 963 b) –

4 a) 3285 b) 4842 c) 7038 d) 80 334 e) 58 266

5 a) 54 b) 84 c) 324; 354; 384 d) 2022; 2052; 2082 e) 9990; 9996

1 a) 31; 37 b) 53; 59; 61; 67 c) 71; 73; 79; 83; 89; 97

13 **1**

	a)	b)	c)	d)	e)	f)	g)	h)	i)
gefärbt	$\frac{5}{8}$	$\frac{5}{7}$	$\frac{4}{9}$	$\frac{10}{15}$	$\frac{3}{4}$	$\frac{7}{8}$	$\frac{7}{10}$	$\frac{1}{4}$	$\frac{1}{3}$
weiß	$\frac{3}{8}$	$\frac{2}{7}$	$\frac{5}{9}$	$\frac{5}{15}$	$\frac{1}{4}$	$\frac{1}{8}$	$\frac{3}{10}$	$\frac{3}{4}$	$\frac{2}{3}$

2 Gefärbt sind a) 12 cm^2 = 48 Karos d) 20 cm^2 = 80 Karos
b) 18 cm^2 = 72 Karos e) 22 cm^2 = 88 Karos
c) 16 cm^2 = 64 Karos f) 14 cm^2 = 56 Karos

3 a) 10 Karos b) 8 Karos c) 15 Karos d) 14 Karos e) 16 Karos f) 9 Karos

4 a) 3; 9 b) 5; 10 c) 4; 20 d) 4; 12 e) 5; 15

14 **5** a) $\frac{1}{3}$; $\frac{1}{6}$ b) $\frac{1}{8}$; $\frac{1}{4}$ c) $\frac{1}{5}$; $\frac{1}{9}$ d) $\frac{2}{3}$; $\frac{3}{4}$ e) $\frac{5}{9}$; $\frac{4}{5}$

1

	Bruch	$\frac{1}{2}$	$\frac{2}{3}$	$\frac{3}{4}$	$\frac{4}{5}$	$\frac{5}{8}$	$\frac{2}{9}$	$\frac{3}{7}$	$\frac{1}{15}$
a)	erweitert mit 2	$\frac{2}{4}$	$\frac{4}{6}$	$\frac{6}{8}$	$\frac{8}{10}$	$\frac{10}{16}$	$\frac{4}{18}$	$\frac{6}{14}$	$\frac{2}{30}$
b)	erweitert mit 3	$\frac{3}{6}$	$\frac{6}{9}$	$\frac{9}{12}$	$\frac{12}{15}$	$\frac{15}{24}$	$\frac{6}{27}$	$\frac{9}{21}$	$\frac{3}{45}$
c)	erweitert mit 5	$\frac{5}{10}$	$\frac{10}{15}$	$\frac{15}{20}$	$\frac{20}{25}$	$\frac{25}{40}$	$\frac{10}{45}$	$\frac{15}{35}$	$\frac{5}{75}$

2 a) $\frac{8}{24}$; $\frac{16}{24}$; $\frac{18}{24}$; $\frac{15}{24}$ b) $\frac{4}{24}$; $\frac{9}{24}$; $\frac{6}{24}$; $\frac{20}{24}$

3 a) $\frac{1}{4} = \frac{5}{20}$ c) $\frac{4}{3} = \frac{16}{12}$ e) $\frac{1}{2} = \frac{2}{4}$ g) $\frac{3}{4} = \frac{6}{8}$
b) $\frac{4}{5} = \frac{12}{15}$ d) $\frac{6}{8} = \frac{18}{24}$ f) $\frac{2}{3} = \frac{4}{6}$ h) $\frac{5}{6} = \frac{10}{12}$

4 $\frac{5}{8}$ der Mitglieder sind Jugendliche.

5 a) $\frac{2}{4}$; $\frac{3}{5}$; $\frac{1}{3}$; $\frac{4}{7}$ b) $\frac{4}{10}$; $\frac{3}{4}$; $\frac{5}{25}$; $\frac{6}{12}$

6 a) $\frac{2}{3}$; $\frac{1}{2}$; $\frac{4}{5}$; $\frac{3}{4}$ b) $\frac{5}{8}$; $\frac{4}{8}$; $\frac{10}{11}$; $\frac{3}{7}$

7 a) $\frac{3}{5}$; $\frac{9}{10}$; $\frac{2}{3}$; $\frac{1}{8}$; $\frac{1}{8}$ b) $\frac{5}{12}$; $\frac{1}{5}$; $\frac{4}{5}$; $\frac{2}{3}$; $\frac{1}{3}$ 14

8 a) $\frac{6}{8} = \frac{3}{4}$ c) $\frac{15}{30} = \frac{1}{2}$ e) $\frac{8}{12} = \frac{2}{3}$ g) $\frac{10}{100} = \frac{1}{10}$
b) $\frac{16}{20} = \frac{4}{5}$ d) $\frac{9}{24} = \frac{3}{8}$ f) $\frac{12}{60} = \frac{1}{5}$ h) $\frac{4}{32} = \frac{1}{8}$

1 $A = \frac{4}{24} = \frac{1}{6}$ $B = \frac{6}{24} = \frac{1}{4}$ $C = \frac{8}{24} = \frac{1}{3}$ $D = \frac{12}{24} = \frac{1}{2}$ $E = \frac{16}{24} = \frac{2}{3}$ $F = \frac{18}{24} = \frac{3}{4}$ $G = \frac{20}{24} = \frac{5}{6}$ 15

2 a) $\frac{1}{3} > \frac{1}{4}$ b) $\frac{2}{3} > \frac{6}{12}$ c) $\frac{3}{4} > \frac{2}{3}$ d) $\frac{1}{4} > \frac{1}{6}$ e) $\frac{3}{4} < \frac{5}{6}$

1 a) $\frac{2}{3} > \frac{4}{9}$ b) $\frac{4}{7} = \frac{12}{21}$ c) $\frac{2}{3} > \frac{3}{5}$ d) $\frac{4}{5} > \frac{3}{4}$ e) $\frac{5}{8} > \frac{7}{12}$

2 a) $\frac{1}{2} = \frac{10}{20}$; $\frac{3}{4} = \frac{15}{20}$; $\frac{3}{5} = \frac{12}{20}$; $\frac{1}{5} = \frac{4}{20}$; $\frac{7}{10} = \frac{14}{20}$; $\frac{1}{5} < \frac{1}{2} < \frac{11}{20} < \frac{3}{5} < \frac{7}{10} < \frac{3}{4}$
b) $\frac{7}{10} = \frac{70}{100}$; $\frac{3}{50} = \frac{6}{100}$; $\frac{5}{20} = \frac{25}{100}$; $\frac{3}{5} = \frac{60}{100}$; $\frac{1}{4} = \frac{25}{100}$; $\frac{7}{20} = \frac{35}{100}$ $\frac{3}{50} < \frac{5}{20} = \frac{1}{4} < \frac{3}{5} < \frac{7}{10}$

1 a) $\frac{8}{5}$; $\frac{5}{3}$; $\frac{13}{4}$ b) $\frac{11}{2}$; $\frac{23}{10}$; $\frac{15}{8}$ **2** a) $1\frac{2}{5}$; $2\frac{2}{5}$; $3\frac{1}{4}$ b) 4; $10\frac{1}{4}$; $4\frac{5}{6}$

3 a) $2\frac{1}{2} > 2\frac{1}{3}$ c) $\frac{8}{5} = 1\frac{3}{5}$ $1\frac{2}{5} < \frac{8}{5}$
b) $\frac{15}{4} = 3\frac{3}{4}$ $\frac{12}{5} = 2\frac{2}{5}$ $\frac{15}{4} > \frac{12}{5}$ d) $\frac{23}{5} = 4\frac{3}{5}$ $4\frac{3}{5} = \frac{23}{5}$

1 a) $\frac{6}{7}$ b) $\frac{1}{2}$ c) $\frac{1}{3}$ d) $\frac{4}{7}$ e) $\frac{2}{5}$ 16

2 a) $1\frac{1}{4}$ b) $1\frac{1}{7}$ c) $1\frac{2}{5}$ d) $1\frac{3}{10}$ e) 1

3 a) $\frac{17}{18}$; $\frac{31}{42}$ b) $\frac{31}{33}$; $\frac{19}{20}$ c) $\frac{7}{15}$; $\frac{5}{12}$ d) $\frac{29}{44}$; $\frac{17}{30}$ e) $\frac{23}{42}$; $\frac{7}{12}$

4 a) $5\frac{5}{9}$; $6\frac{2}{3}$ b) $3\frac{11}{12}$; $4\frac{1}{3}$ c) $1\frac{1}{5}$; $\frac{4}{7}$ d) $2\frac{1}{6}$; $2\frac{7}{12}$ e) $1\frac{2}{3}$; $2\frac{7}{12}$

5 a) 1; $\frac{3}{5}$ b) $\frac{1}{8}$; $\frac{1}{10}$ c) $\frac{1}{3}$; $\frac{2}{5}$ d) $1\frac{11}{12}$; $2\frac{1}{12}$

6 Die Umgehungsstraße wird $4\frac{1}{4}$ km lang.

7 Der Lkw mit dem Stahlträger wiegt $3\frac{1}{5}$ t. Das ist weniger als das zulässige Gesamtgewicht. Der Träger kann mit dem Lkw transportiert werden.

1 a) $\frac{1}{10}$ b) $\frac{10}{21}$ c) $\frac{3}{5}$ d) $\frac{1}{2}$ e) $\frac{1}{3}$ 17

2 a) $\frac{7}{12}$; $1\frac{11}{16}$ b) $1\frac{1}{5}$; $1\frac{1}{2}$ c) $3\frac{1}{2}$; $7\frac{7}{8}$ d) 24; 2 e) $6\frac{1}{8}$; $2\frac{4}{7}$

1 a) $\frac{5}{7}$ b) $\frac{1}{2}$ c) 2 d) $1\frac{1}{2}$ e) $\frac{3}{10}$

2 a) 8; 10; 26 b) $\frac{1}{7}$; $\frac{1}{3}$; $\frac{2}{3}$ c) $\frac{3}{4}$; $\frac{1}{3}$; $\frac{14}{39}$ d) $1\frac{1}{5}$; $2\frac{1}{2}$; $2\frac{1}{10}$ e) $\frac{1}{20}$; 21; $\frac{2}{3}$

3 a) 1 b) $\frac{1}{2}$ c) 1 d) 0 e) 2

4 a) $\frac{2}{7}$; $\frac{1}{4}$; $\frac{1}{8}$ b) $1\frac{1}{3}$; $2\frac{3}{7}$; $3\frac{1}{5}$ **5** a) $\frac{1}{9}$; $\frac{1}{3}$; $\frac{2}{3}$ b) $1\frac{1}{3}$; $\frac{2}{7}$; $\frac{3}{7}$

1 a) $\frac{5}{8}$; $\frac{1}{3}$ b) $\frac{19}{24}$; $\frac{5}{12}$ c) $1\frac{1}{2}$; $1\frac{5}{8}$ d) $\frac{9}{28}$; 6 18

18

2 a) $\frac{7}{11} \cdot \frac{5}{4} = \frac{35}{44}$ c) $\frac{2}{5} \cdot \frac{2}{3} = \frac{4}{15}$ e) $\frac{3}{7} \cdot \frac{7}{3} = 1$ g) $\frac{2}{3} \cdot \frac{2}{4} = \frac{1}{3}$

b) $\frac{5}{6} \cdot \frac{1}{2} = \frac{5}{12}$ d) $\frac{2}{3} \cdot \frac{2}{7} = \frac{4}{21}$ f) $\frac{4}{5} \cdot \frac{5}{8} = \frac{1}{2}$ h) $\frac{8}{8} \cdot \frac{3}{7} = \frac{3}{7}$

3 a) $\frac{4}{5}$; $\frac{1}{2}$ b) $\frac{2}{3}$; $\frac{13}{40}$ c) $\frac{5}{8}$; $\frac{1}{6}$ d) $\frac{1}{8}$; $\frac{1}{21}$ e) $\frac{1}{12}$; $\frac{1}{4}$

4 In der Kanne sind $\frac{17}{20}$ *l* Flüssigkeit.

5 Es sind insgesamt 25 *l* Milch.

6 Es sind insgesamt $3\frac{1}{4}$ *l* Sahne.

7 In der Woche sind es $5\frac{1}{4}$ *l* Milch.

8 Es werden 50 Flaschen benötigt.

9 Das aus dem Boden ragende Teilstück ist 0,66 m lang.

10 Es können 11 Stücke abgeschnitten werden.

11 Es sind noch $\frac{9}{20}$ *l* Saft in der Flasche.

12 Für Computer werden 6000 € ausgegeben, für 1200 € werden Bücher angeschafft und für 800 € werden Pflanzen gekauft.

19

1

	Dezimalbruch	E	$\frac{1}{10}$	$\frac{1}{100}$	$\frac{1}{1000}$	Dezimalzahl
a)	$7\frac{3}{10}$	7	3			7,3
	$5\frac{13}{100}$	5	1	3		5,13
	$2\frac{125}{1000}$	2	1	2	5	2,125
b)	$1\frac{17}{100}$	1	1	7		1,17
	$2\frac{35}{1000}$	2	0	3	5	2,035
	$1\frac{7}{100}$	1	0	7		1,07
c)	$\frac{17}{1000}$	0	0	1	7	0,017
	$1\frac{33}{100}$	1	3	3		1,33
	$2\frac{1}{1000}$	2	0	0	1	2,001

2 $2\frac{6}{10}$; $2\frac{6}{100}$; $2\frac{6}{1000}$; $10\frac{7}{1000}$; $105\frac{2}{100}$; $23\frac{64}{100}$; $708\frac{209}{1000}$

3 a) 0,5; 0,8; 0,25; 0,75 b) 0,6; 0,25; 0,28; 0,06 c) 0,34; 0,65; 0,008; 0,008

4 a) 0,7; 0,7; 0,05 b) 0,2; 0,39; 0,12 c) 0,47; 0,08; 0,1

5 a) 0,8; 2,75; 0,875; 0,6 b) 0,12;0,35; 0,95; 2,84 c) 1,68; 0,18; 1,075; 0,2125

6 $\frac{3}{4} = 0{,}75$; $\frac{3}{5} = 0{,}6$; $\frac{1}{10} = 0{,}1$; $\frac{1}{4} = 0{,}25$; $\frac{1}{2} = 0{,}5$; $3\frac{1}{1000} = 3{,}\ 001$; $\frac{31}{1000} = 0{,}031$

20

1 a) $0{,}38 < 0{,}381$; $0{,}74 = 0{,}740$ c) $4{,}72 = 4{,}720$; $0{,}65 > 0{,}649$

b) $3{,}024 < 3{,}204$; $0{,}836 < 0{,}86$

2 a) $0{,}478 < 0{,}48 < 0{,}5$ c) $1{,}27 < 1{,}7 < 1{,}724$ e) $0{,}499 < 0{,}72 < 0{,}8$

b) $3{,}6 < 3{,}604 < 3{,}61$ d) $0{,}495 < 0{,}5 < 0{,}52$ f) $2{,}4 < 2{,}405 < 2{,}45$

3 z. B.: a) 2,37; 2,4; 2,5 b) 2,35; 2,38; 2,4 c) 3,65; 3,66; 3,67

1 a) 14; 23; 31; 108; 53; 75 c) 24,12; 4,69; 3,20; 34,11; 9,00; 17,50

b) 15,3; 8,0; 13,3; 6,2; 19,2; 45,7 d) 0,674; 2,889; 3,001; 7,990; 5,680; 2,000

2 a) 24,31 € b) 5,76 m c) 21,7 cm d) 8,736 kg e) 0,583 km

21

1 a) 22,19; 32,74 b) 3,4; 3,4 c) 16,25; 78,12 d) 1,834; 3,459

2 a) 92,527 b) 0,041 c) 44,954

1 a) 35,7; 357 b) 1470; 14 700 c) 2,76; 27,6 d) 703; 7030 21

1 a) 6,3; 1,5; 12,9 c) 0,3; 0,35; 0,02 e) 91,9942; 144,728; 4,845
b) 2,8; 4,8; 14,7 d) 1,02; 5,04; 20,9

1 a) 34,16; 3,416; 0,3416 c) 4,06; 0,406; 0,0406 22
b) 1,78; 0,178; 0,0178 d) 3,861; 0,3861; 0,03861

1 a) 0,4; 0,6; 2,4 c) 3,4; 4,98; 6,425 e) 13,4; 23,5; 12,3
b) 0,04; 0,09; 0,07 d) 0,246; 0,165; 0,114

1 a) 8; 7; 4 c) 20; 70; 30 e) 3,3; 3,2; 2,9
b) 20; 50; 20 d) 2471,2; 5867,5; 2230

2 a) 0,56; 0,14 c) 2,4; 0,15 e) 2; 0,18
b) 2; 0,08 d) 2,5; 0,025

1 a) Festplatte 4 würde sechs Festplatten 1 ersetzen. 23
b) Die Ausrüstung würde 1189,15 € kosten.
c) Bei fünf Festplatten 4 können nur 15 Arbeitsplätze versorgt werden. Also müssen es sechs Festplatten 4 sein. Es werden 349,45 € eingespart.

2 Aline und Paula haben jeweils 5 €, Tanja hat 4,20 € und Christina 4,50 €.

3 Es sind 1792 Pflanzen zu bestellen.

4 Dieser Haushalt muss im Jahr 215,76 € bezahlen.
Die Kleinstadt bringt im Jahr 156 314,16 € an Rundfunkgebühren auf.

1 a) –9; –15; –21; –27 c) –21; –28: –36; –45 24
b) –31; –38; –45; –52 d) –10; –13; –16; –19

2 a) A = –44; B = –29; C = –14; D = –2; E = 9; F = 26
b) A = –460; B = –310; C = –50; D = 50; E = 260; F = 410
c) A = –3,5 Mio.; B = –2,2 Mio.; C = –0,4 Mio.; D = 1,6 Mio; E = 3,1 Mio.; F = 4,9 Mio.

3 Es ist ein geeigneter Maßstab zu wählen: Z. B. bei
a) 1 cm ≙ 1 b) 1 cm ≙ 5 c) 1 cm ≙ 100 d) 1 cm ≙ 500

4 Punkte A bis I entsprechend der Vorgabe

5 Z. B. (–5|5); (–1,5|1,5); $\left(-\frac{1}{2}\middle|\frac{1}{2}\right)$; (–2,5|2,5); (–10|10)

6 429 v. Chr.

1 a) A = –15,5; |–15,5| = 15,5 B = –13,6; |–13,6| = 13,6 C = –12,5; |–12,5| = 12,5 25
D = –11,5; |–11,5| = 11,5
b) A = –4,16; |–4,16| = 4,16 B = –4,03; |–4,03| = 4,03 C = –3,93; |–3,93| = 3,93
D = –3,74; |–3,74| = 3,74
c) A = 31,95; B = 32,07; C = 32,17; D = 32,27 Jede Zahl stimmt mit ihrem Betrag überein.
d) A = 23,4; B = 24,7; C = 25,5; D = 26,8 Jede Zahl stimmt mit ihrem Betrag überein.

2 Maßstab z. B. a) und b) 1 cm ≙ 1 oder 2 cm ≙ 1

3 a) $-7 < 5$ c) $15 > 11$ e) $-100 > -1000$ g) $4,5 > -3,5$ i) $8,75 > 7,85$
b) $-13 < -7$ d) $0 > -8$ f) $-5,9 < -5,8$ h) $-6,24 > -6,34$

25

4

Zahl	0,56	$-3\frac{6}{7}$	7,8; −7,8	2,7	$-\frac{7}{12}$	10,9; −10,9	36,8	−0,008
Gegenzahl	−0,56	$3\frac{6}{7}$	−7,8; 7,8	−2,7	$\frac{7}{12}$	−10,9; 10,9	−36,8	0,008
Betrag	0,56	$3\frac{6}{7}$	7,8	2,7	$\frac{7}{12}$	10,9	36,8	0,008

27

1 a) −2; −24; 2; 24 b) $-\frac{11}{35}; \frac{20}{21}; -\frac{31}{35}; \frac{11}{35}$

2 a) 38; −8; 8; −38 b) $3\frac{14}{15}; \frac{7}{16}; -1\frac{5}{8}; -4\frac{3}{8}$

3 a) −2904; −893; 2331; −2009 b) −75,84; 2,12; −0,008; −2,13

4 a) $-\frac{1}{6}; -\frac{8}{15}; \frac{24}{35}; -\frac{1}{12}$ b) $-6; -\frac{8}{15}; -4\frac{2}{11}; -6\frac{2}{3}$

5 a) 6; −6; 6; −6 b) 0,4; −0,4; −0,4; 0,4 c) $-1\frac{1}{4}; -1\frac{1}{4}; 1\frac{1}{4}; 1\frac{1}{4}$

6 a) x = −1 oder x = 0
b) x = −1 oder x = 1
c) Für x alle negativen Zahlen oder 0.
d) Für x alle positiven Zahlen oder 0.

7 a) −21,83; 2,12; −1,68; 4,41 b) 75,84; 12,63; 225,2; 209,8

8 mittlere Temperatur: 0,8° C

9 a) 3x − (−8) = x + 6; x = −1 b) x − (−8) = 3 (x + 6); x = −5 c) 4 (x − (−8)) = x + 2; x = −10

28

1 4; −8; 16; −32; 81; −125; −0,064; −3,375; $-\frac{8}{27}$

2 $4^2 = 16$; $5^2 = 25$; $8^2 = 64$; $12^2 = 144$; $19^2 = 361$; $0{,}13^2 = 0{,}0169$; $0{,}9^2 = 0{,}81$; $25^2 = 625$; $0{,}6^2 = 0{,}36$; $1{,}2^2 = 1{,}44$

1 a) 125 b) −90 c) 15 d) −9 e) 94,37 f) −5,4

2 a) 11; −1 b) 6; 2 c) 5; 5

29

3 a) −47 b) −246 c) −14 d) 25 e) −43,6 f) 27,5 g) 19,2 h) −1341,6 i) 140,6 j) 22 k) 63 l) 0,36

4 a) $-6\frac{1}{2}$ b) $\frac{12}{5}$ c) $\frac{1}{3}$ d) $-11\frac{7}{32}$ e) $-11\frac{1}{2}$ f) $-\frac{3}{4}$ g) $-2\frac{1}{8}$ h) $-83\frac{2}{3}$ i) $\frac{1}{5}$

5 a) $\frac{344}{7}$ b) −3 c) $\frac{69}{19}$

6 a) 22 b) −2 c) −143 d) 3,5 e) −3,9 f) −5,7 g) −2 h) 3

7 a) −170 b) 32 c) −30 d) −1,9 e) −30 f) 3,7 g) −0,0001 h) $-\frac{5}{84}$

8 a) 14 b) −24 c) 26 d) −32 e) 12 f) 50 g) −3 h) −40 i) 0

9 a) −2 b) 36,8 c) −2,188 d) 171,53 e) 14,595 f) 3,351

10 a) negativ; −8
b) positiv; 625
c) positiv; 2 814 749,8
d) positiv; 9
e) negativ: −1
f) positiv; 81
g) negativ; $-2{,}96 \cdot 10^9$
h) negativ; −1
i) negativ; −12,167
j) negativ; −85 184
k) positiv; 3,16
l) positiv; $5{,}2 \cdot 10^{13}$
m) negativ; $-7{,}6 \cdot 10^{12}$
n) positiv; 4,84
o) negativ; −46 656

30

1 a) $a + b + b = a + 2b$ b) $2m + 4n = 2\,(m + 2n)$ c) $a + b + c + b = a + 2b + c$

2 a) $3x - 7$ b) $(b + 7) \cdot 27$ c) $(a - 7) : 5$ d) $(y + 3) \cdot (y - 4)$

3 a) $3x + 6$; $6 + 3x$; $\frac{1}{3} - 2x$ b) $12{,}8 + k$; $1{,}1x + 7{,}3$; $-10x - 3$ c) $15x$; $18y$; $22{,}5a$

4 a) $x + \frac{3}{4}x$ *oder* $1\frac{3}{4}x$ *oder* $\frac{7}{4}x$ b) $2\,(2b + b)$ *oder* $4b + 2b$ *oder* $6b$ c) $x \cdot 18$ *oder* $18 \cdot x$

31

1 a) $2x + 3x + 6x + 2 = 11x + 2$ b) $2x + 1 + 8x - 3 + 15x + 2 = 25x$ c) $4x + 17$ d) $3x - 5 + 18 + x + 3 = 4x + 16 = 4\,(x + 4)$

2 a) $11a + 11b = 11\,(a + b)$ b) $-18s$ c) $41m - 19n$ d) $10x + 40$ e) $8a + 12$ f) $21x^3 + 14x^2y$ g) $3x + 45$ h) $16x^2 - y$ i) $10x^2y - 60yz^2$

3 a) $x^2 - 3x - 40$ b) $u^2 - 13u + 42$ c) $-10x^2 + 2xy + 4y^2$ d) $16v^2 + 38\,uv - 38\,uw - 34\,vw$

1 a) $a^2 + 10\,a + 25$ b) $25y^2 - 20y + 4$ c) $36v^2 + 96vw + 64w^2$ d) $9a^2 + 24ab + 16b^2$ e) $9x^2 - 12xy + 4y^2$ f) $0{,}25a^2 + 2a + 4$ g) $9z^2 - \frac{3}{2}z + \frac{1}{16}$ h) $0{,}09y^2 - 0{,}25z^2$ i) $16x^2 - 9y^2$

32

1 a) $L = \{13\}$ b) $L = \{54\}$ c) $L = \{1{,}7\}$ d) $L = \{0{,}23\}$ e) $L = \{0{,}7\}$ f) $L = \{5{,}49\}$ g) $L = \{4{,}02\}$ h) $L = \{0\}$ i) $L = \{-\frac{1}{2}\}$

2 a) $L = \{12\}$ b) $L = \{25\}$ c) $L = \{-8\}$ d) $L = \{-6\}$ e) $L = \{5\}$ f) $L = \{\frac{4}{3}\}$ g) $L = \{18\}$ h) $L = \{-35\}$ i) $L = \{-21\}$ j) $L = \{32\}$ k) $L = \{-50\}$ l) $L = \{0{,}2\}$

3 a) $L = \{24\}$ b) $L = \{150\}$ c) $L = \{-6\}$ d) $L = \{0{,}1\}$ e) $L = \{2{,}5\}$ f) $L = \{0{,}45\}$ g) $L = \{-0{,}4\}$ h) $L = \{-81\}$ i) $L = \{-2\}$ j) $L = \{0\}$ k) $L = \{-18\}$ l) $L = \{1{,}75\}$

4 a) $L = \{3\}$ b) $L = \{6\}$ c) $L = \{2\}$ d) $L = \{3\}$ e) $L = \{0\}$ f) $L = \{10\}$ g) $L = \{18\}$ h) $L = \{-4\}$ i) $L = \{0{,}3\}$ j) $L = \{0{,}26\}$ k) $L = \{0{,}025\}$ l) $L = \{-21\}$

33

5 a) $L = \{5\}$ b) $L = \{9\}$ c) $L = \{2\}$ d) $L = \{10\}$ e) $L = \{-9\}$ f) $L = \{1\}$ g) $L = \{5\}$ h) $L = \{8\}$ i) $L = \{3\}$

6 a) $L = \{-3\}$ b) $L = \{2\}$ c) $L = \{2{,}5\}$ d) $L = \{0{,}4\}$ e) $L = \{1\}$ f) $L = \{1\}$ g) $L = \{-5\}$ h) $L = \{2\}$ i) $L = \{0{,}2\}$

7 a) $L = \{3\}$ b) $L = \{10\}$ c) $L = \{7{,}75\}$ d) $L = \{-6\}$

8 a) Der Flächeninhalt des ursprünglichen Baugrundstücks beträgt 4676,25 m^2.
b) Die Seitenlänge des verkauften Grundstücks beträgt 25 m.

9 a) $L = \{-2\}$ b) $L = \{5\}$ c) $L = \{23{,}5\}$ d) $L = \{-4\}$ e) $L = \{-2\}$ f) $L = \{-1\}$ g) $L = \{3\}$ h) $L = \{4\}$

10 a) $L = \{-\frac{5}{3}\}$ b) $L = \{-0{,}5\}$ c) $L = \{-2\}$ d) $L = \{4\}$ e) $L = \{-5\}$ f) $L = \{2{,}5\}$ g) $L = \{1{,}5\}$ h) $L = \{-1{,}5\}$

11 a) $L = \{1\}$ b) $L = \{3\}$ c) $L = \{-5\}$ d) $L = \{3\}$ e) $L = \{2\}$ f) $L = \{0\}$ g) $L = \{-11\}$ h) $L = \{6\}$

12 $4x + 7\,(x - 3) = 100$; Die Theaterkarten in der teuren Preisklasse kosten 11 €.
In der billigeren Preisklasse 8 €.

13 $\frac{1}{3}x + \frac{1}{4}x + 600\,000 = x$; Das Gründungskapital beträgt 1,44 Mio. €.

34

1 $6x + 13 = 55$; Die gesuchte Zahl ist 7.

2 $2x + 18 = 0$; Die gedachte Zahl ist -9.

3 $u = a + b + c$; $a = b$, $a = 2 \cdot c$
$u = 2c + 2c + c$; Die Basis c des gleichschenkligen Dreiecks ist 15 cm lang. Die Schenkel a und b sind jeweils 30 cm lang.

35

4 Summe heute: 70 Jahre; Alter vor 5 Jahren: Jessica x, Dr. Algebra 3x; Summe vor 5 Jahren: 60 Jahre; $x + 3x = 60$; Dr. Algebra ist heute 50 Jahre alt, seine Tochter Jessica ist 20 Jahre alt.

5 heute: $5 \cdot 6$ Jahre = 30 Jahre; $30 + x = 3\,(6 + x)$; In 6 Jahren ist Frau Berger 36 Jahre alt. Felix ist dann 12 Jahre alt.

6 $0{,}4 \cdot 200 + 0{,}005 \cdot 800 = 1000 \cdot x$; Die Quarkmischung hat einen Fettgehalt von 8,4 %.

7 $x + x + x + 2 \cdot (x + x + x) = 4800$; Jedes Kind erhält 533,33 €. Die Eltern erhalten 3200 €.

8 I $x + y = 10$ $\quad y = 10 - x$; xy ist die zweistellige Zahl, also $10x + y$.
II $2\,(10x + y) - 1 = 10y + x$
$2\,(10x + 10 - x) - 1 = 10\,(10 - x) + x$ $\quad x = 3;\; y = 7$
Die ursprüngliche Zahl lautet 37. Die Zahl mit umgekehrter Ziffernfolge ist die 73.

9 $4a + 4b + 4c = 144$ $\quad$ kürzeste Länge: c $\quad a = 3 \cdot c$; $b = 2 \cdot c$
$4 \cdot 3c + 4 \cdot 2c + 4c = 144$
Die kürzeste Kante hat eine Länge von 6 cm, die mittlere eine Länge von 12 cm und die längste Kante ist 18 cm lang.

10 $\frac{x + 107}{100} \cdot 4 = 7$; Die gesuchte Zahl lautet 68.

11 a) Bei sieben Sparlampen würden 228,3 kg CO_2 und 4,91 mg Quecksilber weniger entstehen.
b) 225 Haushalte würden bei sechs Sparlampen 44,0 t CO_2 und 0,946 g Quecksilber einsparen.

37

1 a) $L = \{(2|-1\})$ b) $L = \{(4|4)\}$ c) $L = \{(3|14)\}$ d) $L = \{(-5|-8)\}$ e) $L = \{(2|-0{,}5)\}$ f) $L = \{(3|2)\}$ g) $L = \{(8|2)\}$ h) $L = \{(10|10)\}$

2 a) $L = \{(2|1)\}$ b) $L = \{(3|9)\}$ c) $L = \{(4|33)\}$ d) $L = \{(4|5)\}$ e) $L = \{(3|-1)\}$ f) $L = \{(2\frac{1}{3}|2)\}$ g) $L = \{(\frac{7}{4}|-\frac{23}{8})\}$ h) $L = \{(1|3)\}$

3 a) $\left|\begin{array}{l} 5x - 3y = 12 \\ 3x + 2y = 40 \end{array}\right|$ Die beiden Zahlen sind $7\frac{11}{19}$ und $8\frac{12}{19}$.
b) $\left|\begin{array}{l} 3x + 4y = 36 \\ 2x - (8y) = -24 \end{array}\right|$ Die beiden Zahlen sind 6 und $\frac{9}{2}$.

4 $\left|\begin{array}{l} x + y = 36 \\ x + 2y = 70 \end{array}\right|$ Das Hotel hat 2 Einzelzimmer und 34 Doppelzimmer.

5 $\left|\begin{array}{l} x + y = 39 \\ \frac{x}{3{,}5} = \frac{y}{3} \end{array}\right|$ Sie treffen sich nach 6 Stunden. Sarah hat dann 18 km und Michaela 21 km zurückgelegt.

6 $\left|\begin{array}{l} s = v \cdot t \\ 4 \cdot t + 20 = 14 \cdot t \end{array}\right|$ Die Radfahrerin hat den Wanderer nach 2 Stunden eingeholt. Sie hat in dieser Zeit 28 km zurückgelegt.

7 $\left|\begin{array}{l} G + V + S = 129 \\ G + V = 113 \\ G + S = 88 \end{array}\right|$ Der Großvater ist 72 Jahre, der Vater 41 Jahre und der Sohn 16 Jahre alt. 37

8 a) $L = \{(7|10)\}$ c) $L = \{(1{,}5|3{,}5)\}$ e) $L = \{(1|2)\}$ 38
b) $L = \{(2{,}5|3{,}5)\}$ d) $L = \{(-2|6)\}$ f) $L = \{(3|2)\}$

9 a) $L = \{(-3|-5)\}$ c) $L = \{(3\frac{2}{3}|-2\frac{1}{3})\}$ e) $L = \{(2|-4)\}$
b) $L = \{(45{,}5|-16)\}$ d) $L = \{(3|5)\}$ f) $L = \{(5|3)\}$

10 a) $L = \{(2|5)\}$ c) $L = \{(1|4)\}$ e) $L = \{(1{,}5|3)\}$
b) $L = \{(2|-4)\}$ d) $L = \{(12|360)\}$ f) $L = \{(5|-4)\}$

11 $\left|\begin{array}{l} x + y = 37 \\ 2x + 4y = 106 \end{array}\right|$ Es sind 21 Hühner und 16 Kaninchen.

12 $\left|\begin{array}{l} 2a + 2b = 36 \\ a = b + 4 \end{array}\right|$ Die Seiten des Parallelogramms sind 7 cm und 11 cm lang.

13 $\left|\begin{array}{l} 3x + 2y = 6{,}10 \\ 2x + 1y = 3{,}80 \end{array}\right|$ Ein Brötchen kostet 1,50 € und eine Tasse Kaffee 0,80 €.

14 Die Bedingungen erfüllen alle rechteckigen Grundstücke mit einer Breite von 20 m. Es gibt viele Lösungen. An einer Skizze kann man das schnell erkennen. Man braucht dann keine Rechnung auszuführen.

15 Ein Winkel ist 36°, die anderen beiden jeweils 72°.

16 Die beiden Wasserwerke haben eine Leistung von 1250 m^3 und 1750 m^3.

1 25; 49; 81; 121; 441; 1600; 2500; 625; $\frac{1}{4}$; 0,04; $\frac{9}{25}$ 39

2 8; 100; 243; 125; 1; 64; $\frac{27}{64}$

3 a) $3^3 = 27$ c) $10^3 = 1000$ e) $7^2 = 49$ g) $8^3 = 512$
b) $4^3 = 64$ d) $1^3 = 1$ f) $2^6 = 64$ h) $25^2 = 625$

4 a) $64 > 12$ c) $64 > -12$ e) $32 > 25$ g) $8 < 9$
b) $32 > 10$ d) $\frac{27}{64} < \frac{9}{4}$ f) $64 < 81$ h) $243 > -243$

5 a) 64; 216; 128; 0; 64; 1024; 36; 625 c) 0,04; 0,0004; 0,000 000 001; 1,44; 1,69, 2,25
b) $\frac{1}{8}$; $\frac{16}{625}$; $\frac{8}{343}$; $\frac{243}{1024}$; $\frac{49}{4}$

6 5^2; 5^3; 2^5; 2^6; 10^2; 10^3; 12^2; 13^2; $16^2 = 2^8$

7 a) 55 c) 532 e) 2366 g) 329 i) $\frac{7}{27}$
b) 24 d) 418 f) 66 h) $\frac{27}{32}$ j) 0,192

1 a) $3 \cdot 10^3$; $4 \cdot 10^4$; $5 \cdot 10^7$; $9 \cdot 10^2$; $7{,}3 \cdot 10^{10}$ 40
b) $2{,}3 \cdot 10^{-2}$; $4{,}5 \cdot 10^{-6}$; $3{,}45 \cdot 10^{-3}$; $6{,}7 \cdot 10^{-8}$; $1{,}25 \cdot 10^{-2}$

2 a) 60 000; 3500; 40 000 000; 1 300 000; 2 700 000
b) 0,0 002; 0,0 034; 0,0 000 057; 0,0023; 0,000 000 067; 0,000 000 000 009 8

3 a) $3 \cdot 10^2\ ms^{-1}$ b) $3 \cdot 10^5\ kms^{-1}$ c) $3{,}84 \cdot 10^5$ km

1 a) 2^5 b) 2^9 c) 4^3 d) $0^{10} = 0$ e) 10^{13} f) $1{,}2^7$ g) $\left(-\frac{1}{5}\right)^6$ h) $0{,}75^7$ 41

2 a) x^5 b) a^8 c) c^6 d) b^6 e) $30\ m^8$ f) $15z^7$ g) $20x^5y^9$ h) $7xk^{12}$

41

3 a) 7^1 c) 2^2 e) 10^5 g) 2^6 i) $0{,}4^2$
b) $100^4 = 10^8$ d) $(-100)^5$ f) $\left(-\frac{20}{3}\right)^4$ h) $1^9 = 1$

4 a) $7776 = 7776$; $275 < 3125$ c) $13\,824 = 13\,824$; $152 > 8$
b) $144 = 144$; $25 < 49$ d) $50\,625 = 50\,625$; $544 > 16$
Wir erkennen: Die Potenzgesetze gelten für die Multiplikation von Potenzen mit gleichen Exponenten, aber nicht für die Addition und Subtraktion.

5 a) x^{20} c) a^{18} e) a^4 g) 3^{4m} i) $a^{3(m+2)}$ k) $8a^{12}b^{12}$
b) 3^{20} d) b^{21} f) $8x^3$ h) 4^{3n} j) $b^{5(2n+3)}$ l) $x^2y^4z^6$

6 $\frac{1}{2^3} = \frac{1}{8}$; $\frac{1}{4^3} = \frac{1}{64}$; $\frac{1}{0{,}2^4} = 625$; $\frac{1}{8}$; $\frac{1}{10^4} = \frac{1}{10\,000}$; $\frac{1}{x^3}$; $\frac{1}{a}$; $\frac{1}{a^5}$

7 7^{-3}; -2^{-10}; $(-2)^{-10}$; 10^{-1}; 10^{-2}; -10^{-3}; $(-4)^{-3}$; x^{-2}; x^{-6}; a^{-5}

42

1 a) 5 b) 80 c) 13 d) 0,9 e) 0,2 f) 3,5

2 a) $L = \{6;\ -6\}$ b) $L = \{50;\ -50\}$ c) $L = \{16;\ -16\}$ d) $L = \{15;\ -15\}$ e) $L = \{19;\ -19\}$

3 a = 6 cm; a = 8 cm; a = 7 cm; a = 12 cm; a = 2,5 cm; a = 1,5 cm

4 a) 2 b) 8 c) 10 d) 5 e) $\frac{1}{2}$ f) 0,1

1 a) $\sqrt{15}$ b) $\sqrt[3]{3^2}$ c) $\sqrt[8]{112^2}$ d) $\sqrt[5]{b^3}$ e) $\sqrt[5]{7^{-6}}$ f) $\sqrt{25^3}$ g) $\sqrt{0{,}49^{-1}}$

2 a) $5^{\frac{2}{3}}$ c) $x^{\frac{1}{3}}$ e) $16^{\frac{1}{4}} = 2$ g) $8^{\frac{2}{3}} = 2^2$ i) $12^{\frac{3}{6}} = 12^{\frac{1}{2}}$ k) $a^{\frac{8}{7}}$
b) $3^{\frac{4}{7}}$ d) $24^{\frac{1}{3}}$ f) $c^{\frac{3}{5}}$ h) $64^{\frac{3}{2}} = 8^3$ j) $256^{\frac{2}{m}} = 4^{\frac{8}{m}}$ l) $x^{\frac{3}{n}}$

3 a) 5 d) 2 g) 2 j) 78 125 m) 0,2401 p) $\frac{1}{2}$
b) 5 e) 4 h) 2 k) 125 n) 15 625 q) 42,875
c) 3 f) 2 i) 0,6 l) 0,7 o) 0,25 r) $\frac{2}{3}$

43

1 a) 12 c) 15 e) 14 g) 0,9 i) 120 k) 8
b) 8 d) 12 f) 5 h) 12 j) 24 l) 2,8

2 Kantenlängen der Würfel: 2 cm; 4 cm; 10 cm; 1 dm; 0,1 m; 30 dm; 0,3 m.

3 a) $\frac{7}{3}$ c) $\frac{9}{6} = \frac{3}{2}$ e) $\frac{8}{5}$ g) $\frac{5}{2}$ i) $\frac{9}{8}$
b) $\frac{4}{5}$ d) $\frac{5}{9}$ f) $\frac{8}{3}$ h) $\frac{9}{4}$ j) $\frac{11}{13}$

4 Der Würfel hat eine Kantenlänge von 5 cm. Der Würfel hat ein Volumen von 125 cm^3.

5 a) $2\sqrt{5}$ d) $3\sqrt{5}$ g) $2\sqrt{6}$ j) $\frac{1}{13}\sqrt{32} = \frac{4}{13}\sqrt{2}$ m) $2a\sqrt{7b}$
b) $3\sqrt{2}$ e) $5\sqrt{3}$ h) $3\sqrt{12} = 6\sqrt{3}$ k) $2\sqrt{15x}$ n) $10b\sqrt{3a}$
c) $5\sqrt{2}$ f) $3\sqrt{3}$ i) $\frac{1}{9}\sqrt{7}$ l) $x\sqrt{5}$ o) $7y\sqrt{3x}$

6 a) 25 c) 7 e) 3 g) 5 i) 2
b) 2 d) 2,9302 f) 2 h) 3 j) 4

7 Die quadratische Platte muss eine Seitenlänge von 1,56 m haben.

8 a) x^1 b) $a^{\frac{5}{6}}$ c) $a^{\frac{1}{6}}$ d) b^4 e) $x^{\frac{1}{8}}$

44

1 a) $L = \{6;\ 8\}$ c) $L = \{-5\}$ e) $L = \{-6;\ 4\}$
b) $L = \{3;\ 5\}$ d) $L = \{-3\}$ f) $L = \{-49;\ -1\}$

2 a) $L = \{-4;\ -11\}$ c) $L = \{5;\ -2\}$ e) $L = \{-5;\ 4{,}5\}$ 44
b) keine Lösung d) $L = \{7;\ -2\}$ f) $L = \{-5;\ 3\}$

1 a) $L = \{-7;\ -1\}$ d) $L = \{4;\ -1\}$ g) $L = \{-7;\ 3\}$
b) $L = \{1;\ 3\}$ e) $L = \{8;\ -1\}$ h) $L = \{-9;\ 1\}$
c) $L = \{-10;\ 1\}$ f) $L = \{-3;\ 5\}$ i) $L = \{-4{,}3923;\ 16{,}3923\}$

2 a) $L = \{-5;\ -1\}$ c) $L = \{-0{,}1;\ 0{,}2\}$
b) $L = \{-7;\ 4\}$ d) $L = \{-13;\ 4\}$

1 a) $L = \{-4;\ -3{,}5\}$ c) $L = \{-1;\ 7\}$ e) $L = \{3;\ 17\}$ 45
b) $L = \{-2;\ -2\}$ d) keine Lösung f) $L = \{-2{,}31662;\ 4{,}31662\}$

2 a) $x^2 - 6x = 187$ $x^2 - 6x - 187 = 0$ $x_1 = 17$ $x_2 = -11$
b) $12x = 5x^2$ $0 = 5x^2 - 12x$ $x_1 = 2{,}4$ $x_2 = 0$
c) $12x^2 = 3$ $x_1 = 0{,}5$ $x_2 = -0{,}5$

1 a) $L = \{2;\ -2\}$ d) $L = \{11;\ -11\}$ g) $L = \{\frac{5}{2};\ -\frac{5}{2}\}$ j) $L = \{8;\ -8\}$
b) $L = \{9;\ -9\}$ e) $L = \{0{,}8;\ -0{,}8\}$ h) $L = \{\frac{3}{2};\ -\frac{3}{2}\}$ k) $L = \{\sqrt{5};\ -\sqrt{5}\}$
c) $L = \{5;\ -5\}$ f) $L = \{\frac{7}{4};\ -\frac{7}{4}\}$ i) $L = \{\sqrt{8};\ -\sqrt{8}\}$ l) $L = \{\sqrt{7};\ -\sqrt{7}\}$

2 a) Die Rechteckseiten sind 50 cm und 100 cm lang.
b) Die ursprüngliche Seitenlänge war 23 m.

3 a) $x^2 - 63 = 378$ $x_1 = 21$ $x_2 = -21$ c) $x^2 + 98 = 3x^2$ $x_1 = 7$ $x_2 = -7$ 46
b) $7x^2 = 567$ $x_1 = 9$ $x_2 = -9$

4 a) $L = \{0;\ 100\}$ c) $L = \{-30;\ 0\}$ e) $L = \{0;\ 2\}$
b) $L = \{-1;\ 0\}$ d) $L = \{0;\ 7{,}8\}$ f) $L = \{0;\ 11\}$

5 a) $a = 2{,}53\ \frac{m}{s^2}$ Die Beschleunigung beträgt $2{,}53\ \frac{m}{s^2}$.
b) $s = 153$ m Das Auto benötigt 153 m, um $100\ \frac{km}{h}$ zu erreichen.

6 a) $(x + 3)^2 = 49$ $x_1 = 4$ $x_2 = -10$ b) $\left(x - \frac{7}{4}\right)^2 = \frac{9}{16}$ $x_1 = \frac{10}{4}$ $x_2 = 1$

7 a) $L = \{-10;\ 4\}$ c) $L = \{-6;\ 24\}$ e) $L = \{-13;\ 1\}$
b) $L = \{-2;\ 8\}$ d) $L = \{-2;\ 10\}$ f) $L = \{-5;\ 11\}$

8 $a \cdot b = 50\ cm^2$; $a = 2 \cdot b$; Eine Seite ist 5 cm und die andere 10 cm lang.

9 $a \cdot b = 44\ cm^2$; $a = b + 5$; Die kürzere Seite ist 4,6 cm und die längere 9,6 cm lang.

10 $\left|\begin{array}{l} 2\,(a + b) = 84 \\ a \cdot b = 216 \end{array}\right|$ Die Seiten des Rechtecks sind 6 cm und 36 cm lang.

11 $148\ cm^2 = 2\,(ab + ac + bc)$; a; $b = a + 1$; $c = a + 2$;
Die Kantenlängen des Quaders betragen 4 cm, 5 cm und 6 cm. Die Zahlen 4, 5 und 6 sind die drei aufeinander folgenden natürlichen Zahlen.

12 a) $L = \{-12;\ -4\}$ c) $L = \{-6;\ -2\}$ e) $L = \{3;\ 7\}$
b) $L = \{-8;\ -1\}$ d) $L = \{-4;\ 8\}$ f) $L = \{4;\ 10\}$

13 p – Paul, r – Renato, m – Mutter; $p^2 = m$ $2 \cdot r = m$ $p = r - 12$
Paul ist 6 Jahre, Renato 18 Jahre und die Mutter 36 Jahre alt.

47

❶ a) $\overline{x} = (738 + 705 + 726 + 739 + 731 + 721) : 6$; $\overline{x} = 726{,}67$; $\overline{x} \rightarrow$ B9
Tabellenkalkulation = Mittelwert (B3; B4; B5; B6; B7; B8); B9 → 726,67

b) Für C9: = Mittelwert: (C3; C4, C5; C6; C7; C8); C9 → 785,33
Für D9: = Mittelwert: (D3; D4; D5; D6; D7; D8); D9 → 867,83
Für E9: = Mittelwert: (E3; E4; E5; E6; E7; E8); E9 → 913,17

c) Für F3 bis F8 wird der Mittelwert über vier Ausbildungsjahre des jeweiligen Landes gebildet.
F3 → 806,25; F4 → 808,75; F5 → 810,75; F6 → 856,00; F7 → 798,25; F8 → 859,50.

❷ a) $v = 120\,\frac{km}{h}$; $v = 33{,}3\,\frac{m}{s}$.

b) x = Länge des Zuges (in m); Der Zug legt von der Einfahrt der Zugspitze in den Tunnel bis zur Ausfahrt des letzten Wagens 2500 + x Meter in 81 Sekunden zurück. Daher gilt für die Geschwindigkeit: $33{,}3 = \frac{2500 + x}{81}$. Man erhält: x = 197,3 m. Der Zug ist ungefähr 197 m lang.

❸ a) Für den Mehrverbrauch im Oktober gegenüber September: 25 kWh, dafür müssen 5,25 € bezahlt werden; 94,45 € – 89,20 € = 5,25 €. Wenn 25 kWh 5,25 € kosten, dann kostet 1 kWh → 0,21 €.

b) Um die Grundgebühr zu berechnen, bestimmen wir den Preis für September. Dazu nutzen wir den Preis für 1 kWh aus a). 320 kWh · 0,21 $\frac{€}{kWh}$ = 67,20 €. Da 89,20 € im September gezahlt werden, ergibt die Differenz 89,20 € – 67,20 € = 22 € die Grundgebühr. Es wird eine Grundgebühr von 22 € erhoben.

48

❹ a) Frau Radic hat als Überschlag 15 € errechnet.

b) Das Geld reicht nach Überschlag aus.

c) Sie muss 16,75 € bezahlen.

d) Der Einkauf wiegt 6900 g oder 6,9 kg.

e) Auf dem Kassenbon stehen die einzelnen Waren mit ihrem Preis, die zu zahlende Summe, der Differenzbetrag von der Summe und dem eingezahlten Geldbetrag. Frau Radic bekommt 3,25 € zurück.

❺ a) Hausmüll: $4{,}175 \cdot 10^7$ t; Müllbeseitigung: $9{,}625 \cdot 10^6$ t.

b) Verwertet wurden 2007 insgesamt $3{,}2125 \cdot 10^7$ t = 32 125 000 t.

c) Der prozentuale Anteil der Verwertung von Hausmüll beträgt ungefähr 77 %.

d) Der Anteil der energetischen Verwertung: ≈ 14,7 %; stoffliche Verwertung: ≈ 85,3 %.

❻ a) Die kleineren Bauplätze haben eine Größe von 681 m².

b) Das Wohngebiet hat einen Flächeninhalt von 53 120 m² = 5,312 ha.

c) 830 m² · 105,35 € · 64 = 5 596 192 €; 681 m² · 110,43 € · 78 = 5 865 821 €. Beim Verkauf der kleineren Parzellen nimmt die Gemeinde 269 629 € mehr ein.

49

❶

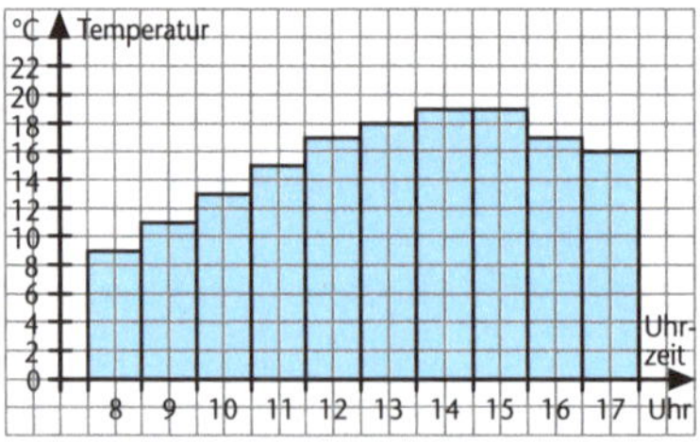

❷

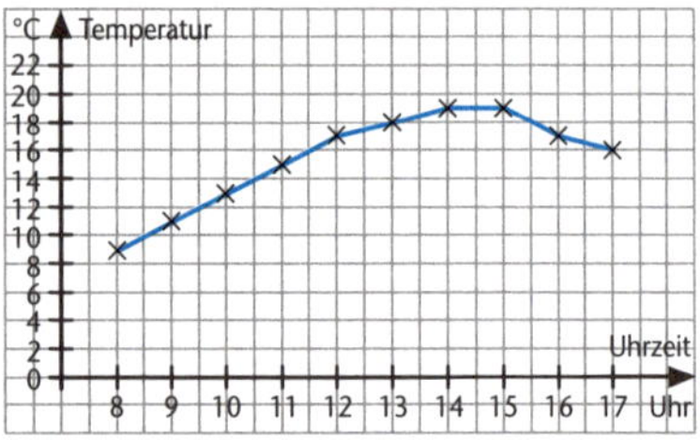

3 50

Jahr	1950	1955	1960	1965	1970	1975	1980	1985	1990	1995	2000	2005	2010
Wasserverbrauch (in *l*)	82	84	85	102	120	125	128	136	145	137	128	126	122

4 Eine Figur entspricht 200 Besuchern. 1 mm Streifenlänge entspricht 100 Besuchern.

5

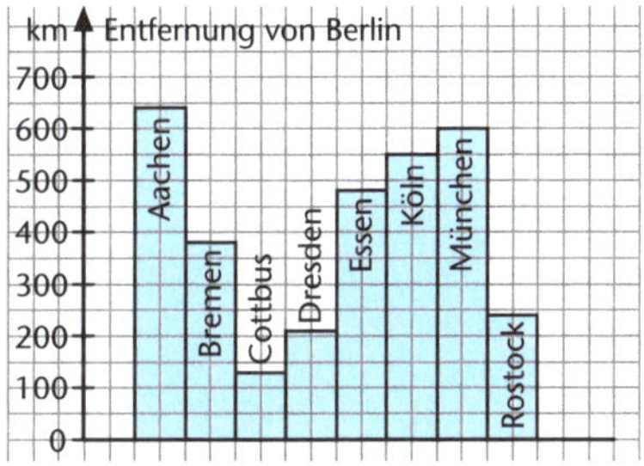

6

Fluss	Länge (in km)
Nil	6700
Amazonas	6300
Yangtsekiang	6300
Mississippi/ Missouri	6000
Huang He	5500
Ob	5400
Mekong	4800
Kongo	4700
Amur	4400
Lena	4400

Hinweis: zu einigen Flüssen findet man unterschiedliche Längen in der Literatur.

7 Im Säulendiagramm 100 km ≙ 1 cm:
Rhein: 8,7 cm; Elbe: 7,9 cm; Donau: 6,5 cm; Weser: 4,4 cm; Saale: 4,3 m;
Spree: 3,8 cm; Ems: 3,7 cm; Havel: 3,4 cm

1 a) 9 m, 3 m, 13 m b) 25 m, 40 m, 75 m c) 140 m, 280 m, 120 m d) 150 m, 450 m, 550 m 51

2 a) 1,25 km, 0,175 km, 4,5 km b) 3,5 km, 0,25 km, 6 km c) 0,9 km, 0,24 km, 1,3 km d) 0,4 km, 0,3 km, 2,8 km

3 a) Länge auf der Karte: 92 cm b) Entfernung auf der Karte: 10 cm

4 a) Länge des Regals im Plan: 4,5 cm; Der Plan wurde im Maßstab 1:40 gezeichnet.
b) Höhe des Regals im Plan: 2 cm; Höhe des Regals in der Wirklichkeit: 80 cm.

5 Das Modell des Schiffs ist 60 cm lang und 16 cm breit.

1 a) nicht proportional b) nicht proportional c) nicht proportional d) proportional 52

2 a) Proportionale Zuordnung; zum dreifachen Gewicht gehört der dreifache Preis, zum vierfachen Gewicht gehört der vierfache Preis.
b) Die Zuordnung ist nicht proportional; zur doppelten Zeit gehört nicht der doppelte Weg.

3 a)

Anzahl	Preis (in €)
6	30
3	15
18	90
9	45

b)

Gewicht (in kg)	Preis (in €)
4	12
12	36
3	9
20	60

c)

Zeit (in h)	Weg (in km)
2	14
4	28
12	84
3	21

d)

Volumen (in cm^3)	Gewicht (in g)
5	40
2	16
10	80
30	240

1 3,43 € **2** 529 kg **3** a) 2,76 € b) 13 Flaschen 53

4 a) 42 m^2 b) 4,5 *l* **5** 591,60 € **6** a) 6,4 *l* b) 750 km

7 20 km **8** $2\frac{1}{2}$ h **9** 85,5 km

54

1 Die Zuordnung ist antiproportional. Wenn die Kosten auf halb so viele Personen verteilt werden, muss jede Person doppelt so viel bezahlen.

2 a) Antiproportionale Zuordnung; zur halben Anzahl gehört die doppelte Breite, zur dreifachen Anzahl gehört ein Drittel der Breite.
b) Die Zuordnung ist nicht antiproportional; zur Anzahl 10 (das Doppelte der Anzahl 5) gehört nicht die Hälfte des Preises, der zur Anzahl 5 gehört.

3 a)

Bagger (Anzahl)	Zeit (in h)
6	30
3	60
18	10

b)

Schrittlänge (in cm)	Anzahl der Schritte
70	15
35	30
105	10

c)

Geschwindigkeit (in $\frac{km}{h}$)	Fahrzeit (in h)
90	2
30	6
60	3

d)

Personen (Anzahl)	Betrag pro Person
30	15
5	90
10	45

55

1 a) 15 Tage b) 8 Tage

2 28 Dielen

3 70 cm

4 140 Tage

5 80 Gäste

6 1 Stunde 45 Minuten

56

1 a)

Gewicht (in kg)	Preis (in €)
1	1,50
2	3,00
6	9,00

b) (1) 4 kg Äpfel kosten 6,00 €
(2) 5 kg Äpfel kosten 7,50 €.
(3) 3 kg Äpfel kosten 4,50 €.

2 a)

Gewicht (in kg)	Preis (in €)
1	2,50
2	5,00
3	7,50
4	10,00

b) –

c) (1) 2 kg Birnen kosten 5,00 €.
(2) 5 kg Birnen kosten 12,50 €.
(3) 3 kg Birnen kosten 7,50 €

3 a) –

b)

Zeit (in min)	3	4	7	8
Wassermenge (in *l*)	45	60	105	120

c)

Zeit (in min)	1	2	6	9
Wassermenge (in *l*)	15	30	90	135

4 a)

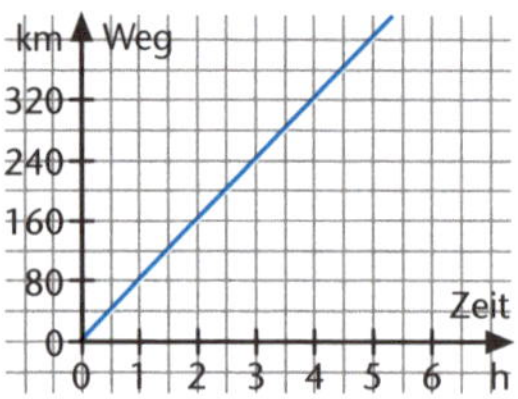

b)

Zeit (in h)	$1\frac{1}{2}$	$2\frac{1}{2}$	$3\frac{1}{2}$	5
Weglänge (in km)	120	200	280	400

c)

Zeit (in h)	$\frac{1}{2}$	$2\frac{1}{2}$	4
Weglänge (in km)	40	200	320

57

1 a)

Hühner (Anzahl)	Zeit (in Tagen)
20	6
30	4
12	10

b)

Hühner (Anzahl)	Zeit (in Tagen)
40	3
10	12
60	2

2 a)

Handwerker	Tage
1	24
2	12
3	8
4	6
6	4
8	3
12	2

b)

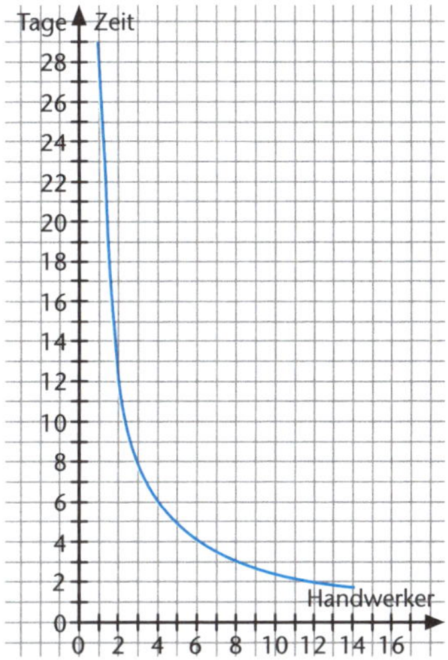

58

1 a)

Verbrauch (in m³)	Gesamtkosten (in €)
0	4,00
10	8,00
20	12,00
30	16,00
40	20,00
50	24,00

b)

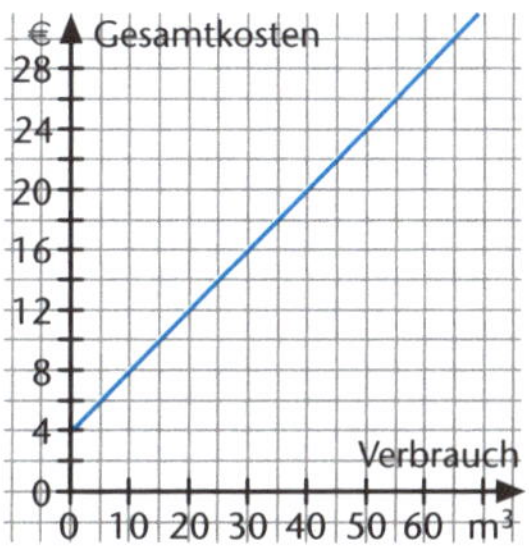

c)

Verbrauch (in m³)	Gesamtkosten (in €)
60	28
80	36
25	14
55	26

2 a)

Montagestunden	Gesamtkosten (in €)
1	40
2	70
3	100
4	130

b)

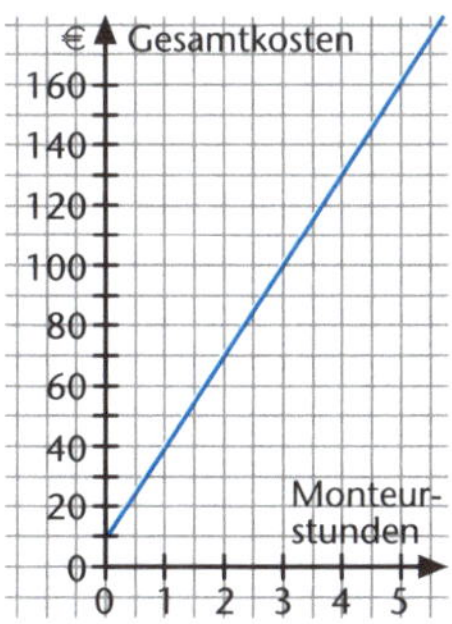

(1) 25 €
(2) 55 €
(3) 85 €
(4) 115 €

59

1 a) 4,92 € b) 7 Flaschen

2 375 Flaschen

3 20,16 *l*

4 180 €

59

5 In einer Stunde legen sie 4 km zurück. Ja, sie benötigen nur noch $1\frac{1}{4}$ h bis zur Jugendherberge.

6 a) 1400 m b) ungefähr 13,8 cm

7 a) 1,55 € b) 70 Minuten

8 a) (1) 400 g (2) 600 g (3) 900 g (4) 1100 g
b) (1) 4 m (2) 5 m (3) 6,5 m (4) 8,5 m

9 1748 €

8

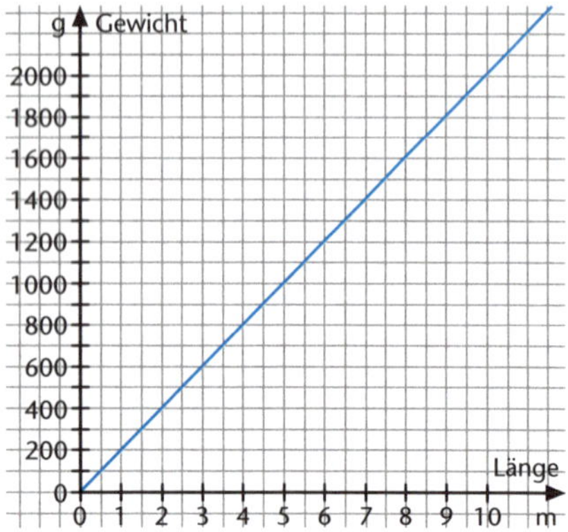

60

1 $105\ \frac{km}{h}$

2 In einer Sekunde 12,5 m, in einer Stunde 45 km

3 $6\frac{2}{3}\ \frac{m}{s} = 24\ \frac{km}{h}$

4 225 km

5 100 m

6 3 Stunden

7 18 Minuten

8 40 Sekunden

9 320 km

10 Tonio wird in 12 Minuten ankommen, also rechtzeitig.

61

1 a) Abfahrt 8.30 Uhr, Ankunft 9.50 Uhr
b) in 10 Minuten 2,5 km, Durchschnittsgeschwindigkeit $15\ \frac{km}{h}$
c) Die Panne passierte um 9.20 Uhr, Entfernung zum Strand: 7,5 km
d) $22{,}5\ \frac{km}{h}$ e) $45\ \frac{km}{h}$

2 (1) (C); (2) (A); (3) (D); (4) (B)

62

1 a) $\frac{50}{100} = \frac{1}{2}$; $\frac{25}{100} = \frac{1}{4}$; $\frac{75}{100} = \frac{3}{4}$; $\frac{30}{100} = \frac{3}{10}$; $\frac{45}{100} = \frac{9}{20}$
b) $\frac{80}{100} = \frac{4}{5}$; $\frac{5}{100} = \frac{1}{20}$; $\frac{120}{100} = \frac{6}{5}$; $\frac{3{,}5}{100} = \frac{7}{200}$

2 a) 50 %; 75 %; 40 %; 62,5 % b) 17,5 %; 24 %; 2,4 % c) 66,7 %; 16,7 %; 55,6 %

3 a) Grundwert: 30 Punkte, Prozentsatz: 80 %, Prozentwert: 24 Punkte
b) Grundwert: 200 m, Prozentsatz: 65 %; Prozentwert: 130 m
c) Grundwert: 3200 €, Prozentsatz 45 %; Prozentwert: 1440 €

64

1 a) 560 Gewinnlose b) 1020 m c) 11,80 €

2 a) 700 € b) 700 Personen c) 30 €

3 a) 95 % b) 2,5 % c) 8,5 %

4 399 € **5** 15 % **6** 2150 Mitglieder **7** 450 € **8** 450 g

65

1 a) 425,60 € b) 9,69 € **2** a) 8018 Einwohner b) 387,10 €

66

1 1350 € **2** 8500 € **3** 1,5 %

67

1 a) 175 € b) 751,33 € **2** a) 840 € b) 3600 €

1 a) 174,60 b) 2,25 € 68

2 a) 990 € b) 8 Monate c) 288 Tage d) 6,5 % e) 4 %

1 a) 5253,13 € b) 13 911,29 € c) 2278,77 € 69

2 Angebot (1): 5487,03 € Angebot (2): 5435,39 €

3 58 966,39 € **4** 2,5 % **5** a) 14 800,73 € b) 4 %

6 a) 12 Jahre b) 21 Jahre

1 a) 7965 € b) Lea hat recht. 13 % von 7965 € sind 1035,45 €. Bei der Auszahlung werden 1035 € abgezogen. 70

2 Skontobetrag: 60,00 €; Überziehungszinsen: 22,50 €. Die sofortige Bezahlung hat sich gelohnt.

3 543,38 € **4** 10,33 € **5** 20 Tage

6 a) 9274,19 €, davon 1274,19 € Zinsen und Zinseszinsen
b) Beim Zinssatz 1,5 % bekommt man 618,27 € Zinsen, also weniger als die Hälfte.

7 a) 2207,10 €
b) Bei konstantem Zinssatz 2,5 % wäre das Kapital auf 2207,63 € angewachsen.

1 Wertetabelle der Funktion: 71

x	−3	−2	−1	0	1	2	3
y	$1\frac{1}{2}$	−1	$-2\frac{1}{2}$	−3	$-2\frac{1}{2}$	−1	$1\frac{1}{2}$

1 $y = \frac{1}{2}x + 3$ verläuft durch die Punkte (0|3) und $(1|3\frac{1}{2})$.
$y = -x - 3$ verläuft durch die Punkte (0|−3) und (1|−4).
Der Schnittpunkt beider Graphen ist S (−4|1).

2 a) $y = 3x - 4$ b) Der Graph ist eine Gerade mit der Steigung 3 und dem Achsenabschnitt −4. Er geht durch die Punkte (0|−4) und (4|8).

1 a) – b) Steigung $m = \frac{1}{2}$ Achsenabschnitt: n = 3 c) $y = \frac{1}{2}x + 3$ 72

d) $4 = \frac{1}{2} \cdot 2 + 3$, $6 = \frac{1}{2} \cdot 6 + 3$ Die Punkte erfüllen die Geradengleichung.

e) Q (4|5), R (5|5,5); S (8|7), T (7|6,5)

2 a) $y = x - 1$ b) $y = -\frac{1}{2}x + 5$ c) $y = -\frac{3}{5}x + 8$

3 a) $y = -0{,}5x + 10$
b) Der Graph ist eine Gerade mit der Steigung −0,5 und dem Achsenabschnitt 10.
c) (1) 6,5 m^3 (2) 11 h

1 73

	a)	b)	c)
Steigung	$-\frac{3}{4}$	$\frac{2}{3}$	$\frac{1}{2}$
Achsenabschnitt	4	3	−5

2 a) g_1: Achsenabschnitt: 3, Steigung: $\frac{3}{2}$, Gleichung: $y = \frac{3}{2}x + 3$

g_2: Achsenabschnitt: −1, Steigung: $\frac{1}{2}$, Gleichung: $y = \frac{1}{2}x - 1$

g_3: Achsenabschnitt: 3, Steigung: $-\frac{1}{2}$, Gleichung: $y = -\frac{1}{2}x + 3$

73 b) g_1 steigt, g_2 steigt, g_3 fällt

c) Schnittpunkt von g_1 und g_2: $(-4|-3)$
Schnittpunkt von g_1 und g_3: $(0|3)$
Schnittpunkt von g_2 und g_3: $(4|1)$

3 a) Die Gerade mit der Steigung $m_1 = \frac{3}{2}$ verläuft steiler.

b) g_1: $y = \frac{3}{2}x$, g_2: $y = \frac{3}{4}x$

c) Für g_1 liegen die y-Werte zwischen 0 und 12.
Für g_2 liegen die y-Werte zwischen 0 und 6.

4 a) $m = \frac{2}{3}$, Geradengleichung: $y = \frac{2}{3}x$ b) $n = 3$, Geradengleichung: $y = \frac{1}{2}x + 3$

5 $y = 2x + 1$

6 $y = x - 5$

74 **1** a) (1) gehört zu (A), (2) gehört zu (B), (3) gehört zu (C).
b) (A): S (1|3) (B): (0|–1) (C): (1|–3)

2 a) (1)

x	0	1	2	3	4	5	6
y	11	6	3	2	3	6	11

b) (1) S (3|2)

a) (2)

x	–7	–6	–5	–4	–3	–2	–1	0	1	2	3
y	9,5	5	1,5	–1	–2,5	–3	–2,5	–1	1,5	5	9,5

b) (2) S (–2|–3)

a) (3)

x	–2	–1	0	1	2	3	4	5	6
y	–13	–6	–1	2	3	2	–1	–6	–13

b) (3) S (2|3)

a) (4)

x	–3	–2	–1	0	1	2	3	4	5	6	7	8	9
y	–7	$-3\frac{1}{3}$	$-\frac{1}{3}$	2	$3\frac{2}{3}$	$4\frac{2}{3}$	5	$4\frac{2}{3}$	$3\frac{2}{3}$	2	$-\frac{1}{3}$	$-3\frac{1}{3}$	–7

b) (4) S (3|5)

75 **1** Alle Funktionen sind verschobene Normalparabeln mit den Scheitelpunkten:
a) S (3|1) b) S (–3|1) c) S (–3|–1)

2 a) $y = (x-2)^2 + 5$ b) $y = (x+2)^2 + 5$ c) $y = (x-2)^2 - 5$ d) $y = (x+2)^2 - 5$

3 a) $y = (x-3)^2$ S (3|0)
b) $y = (x-3)^2 - 2$ S (3|–2)
c) $y = (x+2)^2 - 1$ S (–2|–1)
d) $y = (x+1{,}5)^2 - 2{,}25$ S (–1,5|–2,25)
e) $y = (x-1{,}5)^2 + 5{,}75$ S (1,5|5,75)
f) $y = (x+0{,}5)^2 - 1{,}75$ S (–0,5|–1,75)

76 **1** a) S (0|4)

b)

x	–2	–1	–0,5	0,5	1	2
y	0	+3	+3,75	+3,75	+3	0

c) $y = -x^2 + 4$

d) Ist der Faktor vor x^2 in der Funktionsgleichung positiv, so ist die Parabel nach oben geöffnet, ist er negativ, so ist die Parabel nach unten geöffnet.
(1) Der Graph ist auf Seite 76 abgebildet.

(2) S (0|–4)

x	2	3	3,5	4,5	5	6
y	4	1	0,25	0,25	1	4

(3) S (4|0)

x	–2	–1	–0,5	0,5	1	2
y	0	3	3,75	3,75	3	0

2 (1) → B; (2) → D; (3) → A; (4) → C

3 a) x = 7 und x = 3 b) x = 8 und x = 2 c) x = 5

4 a) $y = (x-2)^2$ b) $y = x^2 - 3$ c) $(x+2)^2 + 3$ d) $y = (x-1)^2 - 2$

5 a) Der Faktor vor x^2 ist negativ, also ist die Parabel nach unten geöffnet. 76

b)

x	–3	–2	–1	0	1	2	3
y	–1,5	1	2,5	3	2,5	1	–1,5

c) S(0|3)

d) $y = -0,5\,(x-4)^2 + 1$

1 a) $0,5^2 > 0,5^4$ b) $1,5^2 < 1,5^6$ c) $0,8^4 > 0,8^6$ d) $1,2^4 < 1,2^6$ e) $1,1^6 < 2^2$ f) $(-1)^3 < (-0,8)^5$ g) $(-1,1)^3 > (-1,1)^5$ h) $1,5^3 < 1,5^5$ i) $(-2)^3 < (-1)^5$ 77

2 Der Graph mit der weiteren Öffnung gehört zu Funktionsgleichung $y = x^2$.

3 a) $y = x^3$ b) $y = x^4$ c) $y = x^5$

4 a) $x^n > x^m$ b) $x^n = x^m$ c) $x^n < x^m$ d) $x^n = x^m$

1 $y = x^{-1}$ gehört zum schwarzen Graphen. $y = -2x^{-1}$ gehört zum grauen Graphen. 78
$y = 2x^{-1}$ gehört zum blauen Graphen.

2 a) trifft zu b) trifft zu c) trifft zu
d) trifft nicht zu; Für $x > 1$ ist $y < 1$. e) trifft nicht zu; Für $x < -1$ ist $y > -1$.

1 10164 ≈ 10000 **2** 248578 ≈ 250000 **3** 2,7 % **4** 9,4 % 79

5 Nein, denn die Fläche beträgt nach 4 Tagen 19969,6 m².

1 a) 80

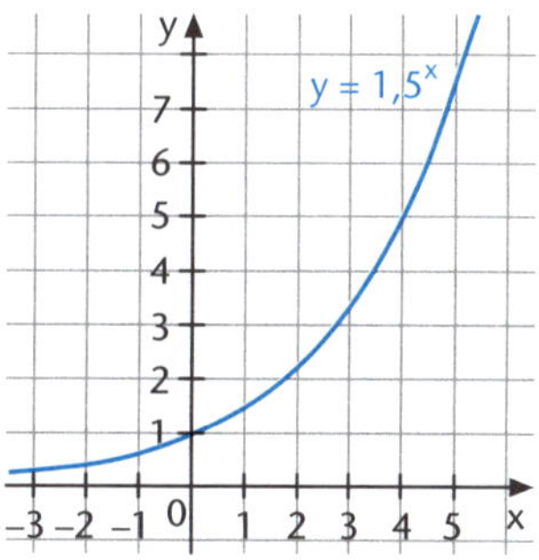

b) $y_1 = 4,5;\ y_2 = 2,5;\ y_3 = 0,8$
c) $x_1 = 4,2;\ x_2 = -0,3$

2

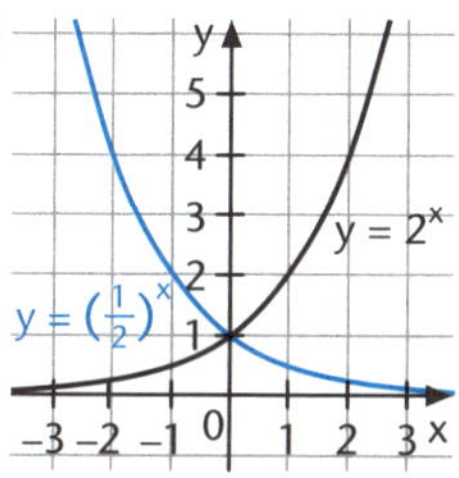

$2^1 = 2;\quad \left(\frac{1}{2}\right)^{-1} = 2$
$2^{-1} = \frac{1}{2};\quad \left(\frac{1}{2}\right)^{1} = \frac{1}{2}$
$2^{-2} = \frac{1}{4};\quad \left(\frac{1}{2}\right)^{2} = \frac{1}{4}$

Die Graphen liegen symmetrisch in Bezug auf die y-Achse und schneiden sich im Punkt (0|1).

3 Zu x gehört der Punkt $(x \mid a^{-x})$ des Graphen von $y = \left(\frac{1}{a}\right)^x$.
Zu –x gehört der Punkt $(-x \mid a^{-x})$ des Graphen von $y = a^x$.
Gehört der Punkt $(x_0|y_0)$ zu dem einen Graphen, so gehört der Punkt $(-x_0|y_0)$ zu dem anderen Graphen.

4 a) $y = 2^x$ b) $y = 5^x$ c) $y = 1,1^x$

5 a) trifft zu
b) trifft zu, z. B. $2^{-10} < 0,001$
c) trifft nicht zu, es gibt x Werte, für die $\left(\frac{1}{2}\right)^x > 1000$ ist, z. B. $x = -10$
d) trifft nicht zu; $1111^0 = 1$

1 a) Im Beispiel von 0° bis 360° ist $\sin\alpha$ positiv für $0° < \alpha < 180°$ und negativ für $180° < \alpha < 360°$. 81
Allgemein: $\sin\alpha > 0 \Leftrightarrow 2k \cdot 180° < \alpha < (2k+1) \cdot 180°$ mit $k \in \mathbb{Z}$
$\sin\alpha < 0 \Leftrightarrow (2k+1) \cdot 180° < \alpha < 2k \cdot 180°$ mit $k \in \mathbb{Z}$

81 b)

α	0°	30°	60°	90°	120°	150°	180°	210°	240°	270°	300°	330°	360°
$\sin\alpha$	0	0,5	0,87	1	0,87	0,5	0	−0,5	−0,87	−1	−0,87	−0,5	0

2 a) 25°; 155° b) 205°; 335° c) 45°; 135° d) 225°; 315°

3 z. B. sin (180° − 30°) = sin 30°; 0,5 = 0,5 sin (180° + 30°) = −sin 30°; −0,5 = −0,5

82 **1** a) Im Bereich von 0° bis 360° ist $\cos\alpha$ positiv für $0° \le \alpha < 90°$ und für $270° < \alpha \le 360°$.
$\cos\alpha$ ist negativ für $90° < \alpha < 270°$.

b)

α	0°	30°	60°	90°	120°	150°	180°	210°	240°	270°	300°	330°	360°
$\cos\alpha$	1	0,87	0,5	0	−0,5	−0,87	−1	−0,87	−0,5	0	0,5	0,87	1

2 z. B. cos (180° − 30°) = −cos 30°; −0,87 = −0,87
cos (180° + 30°) = −cos 30°; −0,87 = −0,87

3 a) 60°, 300° b) 150°, 210° c) 135°, 225°

4 $45° + k \cdot 180°$ mit $k \in \mathbb{Z}$

83 **1** a) Im Bereich von 0° bis 360° ist $\tan\alpha$ positiv für $0° < \alpha < 90°$ und $180° < \alpha < 270°$.
$\tan\alpha$ ist negativ für $90° < \alpha < 180°$ und $270° < \alpha < 360°$.

b)

α	0°	30°	45°	60°
$\tan\alpha$	0	0,58	1	1,73

2 a) $k \cdot 180°$ mit $k \in \mathbb{Z}$ b) $45° + k \cdot 180°$ mit $k \in \mathbb{Z}$ c) $-45° + k \cdot 180°$ mit $k \in \mathbb{Z}$

3 z. B. tan (180° − 30°) = −tan 30°; −0,58 = −0,58
tan (180° + 30°) = −tan (180° − 30°); 0,58 = 0,58

84 **1** a) $\beta = 135°$, $\gamma' = 135°$, $\delta' = 45°$
b) $\alpha = 70°$, $\gamma' = 110°$, $\delta' = 70°$
c) $\delta' = 10°$, $\alpha = 10°$, $\beta = 170°$
d) $\gamma' = 93°$, $\alpha = 87°$, $\beta = 93°$

2 a) $\beta = 153°$, $\delta = 153°$, $\gamma = 27°$
b) $\alpha = 85°$, $\gamma = 85°$, $\delta = 95°$
c) $\beta = 46°$, $\delta = 46°$, $\alpha = 134°$
d) $\gamma = 135°$, $\alpha = 135°$, $\beta = 45°$

3 a) $\alpha = \gamma = \alpha' = \gamma'$
$\beta = \delta = \beta' = \delta'$
b) $\beta = 90°$ alle Winkel sind rechte Winkel
c) $\alpha = \gamma = \alpha' = \gamma'$
$\beta = \delta = \beta' = \delta'$

86 **1** a) $\alpha = 61°$ b) $\alpha = 25°$ c) $\beta = 37°$

2 ∢ BSD = 84°

3 (1) $\alpha = 45°$; $\beta = 45°$
(2) $\alpha = 67{,}5°$; $\beta = 67{,}5°$
oder $\alpha = 45°$; $\beta = 90°$
oder $\alpha = 90°$; $\beta = 45°$
(3) $\gamma = 72{,}5°$; $\beta = 72{,}5°$
oder $\beta = 35°$; $\gamma = 110°$
oder $\beta = 110°$; $\gamma = 35°$
(4) $\gamma = 30°$; $\beta = 30°$
(5) $\alpha = 60°$; $\gamma = 60°$
(6) $\alpha = 66{,}5°$, $\gamma = 66{,}5°$
oder $\alpha = 47°$; $\gamma = 86°$
oder $\alpha = 86°$; $\gamma = 47°$

4 Alle Innenwinkel sind gleich groß (60°).

87 **1** Dreieck ABC ≅ Dreieck OPN (SsW).
Dreieck ABC ≅ Dreieck LMK (weitergehende Überlegungen erforderlich).

2 a) 74°, geeignet
b) 130°; ungeeignet
c) 32°; geeignet
d) 90°; ungeeignet, weil kein Klebefalz möglich ist

3 Nur c) ergibt ein Dreieck; Prüfen mit den Dreiecksgleichungen.

4 a) $\alpha = 60{,}9°$; $\gamma = 45{,}1°$; unregelmäßiges Dreieck 88
b) $\beta = 54{,}6°$; $\gamma = 39{,}4°$; unregelmäßiges Dreieck
c) $\alpha = 35{,}4°$; $\beta = 54{,}6°$; rechtwinkliges Dreieck
d) $\alpha = \gamma = 50°$, gleichschenkliges Dreieck

5 Die Länge der Gasleitung beträgt ca. 8,8 km.

6 a) $\alpha = 62°$, $b \approx 4{,}9$ cm, $c \approx 4{,}5$ cm
b) $\gamma = 49°$, $a \approx 4{,}5$ cm, $b \approx 2{,}8$ cm
c) kein Dreieck
d) $\gamma = 77{,}5°$, $\alpha = 58{,}7°$, $\beta = 43{,}8°$

7 a) $\beta \approx 41{,}8°$; $\alpha \approx 50{,}2°$; $a = 4{,}6$ cm
b) $\beta \approx 29{,}8°$; $\gamma \approx 30{,}2°$; $c \approx 4{,}3$ cm
c) $\alpha = 27°$; $\beta = 28°$, $b \approx 3{,}6$ cm
d) $\gamma \approx 36°$; $\alpha \approx 89°$; $a \approx 6{,}5$ cm

8 (1) $a \approx 5$ cm; $\beta \approx 23{,}6°$; $\gamma = 126{,}4°$
(2) $a \approx 9$ cm; $\beta \approx 26{,}3°$; $\gamma \approx 63{,}7°$
(3) $a \approx 5{,}6$ cm; $\beta \approx 27{,}3°$; $\gamma \approx 112{,}7°$

9 $\gamma = 108°$, $\overline{BC} \approx 7{,}1$ km, $\overline{AC} \approx 8{,}7$ km; kürzeste Entfernung ist $\overline{BC}$.
Alle Werte sind aus den Konstruktionen abgelesen. Deshalb sind sie Näherungswerte.

10 a) $c \approx 5{,}1$ cm; $\alpha \approx 56{,}8°$; $\beta \approx 64{,}6°$; $\gamma \approx 58{,}6°$; C (3|7)
b) $a \approx 5{,}8$ cm; $\alpha \approx 84{,}1°$; $\beta \approx 36{,}9°$; $\gamma \approx 59°$; A (4,9|–0,7)
c) $b \approx 5{,}8$ cm; $\alpha \approx 19{,}5°$; $\beta \approx 48{,}2°$; $\gamma \approx 112{,}3°$; B (–0,6|5,5)
d) $c \approx 6{,}3$ cm; $\alpha \approx 94°$; $\beta \approx 33°$; $\gamma \approx 53°$; C (1,2|6)

1 a) $\frac{6}{3} = 6 : 3$ $\overline{UY} = 14$ cm b) $\frac{10}{5} = 10 : 5$ $\overline{UX} = 15$ cm 89
c) $\frac{180}{60} = 180 : 60$ $\overline{UV} = 40$ cm d) $\frac{24}{6} = 24 : 6$ $\overline{UW} = 28$ cm

2 A′ (2|–1); B′ (8|2); C′ (5|5)

1 a) Sind zueinander ähnlich, denn sie stimmen im Verhältnis aller drei Seiten überein. k = 2 90
b) Sind zueinander ähnlich – Hauptähnlichkeitssatz.
c) Sind nicht zueinander ähnlich.
d) Sind zueinander ähnlich, denn $\overline{DE} : \overline{AB} = 12$, $\overline{DF} : \overline{AC} = 12$, $\sphericalangle$ DEF = γ und $\overline{DE} > \overline{DF}$.

2 Trapez ABCD ist zum Trapez EBCF nicht ähnlich, obwohl sie in allen vier Innenwinkeln übereinstimmen. Aber: $\overline{AB} : \overline{EB} \neq \overline{DC} : \overline{FC}$.

3 Parallelogramm AEFD ist zum Parallelogramm ABCD nicht ähnlich. Sie stimmen zwar in allen vier Innenwinkeln überein, aber die Länge $\overline{AE}$ ist die Hälfte der Länge $\overline{AB}$, während die Länge $\overline{EF}$ nicht die Hälfte der Länge $\overline{BC}$ ist.

4 Sie sind nur dann ähnlich, wenn sie in zwei Winkeln übereinstimmen. Es genügt also, wenn sie in dem Winkel übereinstimmen, der nicht Basiswinkel ist.

5 Gleichseitige Dreiecke müssen immer zueinander ähnlich sein, weil ihre drei Innenwinkel jeweils 60° groß sind.

6 Ähnlichkeit der Dreiecke: Hauptähnlichkeitssatz, sie stimmen in zwei Winkeln überein. (Scheitelwinkel, Wechselwinkel an geschnittenen Parallelen; Kongruenzsatz: sws)

7 a) $x = 6$ m b) $x = 12$ m c) $x = 7$ m 91

8 Der Mast ist ca. 14 m hoch.

9 Breite des Flusses a) ca. 31 m b) ca. 100 m

10 Der Baum ist ungefähr 6 m hoch.

11 $\overline{AE} = 648$ m; $\overline{ED} = 371{,}20$ m; $\overline{EC} = 691{,}20$ m

91

12 Erde – Mond: 382 200 km; Durchmesser Mond: 3430 km

92

1 Einheit 1 cm
a) $u = 3{,}2\text{ cm} + 2{,}7\text{ cm} + 3\text{ cm} = 8{,}9\text{ cm}$ $A = 3{,}75\text{ cm}^2$
b) $u = 2{,}5\text{ cm} + 3{,}5\text{ cm} + 5{,}6\text{ cm} = 11{,}6\text{ cm}$ $A = 3\text{ cm}^2$
c) $u = 2{,}2\text{ cm} + 2{,}2\text{ cm} + 3{,}2\text{ cm} = 7{,}6\text{ cm}$ $A = 2{,}42\text{ cm}^2$

2 a) $A = 10\text{ cm}^2$ b) $= 15\text{ cm}^2$ c) $A = 12\text{ cm}^2$ d) $A \approx 12{,}46\text{ cm}^2$ e) $A \approx 17{,}42\text{ cm}^2$

3 a) $A \approx 6{,}6\text{ cm}^2$ c) $A \approx 13{,}3\text{ cm}^2$ e) $a \approx 3{,}2\text{ cm}^2$
b) $A \approx 7{,}1\text{ cm}^2$ d) $A \approx 5{,}6\text{ cm}^2$ f) $A \approx 4{,}2\text{ cm}^2$

93

4 a) $A \approx 3{,}0\text{ cm}^2$ b) $g = 32\text{ m}$ c) $h = 5\text{ cm}$ d) $A = 15{,}4\text{ dm}^2$ e) $h = 3{,}6\text{ cm}$

5 a) $u = 248\text{ m}$ b) 65,55 kg $A = \frac{76 \cdot 69}{2}$ $A = 2622\text{ m}^2$ c) 14 Beutel; 152,18 €

6 $A \approx 63$ ha; 151 200 €

7 a) $A \approx 52{,}84\text{ m}^2$; für beide Giebel zusammen: $105{,}68\text{ m}^2$ Holz b) 4121,20 €

8 $h \approx 8{,}4$ m; ca. 27 300 €

95

1 a) $x^2 + y^2 = z^2$ b) $\overline{AB}^2 + \overline{BC}^2 = \overline{AC}^2$ c) $\overline{DE}^2 + \overline{DF}^2 = \overline{EF}^2$

2 a) $c = 26\text{ dm}$ b) $c = 5{,}1\text{ cm}$ c) $a = 18{,}8\text{ cm}$ d) $a = 4\text{ cm}$ e) $b = 11{,}2\text{ mm}$

3 a) – b) A mit 5 Einheiten, B mit 5 Einheiten; C mit 5 Einheiten; D mit 5 Einheiten, E mit 5 Einheiten
c) Fünfeck oder Kreis

4 a) $h = 3\text{ cm}$ c) $c \approx 9{,}2\text{ dm}$ e) $s \approx 0{,}7\text{ km}$
b) $h \approx 4{,}5\text{ cm}$ d) $s = 29\text{ mm}$ f) $c = 60\text{ m}$

5 a) (1) $h \approx 5{,}2\text{ cm}$; $A = 15{,}6\text{ cm}^2$ (2) $h \approx 0{,}6\text{ m}$; $A \approx 0{,}21\text{ m}^2$
b) (1) $a \approx 10{,}4\text{ cm}$; $A = 46{,}8\text{ cm}^2$ (2) $a \approx 3{,}1\text{ m}$; $A \approx 4{,}2\text{ m}^2$
c) (1) $a \approx 7{,}44\text{ m}$ (2) $a \approx 11{,}37\text{ m}$

6 a) $x \approx 3{,}6\text{ cm}$ b) $x \approx 5{,}0\text{ cm}$ c) $x \approx 5{,}7\text{ cm}$
d) $x_1 \approx 9{,}4$ und $x_2 \approx 6{,}3\text{ cm}$; $x = x_1 + x_2 + 4\text{ cm}$; $x \approx 19{,}7\text{ cm}$

96

7 $x = 520$ m; Er spart 160 m des Weges ein.

8 a) $h \approx 14\text{ m}$ b) bei 45 m eine Höhe von 43,9 m; bei 65 m eine Höhe von 64,2 m

9 $x \approx 2{,}1\text{ m}$

10 4 m über dem Erdboden

11 Ja, die Bildschirmdiagonale ist 43,2 cm lang.

12 Anwenden der Umkehrung des Satzes des Pythagoras; ja, es ist rechtwinklig, da der Satz gilt.

97

1 a) $\delta = 34°$ b) $\alpha = \delta = 74°$ c) $\beta = 226°$ d) $\alpha = \beta = \delta = 108°$

2 a) Das Viereck ABCD ist konstruierbar. b) Das Viereck ABCD ist nicht konstruierbar.

98

1 a) $e = 5{,}8$ cm; $c = 6{,}0$ cm; $d = 4{,}0$ cm; $\alpha = 112°$; $\gamma = 112°$; $\delta = 68°$; $f = 8{,}4$ cm
b) $\gamma = 50°$; $\beta = 130°$; $\delta = 130°$; $b = 5{,}0$ cm; $c = 7{,}5$ cm; $e = 11{,}4$ cm; $f = 5{,}7$ cm
c) $c = 4{,}7$ cm; $b = 6{,}4$ cm; $\beta = 120°$; $\alpha = 60°$, $\gamma = 60°$, $f \approx 5{,}7$ cm; $e \approx 9{,}7$ cm

98

2 a) $b = 3{,}1$ cm; $\alpha = 64°$; $\gamma = 116°$; $\delta = 116°$; $e = 4{,}1$ cm; $c = 1{,}6$ cm; $f = 4{,}1$ cm
b) $d = 2{,}4$ cm; $\delta = 96°$; $\gamma = 96°$; $\alpha = 84°$; $\beta = 84°$; $a = 5{,}3$ cm; $e \approx 5{,}6$ cm; $f \approx 5{,}6$ cm
c) $\delta = 125°$; $\alpha = 55°$; $\beta = 55°$; $b = 2{,}8$ cm; $e = 5{,}6$ cm; $a = 6{,}7$ cm; $f = 5{,}6$ cm

3 a) $\overline{PQ} \approx 269$ m b) $\overline{PQ} \approx 571$ m c) $\overline{PQ} \approx 440$ m

4 a) Böschungswinkel: 40°; Länge der Böschung: 5,8 m
b) Dammhöhe: 3 m; Dammsohle: 22,6 m

100

1 a) $u = 13{,}6$ cm; $A = 10{,}35$ cm²
b) $u = 8{,}8$ km; $A = 3{,}84$ km²
c) $u = 102$ mm; $A = 578$ mm²
d) $u = 136$ mm; $A = 1035$ mm²
e) $u = 16$ cm; $A = 16$ cm²
f) $u = 180$ mm; $A = 2025$ mm²

2 a) $b = 6$ cm; $u = 24$ cm
b) $b = 8{,}1$ cm; $u = 27{,}4$ cm
c) $a = 12$ mm; $u = 48$ mm
d) $a = 5{,}2$ cm; $u = 16$ cm
e) $b = 8$ m; $A = 40$ m²
f) $a = 7$ m; $b = 3$ m

3 Preis 188 869,75 €; $u = 156{,}8$ m

4 Kosten: 1385,97 €

5 a) $A = 172\,800$ m² b) Kosten: 233 280 €

6 $A = 25{,}92$ cm²

7 a) $A = 16{,}1$ dm² b) $b = 4{,}8$ dm c) $h_b = 3{,}35$ dm

8 a) $A = 30{,}8$ m² b) $A = 23$ cm² c) $A = 28{,}56$ dm²

101

9 1. Variante: 6,25 m²; 2. Variante: 6,625 m²; **3. Variante: 7 m²**

10 $D_1 = 140$ m²; $T = 506$ m²; $D_2 = 144$ m²; $D_3 + D_4 = 367{,}5$ m²; $A_{gesamt} = 1157{,}5$ m²

11 $A = 33$ cm²

12 (1) $A = 3{,}75$ cm² (2) $A = 3{,}125$ cm² (3) $A = 7{,}5$ cm² (4) $A = 9{,}5$ cm²

13 Kosten: 93,02 €

14 Die Diagonale der Türöffnung beträgt ca. 2,27 m. Damit passt der Spiegel durch die Tür.

102

1 a) – b) (1) Sekante (2) Tangente

2 Die Winkelhalbierenden der Innenwinkel des Dreiecks schneiden sich im Mittelpunkt des Ausgangskreises (Inkreismittelpunkt).

103

1 a) $a = 2{,}3$ cm $b = 4{,}2$ cm $h_c = 2$cm
b) $b = 4{,}3$ cm $c = 5{,}7$ cm $h_a = 3{,}4$ cm
c) $a = 5$ cm $c = 3{,}7$ cm $h_b = 3$ cm
d) $a = 3{,}3$ cm $b = 7{,}3$ cm
e) $a = 5{,}9$ cm $c = 2{,}5$ cm
Bei d) und e) ist die Höhe so zu wählen, dass sie senkrecht auf einer Seite des Dreiecks steht.

2 Die gegebene Seite des rechtwinkligen Dreiecks ist der Durchmesser des Thaleskreises. Ihr Mittelpunkt ist gleichzeitig Mittelpunkt des Kreises. Die Höhe des gleichschenkligen Dreiecks steht im Mittelpunkt des Kreises senkrecht auf dem Durchmesser.

3 x = Hälfte der zweiten Rechteckseite; $x = \sqrt{4{,}2^2 - 1{,}25^2}$; $x = 4$ cm;
also zweite Rechteckseite: ca. 8 cm

104

1 a) $u \approx 18{,}8$ cm b) $u \approx 46{,}5$ m c) $u \approx 131{,}9$ km d) $u \approx 197{,}2$ mm e) $u \approx 79{,}8$ cm

2 a) Kinderfahrrad: $s \approx 1{,}57$ m
Mountain-Bike: $s \approx 1{,}93$ m
Treckingrad: $s \approx 2{,}25$ m
b) $n \approx 637$
$n \approx 518$
$n \approx 444$

104

3 ca. 8 Umdrehungen

4 ca. 28 Umdrehungen

5 a) $u \approx 84{,}89$ mm; $A \approx 572{,}6$ mm²
b) $u \approx 10{,}7$ cm; $A \approx 7{,}1$ cm²
c) $u \approx 277{,}1$ m; $A \approx 4963{,}5$ m²

6 a) $u \approx 15{,}7$ cm; $A \approx 19{,}6$ cm²
b) $u \approx 15{,}3$ m; $A \approx 18{,}6$ m²
c) $u \approx 22$ m; $A \approx 38{,}5$ m²
d) $u \approx 8{,}5$ km; $A \approx 5{,}7$ km²
e) $u \approx 1{,}6$ km; $A \approx 0{,}2$ km²

7 (1) $d \approx 17{,}5$ cm; $A \approx 240{,}7$ cm²
(2) $d \approx 0{,}46$ m; $A \approx 0{,}17$ m²
(3) $d \approx 1{,}37$ m; $A \approx 1{,}47$ m²

8 a) ca. 191,6 m b) $t \approx 256$ s oder $t \approx 4$ min 16 s

9 $r \approx 6366$ km

105

10 $A \approx 20\,106$ km²

11 a) $A \approx 0{,}08$ m² b) $A \approx 1{,}99$ m² c) $A \approx 1{,}44$ km² d) $A \approx 95{,}27$ dm² e) $A \approx 6{,}88$ cm²

12 a) $u = 3{,}5$ m b) $u \approx 8{,}7$ m c) $u \approx 26{,}5$ cm d) $u \approx 1821{,}4$ m

13 a) 1 Jahr: ca. $9{,}4 \cdot 10^8$ km; 1 Tag: ca. $2{,}58 \cdot 10^6$ km; 1 Sekunde ca. 29,9 km
b) $v \approx 108\,000\ \frac{km}{h}$

14 184 Steine werden benötigt.

15 Es dreht sich etwa 333,3-mal pro Minute.

16 (1) $A \approx 6221$ cm² (2) Abfall: ca. 1700 cm² (3) ca. 21,5 %

17 $A \approx 62{,}9$ cm²

106

1 Die am Würfel nach hinten führenden Kanten bilden jeweils einen Winkel von 45° mit der Seite a und sind 1,5 cm lang. Sie sind Parallelogramme.

2 Die Seiten b schließen mit a jeweils einen Winkel von 45° ein. Das Bild von b ist 1,5 cm lang.

3 Beachte die Parallelität der Original- und Bildstrecken. Unsichtbare Kanten stricheln.

107

4 a) Wahre Länge der Kanten $\overline{AB}$, $\overline{DC}$, $\overline{HG}$, $\overline{EF}$, $\overline{AD}$, $\overline{BC}$, $\overline{EH}$, $\overline{FG}$
b) Verkürzte Darstellung: $\overline{AE}$, $\overline{BF}$, $\overline{CG}$, $\overline{DH}$

5 Beachte die Parallelität der Original- und Bildstrecken. Unsichtbare Kanten stricheln.

6 Das Schrägbild der Grundfläche ist ein Parallelogramm mit $a = 3$ cm und $b = 1{,}5$ cm, wobei b um 45° geneigt zu a gezeichnet wird. Die Höhe steht im Schnittpunkt der Diagonalen auf der Grundfläche in wahrer Länge senkrecht.

7 Das Schrägbild des dreiseitigen Prismas so zeichnen, dass seine Grund- und Deckfläche als gleichschenklige Dreiecke in wahrer Größe abgebildet werden. Das Prisma liegt also auf einer rechteckigen Seitenfläche. Ihre Höhe beträgt 4 cm. Alle anderen Streckenlängen sind frei wählbar. Die Eigenschaften eines Schrägbildes beachten.

8 Die Grundfläche des Kegels wird eine Ellipse, auf deren Mittelpunkt die Höhe in wahrer Größe senkrecht steht (5 cm).

9 a) Die Grundfläche der Pyramide ist ein Quadrat mit der Kantenlänge $a = 2{,}5$ cm. Die vier gleichschenkligen Dreiecke mit der Schenkellänge $s = 5$ cm werden jeweils an den Grundkanten der Grundfläche konstruiert. Es gibt auch andere Varianten.
b) Ein gleichseitiges Dreieck mit der Seitenlänge $s = 3{,}5$ cm ist die Grundfläche. Die drei anderen Dreiecke werden jeweils an einer ihrer Seiten konstruiert.

10 Die Grund- und Deckfläche ist im Schrägbild eine Ellipse, auf deren Mittelpunkt die Höhe h in wahrer Länge senkrecht steht (4,5 cm).

11 a) Die Lage des Quaders ist beliebig. Die Grund- und Deckfläche im Schrägbild sind Parallelogramme.
b) Die Höhe der Pyramide steht im Schnittpunkt der Diagonalen auf der Grundfläche in wahrer Länge senkrecht. 107

1 a) $V = 576\ cm^3$; $O = 432\ cm^2$ c) $V = 0{,}585\ m^3$; $O = 9{,}035\ m^2$ 108
b) $V = 81\,000\ mm^3$; $O = 21\,510\ mm^2$

2 a) $V = 1{,}009\ m^3$ b) $O = 6{,}115\ m^2$ c) Für 12 Kisten mit 10 % Verschnitt $80{,}72\ m^2$

3 a) Fliesenfläche: $975{,}2\ m^2$; Kosten: 91 668,80 € b) Kosten der Füllung: 3078 € 109

4 a) $V = 125\ cm^3$; $O = 150\ cm^2$ c) $V \approx 0{,}0005\ m^3$; $O = 0{,}0384\ m^2$
b) $V = 274\,625\ m^3$; $O = 25\,350\ m^2$ d) $V = 4{,}096\ dm^3$; $O = 15{,}36\ dm^2$

5 a) Erdmenge: $12\,167\ m^3$
b) 76 Fahrten für beide. $7\ m^3$ wären für einen Kipper noch übrig.

6 Farbfläche: $196\,000\ cm^2 = 19{,}6\ m^2$; Farbe für $19{,}6\ m^2$

7 a) – b) $O = 438\ cm^2$; mit Verschnitt: $516{,}84\ cm^2$

8 a) $O = 5286\ mm^2$ b) $O \approx 5306\ mm^2$, $b \approx 28{,}6\ mm$ c) $O \approx 3762{,}5\ mm^2$, $S_1 \approx 43{,}9\ mm$, $S_2 \approx 20{,}6\ mm$ d) $O = 5261{,}6\ mm^2$, $b \approx 23{,}3\ mm$

9 $V = 360\,000\ m^3$ Erde

1 a) $V \approx 22{,}458\ cm^3$; $h_s \approx 5{,}8\ cm$; $O \approx 52{,}8\ cm^2$ 110
b) $V \approx 40{,}5\ cm^3$; $h_s \approx 6{,}41\ cm$; $O \approx 77{,}9\ cm^2$

2

a)	b)	c)	d)	e)
$V \approx 132{,}3\ cm^3$	$V \approx 30{,}2\ cm^3$	$a = 13\ cm$	$a \approx 7{,}2\ cm$	$a = 10\ cm$
$G = 39{,}69\ cm^2$	$G = 12{,}25\ cm^2$	$V \approx 439{,}4\ cm^3$	$G \approx 51{,}8\ cm^2$	$h = 12\ cm$
$h_s = 10{,}5\ cm$;	$h_s \approx 7{,}6\ cm$	$h_s \approx 10{,}2\ cm$	$h_s \approx 6{,}6\ cm$	$h_s = 13\ cm$
$O \approx 171{,}8\ cm^2$	$O \approx 65{,}5\ cm^2$	$O \approx 433\ cm^2$	$O \approx 147\ cm^2$	$O = 360\ cm^2$

3 a) – b) $h_s \approx 2{,}11\ m$; $O \approx 17\ m^2$ bei 20 % Mehrverbrauch
c) $h_s \approx 2{,}28\ m$; $O \approx 17{,}85\ m^2$ bei 20 % Mehrverbrauch

4 a) $V \approx 2\,642\,064{,}7\ m^3$; $M \approx 87049\ m^2$; $h_s \approx 186{,}8\ m$ b) $21\,762{,}2\ m^2$ (eine Fläche)

1 111
a) $O \approx 1099{,}6\ cm^2$, $V \approx 2356{,}2\ cm^3$
b) $r = 0{,}44\ m$, $V \approx 0{,}73\ m^3$
c) $O \approx 52\,929{,}6\ cm^2$, $V \approx 573\,403{,}5\ cm^3$
d) $h \approx 6\ cm$, $O \approx 2455\ cm^2$
e) $r \approx 2{,}4\ cm$, $V \approx 92{,}3\ cm^3$
f) $r \approx 8\ cm$, $O \approx 651\ cm^2$

2 a) Blechbedarf: $318{,}1\ m^2$ c) Blechbedarf: $11{,}03\ m^2$
b) Blechbedarf: ca. $65{,}23\ m^2$ d) Blechbedarf: ca. $471{,}2\ cm^2$

3 Bearbeitete Fläche: ca. $9{,}6\ m^2$

4 $m = 28{,}41\ t$

5 a) $V \approx 17\,831{,}7\ cm^3$, $O \approx 6214{,}1\ cm^2$ b) $V \approx 48\,311{,}8\ cm^3$, $O \approx 15\,393{,}8\ cm^2$ c) $V \approx 3912{,}3\ dm^3$, $O \approx 25{,}2\ m^2$

112

1 a) $s \approx 15{,}3$ cm; $M \approx 144{,}2\ cm^2$; $G \approx 28{,}3\ cm^2$; $O \approx 172{,}5\ cm^2$; $V \approx 141{,}4\ cm^3$
b) $h \approx 13{,}3$ cm; $M \approx 198{,}5\ cm^2$; $G \approx 63{,}6\ cm^2$; $O \approx 262{,}1\ cm^2$; $V \approx 282{,}0\ cm^3$
c) $r \approx 6{,}0$ m; $s \approx 13{,}4$ m; $M \approx 252{,}9\ m^2$; $G \approx 113{,}1\ m^2$; $O \approx 366{,}0\ m^2$
d) $s \approx 64$ m; $h \approx 63{,}7$ m; $G \approx 113{,}1\ m^2$; $O \approx 1319{,}5\ m^2$; $V \approx 2401{,}4\ m^3$

2 a) $r \approx 6{,}0$ cm; $s \approx 7{,}8$ cm; $O \approx 260{,}3\ cm^2$; $V \approx 188{,}5\ cm^3$
b) $r \approx 0{,}89$ m; $s \approx 1{,}49$ m; $O \approx 6{,}67\ m^2$; $V \approx 1\ m^3$
c) $r \approx 16{,}7$ cm; $h \approx 18{,}6$ cm; $s \approx 25$ cm; $O \approx 2187{,}6\ cm^2$
d) $s \approx 11{,}03$ cm; $O \approx 461{,}4\ cm^2$; $V \approx 496{,}9\ cm^3$

3 $h \approx 8{,}9$ cm; $O \approx 501{,}8\ cm^2$

4 $V \approx 25{,}7\ m^3$ $m \approx 46\,260$ kg $m \approx 46{,}26$ t Es müssen ca. 16 Fahrten sein.

5 $m \approx 59{,}6$ t

6 $h \approx 78{,}6$ cm $M \approx 37{,}7\ dm^2$
Es werden 41,1 dm^2 Glanzpapier benötigt.

113

1 a) $V \approx 1912{,}3\ cm^3$ b) $V \approx 3942{,}5\ cm^3$ c) $V \approx 143\,793{,}3\ mm^3$ d) $V \approx 0{,}9\ m^3$

2 Luftmasse: 185 493,4 g ≈ 185,5 kg

3 Ca. 201 m^2 beträgt die Oberfläche aller Lungenbläschen.

4 $V \approx 1{,}083 \cdot 10^{12}\ km^3$; $O = 5{,}099 \cdot 10^8\ km^2$

5 a) An einem Tag: ca. 1 *l* b) in einer Woche: ca. 7 *l* c) in einem Jahr: ca. 350 *l*

6 Es sind etwa 42 000 Schrotkugeln.

7 Der mittlere Durchmesser ist ca. 2,6 mm.

8 a) $r \approx 9{,}4$ cm; Materialverbrauch: ca. 1332,4 cm^2
b) $r \approx 8{,}8$ cm; Materialverbrauch: ca. 1167,8 cm^2

114

1 a) $V \approx 41{,}133\ cm^3$ b) $V \approx 7{,}54\ cm^3$ c) $V \approx 10{,}92\ cm^3$

2 a) Werbefläche: ca. 9,1 m^2 b) Anzahl: 49 Plakate

3 a) $m \approx 2{,}7$ kg b) $m = 0{,}346$ kg c) $m = 0{,}912$ kg

4 $r \approx 2{,}5$ cm

5 a) $O = 49{,}4\ cm^2$; $V = 21\ cm^3$ b) $O = 116\ cm^2$; $V = 78\ cm^3$

6 a) $m \approx 2{,}8$ t b) $m \approx 3{,}3$ t

115

1

	sin α	sin β	cos α	cos β	tan α	tan β	Hypotenuse
a)	0,224951	0,974370	0,974370	0,224951	0,230668	4,331476	31,1 cm
b)	1	0,681998	0	0,731354	–	0,932515	6,3 cm
c)	0,848048	0,529919	0,529919	0,848048	1,600335	0,624869	75,5 cm
d)	0,731354	0,681998	0,681998	0,731354	1,072369	0,932515	29,8 cm
e)	1	0,565463	0	0,824773	–	0,685598	119,6 m
f)	0,363398	1	0,931634	0	0,390065	–	263,6 m
g)	1	0,819152	0	0,573576	–	1,428148	19,2 km
h)	0,891007	0,453991	0,453991	0,891007	1,962611	0,509526	261,5 m

Man stellt fest: Ist $\gamma = 90°$, so gilt: $\sin\alpha = \cos\beta$ und $\cos\alpha = \sin\beta$.

2 42,6°

116

3 a) $h : e = \frac{23}{100}$ b) 370,9 m

117

1 a) $\gamma = 75{,}8°$, $a \approx 7{,}1$ cm; $c \approx 7{,}7$ c
b) $\alpha = 88{,}2°$; $a \approx 6{,}8$ cm; $b \approx 2{,}6$ cm
c) $\beta = 35{,}8°$; $a \approx 8{,}9$ cm; $b \approx 5{,}8$ cm
d) $\alpha = 77°$; $a \approx 9{,}0$ cm; $b \approx 3{,}9$ cm

2 a) $c \approx 7{,}3$ cm; $\alpha \approx 62{,}3°$; $\beta \approx 51{,}7°$
b) $b \approx 9{,}9$ dm; $\alpha \approx 81{,}3°$; $\gamma \approx 45{,}7°$
c) $a \approx 10{,}39$ m; $\beta \approx 45{,}9°$; $\gamma \approx 67{,}1°$
d) $c \approx 5{,}3$ cm; $\alpha \approx 70{,}5°$; $\beta \approx 62{,}5°$

3 $h \approx 3{,}37$ m

4 $h \approx 8{,}2$ cm; $O \approx 141{,}6\ cm^2$; $V \approx 98{,}4\ cm^3$

5 a) 49,6 % b) 26,4°

6 Die Neigung des Daches beträgt 68,6°.

7 a) Höhe: ca. 4,4 m
b) Neigungswinkel gegen den Boden: 77,2°
Neigungswinkel gegen die Wand: 12,8°
Hinweis: Überlege, warum der Neigungswinkel gegen den Boden beim Klettern gefährlich ist. Erkunde den gesetzlich zugelassenen Neigungswinkel.

8 In der Zwischenzeit ist der Ballon ca. 237 m gestiegen.

118

1 a) $|AA'| = 30$ m; $|BB'| = 35$ m; $h_1 = 5$ m; $|CC'| = 35$ m; $h_2 = 5$ m; $|DD'| = 30$ m; $h_3 = 10$ m; $|EE'| = 40$ m; $h_4 = 10$ m; $|FF'| = 25$ m; $h_5 = 10$ m; $|GG'| = 25$ m; $h_6 = 5$ m; $|HH'| = 20$ m; $h_7 = 5$ m; $|II'| = 10$ m; $h_8 = 5$ m.
b) Der Flächeninhalt des Grundstückes beträgt 1650 m^2.
c) Herr Ramos muss für das Grundstück 9718,50 € bezahlen.

2 a) Die Winkel $\gamma_1 = 47°$ und $\delta_1 = 52°$ sind die zu bestimmenden Winkel.
b) δ_2 ist nicht eindeutig bestimmt, da für das ΔCDE nur $\sphericalangle$ CED = 99° bekannt ist.

3 a) Maße des Schrägbildes: Breite 9,3 cm, Tiefe 3 cm und Höhe 9,5 cm.
b) Der Schrank steht 40 cm von der Wand ab.
c) Die Verkleidung kostet 2,35 €.

4 a) Zeichne einen geeigneten Kreis. Trage eine Sehne $\overline{AB}$ ein. Auf der Mittelsenkrechten der Sehne liegt M, der Mittelpunkt des Kreises (s. Seite 102).
b) Der Mittelpunkt M des Kreises ist von $\overline{AB}$ etwa 2,8 m entfernt, wenn wir $\overline{AB} = 2$ m wählen.

119

5 a) Eine Teilfläche des Daches beträgt 12,55 m^2, die gesamte Dachfläche 75,3 m^2.
b) Die Bedachung mit Kupferblech kostet 8522,76 €.

6 Das Pantheon hat eine Innenfläche von 5944,68 m^2.

7 a) Die Dachfläche des Hauses hat eine Größe von ungefähr 382 m^2.
b) Die Ziegeleindeckung kostet 11 269 €.
c) Der Blitzableiter ist 18,6 m lang.

120

1 Arithmetisches Mittel: 10,80 m Spannweite: 3,30 m Mittlere Abweichung: 1,10 m

2 a)

	Arithmetisches Mittel	Spannweite	mittlere Abweichung
A	41,10 m	10,30 m	2,10 m
B	41,75 m	11,40 m	2,00 m

b) Zu Sportler B gehört zwar die größere Spannweite. Die mittlere Abweichung ist aber kleiner als bei Sportler A.

121

1 a) $\bar{x} = 218$ km
b) $z = 180$ km
c) Der Median sagt mehr über die Daten aus, da ein Wert (380 km) stark von den anderen abweicht.

2 Arithmetisches Mittel: 34 h Median 35 h
Der Median ist aussagekräftiger, da ein Wert (28 h) stark von den anderen abweicht.

123

1 a) 10 € 12 € 14 € 20 € 26 € 26 € 30 € 32 € 36 € 39 € 60 €

kleinster Wert	unteres Quartil	Median	oberes Quartil	größter Wert
10 €	17 €	26 €	34 €	60 €

b)

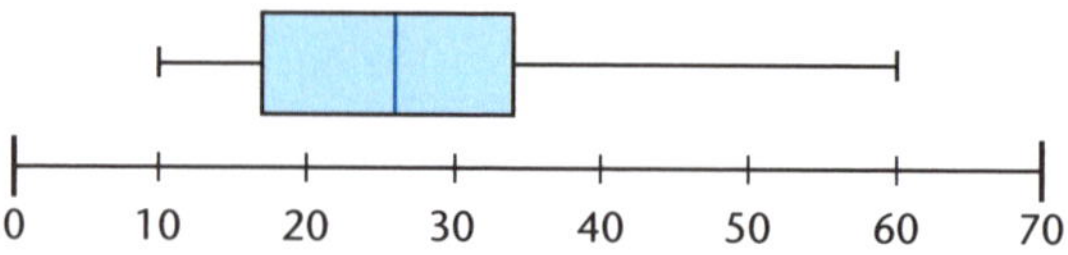

2 25 25 25 25 28 28 31 32 33 36

kleinster Wert	unteres Quartil	Median	oberes Quartil	größter Wert
25	25	28	32	36

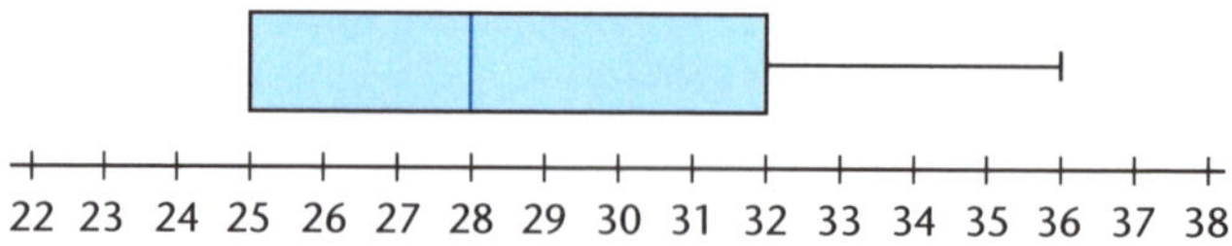

3 a) Größte Punktezahl: A 83, B 75 Kleinste Punktzahl: A 20, B 15 Median A = 53; B = 55
b) Die Daten von Gruppe B streuen weniger.

4 a)

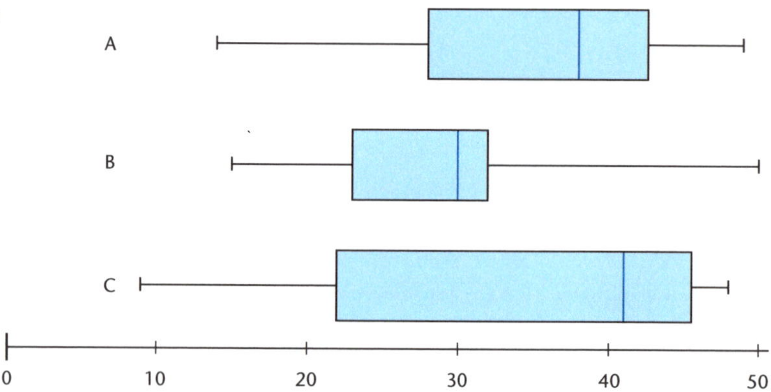

b) Gruppe C ist in der Spitze am stärksten (größter Median).
c) Gruppe B ist am ausgeglichensten. Die Box ist am kleinsten, daher die Streuung am geringsten.

124

1 $3 \cdot 4 \cdot 2 = 24$

2 a) $5^4 = 625$ b) $5 \cdot 4 \cdot 3 \cdot 2 = 120$

3 $9 \cdot 8 \cdot 7 \cdot 6 \cdot 5 \cdot 4 \cdot 3 \cdot 2 \cdot 1 = 362\,880$

1 a) $\frac{10 \cdot 9 \cdot 8}{1 \cdot 2 \cdot 3} = 120$ b) $\frac{5 \cdot 4}{1 \cdot 2} = 10$ c) $\frac{8 \cdot 7 \cdot 6}{1 \cdot 2 \cdot 3} = 56$ d) $\frac{49 \cdot 48 \cdot 47 \cdot 46 \cdot 45 \cdot 44}{1 \cdot 2 \cdot 3 \cdot 4 \cdot 5 \cdot 6} = 13\,983\,816$ 125

2 $\frac{8 \cdot 7 \cdot 6 \cdot 5}{1 \cdot 2 \cdot 3 \cdot 4} = 70$

3 $\frac{11 \cdot 10}{1 \cdot 2} \cdot \frac{12 \cdot 11}{1 \cdot 2} = 3630$

4 Es gibt $\frac{4 \cdot 3}{1 \cdot 2} = 6$ Möglichkeiten, 2 der 4 Lampen auszuwählen.
Spätestens am 7. Tag wiederholt sich daher eine Beleuchtungsmöglichkeit.

5 Es gibt $\frac{6 \cdot 5 \cdot 4}{1 \cdot 2 \cdot 3} = 20$ Möglichkeiten, 3 der 6 verschiedenen Beläge zu wählen.
Daher bekommen mindestens zwei der 21 Personen Pizzen mit dem gleichen Belag.

1 $\frac{18}{45} = 0{,}4 = 40\ \%$

2 a) $\frac{234}{360} = 0{,}65 = 65\ \%$ 126

b) absolute Häufigkeit: 126 relative Häufigkeit: $\frac{126}{360} = 0{,}35 = 35\ \%$

3 300 Würfe

4 a) 1000 Unfälle b) 870 Unfälle

1 a) 127

0,215	0,283	0,243	0,26	0,253

b) 0,25 c) ungefähr 750-mal

2 a) 0,12 b) ungefähr 800

3 0,75

1 $\frac{4}{32} = \frac{1}{8}$

2 a) $\frac{3}{6} = \frac{1}{2}$ b) $\frac{5}{6}$ c) $\frac{1}{6}$ d) $\frac{4}{6} = \frac{2}{3}$ e) $\frac{2}{6} = \frac{1}{3}$ f) $\frac{1}{6}$ 128

3 a) $\frac{18}{50} = \frac{9}{25}$ b) $\frac{49}{50}$ c) $\frac{8}{50} = \frac{4}{25}$ d) $\frac{2}{50} = \frac{1}{25}$ e) $\frac{40}{50} = \frac{4}{5}$ f) $\frac{15}{50} = \frac{3}{10}$ g) $\frac{10}{50} = \frac{1}{5}$ h) $\frac{19}{50}$

4 Z bedeutet: Zahl liegt oben, B bedeutet: Bild liegt oben 129

a) ZZZZ, ZZZB, ZZBZ, ZBZZ, BZZZ, ZZBB, ZBZB, BZZB,
ZBBZ, BZBZ, BBZZ, ZBBB, BZBB, BBZB, BBBZ, BBBB

b) (1) $\frac{1}{16}$ (2) $\frac{1}{16}$ (3) $\frac{6}{16} = \frac{3}{8}$ (4) $\frac{4}{16} = \frac{1}{4}$

5 $\frac{1}{6}$

6 a) $6^3 = 216$ b) (1) $\frac{1}{6^3} = \frac{1}{216}$ (2) $\frac{6}{216} = \frac{1}{36}$ (3) $\frac{6 \cdot 5 \cdot 4}{216} = \frac{5}{9}$ (4) $\frac{3}{216} = \frac{1}{72}$

7 a) $\frac{1}{\frac{20 \cdot 19 \cdot 18}{1 \cdot 2 \cdot 3}} = \frac{1}{1140}$ b) $\frac{\frac{17 \cdot 16 \cdot 15}{1 \cdot 2 \cdot 3}}{\frac{20 \cdot 19 \cdot 18}{1 \cdot 2 \cdot 3}} = \frac{34}{57}$ c) $1 - \frac{34}{57} = \frac{23}{57}$

8 a) $\frac{1}{12 \cdot 11 \cdot 10} = \frac{1}{1320}$ b) $\frac{3 \cdot 2 \cdot 1}{12 \cdot 11 \cdot 10} = \frac{1}{220}$

1 a) 130

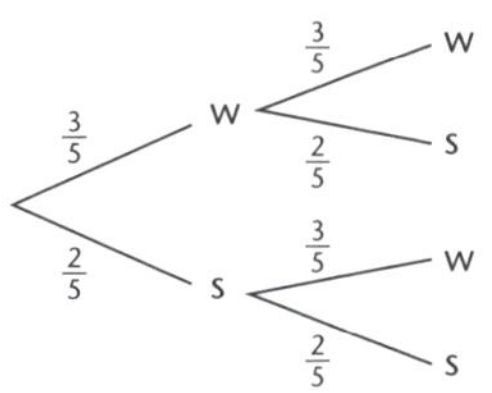

b) $\frac{3}{5} \cdot \frac{3}{5} + \frac{2}{5} \cdot \frac{2}{5} = \frac{13}{25}$

c) $\frac{3}{5} \cdot \frac{3}{5} + \frac{3}{5} \cdot \frac{2}{5} + \frac{2}{5} \cdot \frac{3}{5} = \frac{21}{25}$

131 **2** a) Hier ohne Zeichnung. Die Wahrscheinlichkeiten der möglichen Ausfälle (Produkte der Wahrscheinlichkeiten längs der Pfade) sind:

$p(r, r, r) = \frac{5}{10} \cdot \frac{4}{9} \cdot \frac{3}{8}$	$p(r, r, b) = \frac{5}{10} \cdot \frac{4}{9} \cdot \frac{3}{8}$	$p(r, r, g) = \frac{5}{10} \cdot \frac{4}{9} \cdot \frac{2}{8}$
$p(r, b, r) = \frac{5}{10} \cdot \frac{3}{9} \cdot \frac{4}{8}$	$p(r, b, b) = \frac{5}{10} \cdot \frac{3}{9} \cdot \frac{2}{8}$	$p(r, b, g) = \frac{5}{10} \cdot \frac{3}{9} \cdot \frac{2}{8}$
$p(r, g, r) = \frac{5}{10} \cdot \frac{2}{9} \cdot \frac{4}{8}$	$p(r, g, b) = \frac{5}{10} \cdot \frac{2}{9} \cdot \frac{3}{8}$	$p(r, g, g) = \frac{5}{10} \cdot \frac{2}{9} \cdot \frac{1}{8}$
$p(b, r, r) = \frac{3}{10} \cdot \frac{5}{9} \cdot \frac{4}{8}$	$p(b, r, b) = \frac{3}{10} \cdot \frac{5}{9} \cdot \frac{2}{8}$	$p(b, r, g) = \frac{3}{10} \cdot \frac{5}{9} \cdot \frac{2}{8}$
$p(b, b, r) = \frac{3}{10} \cdot \frac{2}{9} \cdot \frac{5}{8}$	$p(b, b, b) = \frac{3}{10} \cdot \frac{2}{9} \cdot \frac{1}{8}$	$p(b, b, g) = \frac{3}{10} \cdot \frac{2}{9} \cdot \frac{2}{8}$
$p(b, g, r) = \frac{3}{10} \cdot \frac{2}{9} \cdot \frac{5}{8}$	$p(b, g, b) = \frac{3}{10} \cdot \frac{2}{9} \cdot \frac{2}{8}$	$p(b, g, g) = \frac{3}{10} \cdot \frac{2}{9} \cdot \frac{1}{8}$
$p(g, r, r) = \frac{2}{10} \cdot \frac{5}{9} \cdot \frac{4}{8}$	$p(g, r, b) = \frac{2}{10} \cdot \frac{5}{9} \cdot \frac{3}{8}$	$p(g, r, g) = \frac{2}{10} \cdot \frac{5}{9} \cdot \frac{1}{8}$
$p(g, b, r) = \frac{2}{10} \cdot \frac{3}{9} \cdot \frac{5}{8}$	$p(g, b, b) = \frac{2}{10} \cdot \frac{3}{9} \cdot \frac{2}{8}$	$p(g, b, g) = \frac{2}{10} \cdot \frac{3}{9} \cdot \frac{1}{8}$
$p(g, g, r) = \frac{2}{10} \cdot \frac{1}{9} \cdot \frac{5}{8}$	$p(g, g, b) = \frac{2}{10} \cdot \frac{1}{9} \cdot \frac{3}{8}$	$p(g, g, g) = \frac{2}{10} \cdot \frac{1}{9} \cdot \frac{0}{8}$

b) (1) $\frac{5}{10} \cdot \frac{4}{9} \cdot \frac{3}{8} = \frac{1}{12}$ (2) $\frac{5}{10} \cdot \frac{4}{9} \cdot \frac{3}{8} + \frac{3}{10} \cdot \frac{2}{9} \cdot \frac{1}{8} = \frac{11}{120}$

(3) $\frac{5}{10} \cdot \frac{2}{9} \cdot \frac{3}{8} = \frac{1}{24}$ (4) $6 \cdot \frac{30}{10 \cdot 9 \cdot 8} = \frac{1}{4}$

3 a)

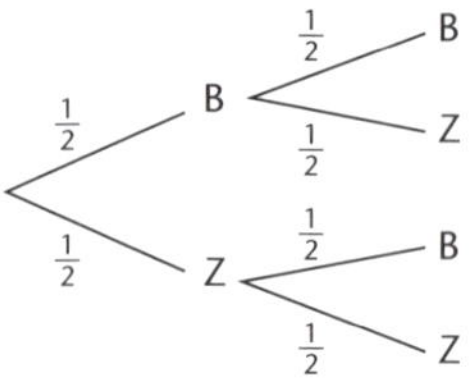

b) $\frac{1}{2} \cdot \frac{1}{2} = \frac{1}{4}$

4 $\frac{1}{2}$

5 a) $\frac{1}{8}$ b) $\frac{3}{8}$ c) $\frac{3}{8}$ d) $\frac{7}{8}$ (Summe der in a) bis c) berechneten Wahrscheinlichkeiten)

6 Beim Münzwurf ist die Gewinnwahrscheinlichkeit $\frac{1}{32}$, beim Würfeln ist sie $\frac{1}{36}$. $\frac{1}{32} > \frac{1}{36}$

7 $\frac{1}{5} \cdot \frac{1}{4} \cdot \frac{1}{3} \cdot \frac{1}{2} \cdot \frac{1}{1} = \frac{1}{120}$

8 $\frac{1}{2} \cdot \frac{1}{3} \cdot \frac{1}{2} \cdot 1 = \frac{1}{12}$

132 **1** $12 \cdot 11 \cdot 10 \cdot 9 \cdot 8 \cdot 7 \cdot 6 = 3\,991\,680$

2 a) 10-mal b) 7 Gäste

3 $\frac{6 \cdot 5 \cdot 4}{1 \cdot 2 \cdot 3} = 20$

4 Es gibt $\frac{8 \cdot 7}{1 \cdot 2} = 28$ Möglichkeiten, 2 Brötchen aus den Brötchensorten auszuwählen. Die Aussage kann daher im Monat Februar (nicht in einem Schaltjahr) zutreffen.

5 $\frac{9}{20}$

6 a) $\frac{1}{8}$ b) $\frac{3}{8}$ c) $\frac{7}{8}$ d) $\frac{1}{4}$

7 Es gibt $1 \cdot 2 \cdot 3 \cdot 4 \cdot 5 = 120$ Anordnungsmöglichkeiten. Bei den Anordnungen 34512, 34521, 13452, 23451, 12345, 21345 liegen die Blätter 345 in der richtigen Reihenfolge unmittelbar hintereinander. Die Wahrscheinlichkeit ist $\frac{1}{20}$.

8 rote Dose: $p = \frac{1}{3} \cdot \frac{1}{2} \cdot 1 = \frac{1}{6}$ blaue Dose: $p = \frac{2}{6} \cdot \frac{2}{5} \cdot \frac{2}{4} = \frac{1}{15}$ 133
Bei Wahl der roten Dose ist die Gewinnchance größer.

9 $\frac{1}{2} \cdot \frac{1}{3} + \frac{1}{2} \cdot 1 = \frac{2}{3}$

10 Gewinnwahrscheinlichkeiten: Regel A: $\frac{27}{36} = \frac{3}{4}$ Regel B: $\frac{15}{36} = \frac{5}{12}$

Bei Gewinnregel A ist die Chance größer.

11 a) $\frac{1}{64}$ b) $\frac{9}{64}$ c) $\frac{63}{64}$

12 a) und b)

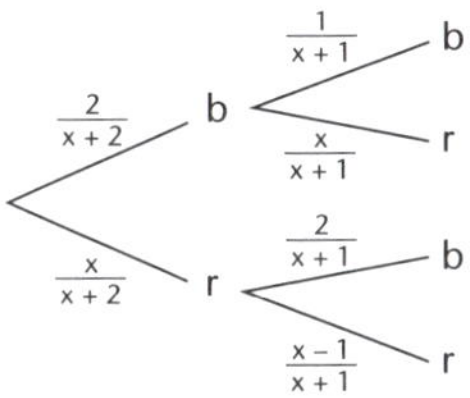

c) $\frac{2}{x+2} \cdot \frac{x}{x+1} + \frac{x}{x+2} \cdot \frac{2}{x+1} = 60\ \% = 0{,}6$

d) Die Gleichung hat die Lösungen 3 und $\frac{2}{3}$. Für die Anzahl der roten Kugeln kommt nur die ganzzahlige Lösung 3 in Frage.

Rechnen mit Brüchen

Erweitern

$\frac{a}{b} = \frac{a \cdot c}{b \cdot c}$ $(c \neq 0)$

Kürzen

$\frac{a}{b} = \frac{a : c}{b : c}$ $(c \neq 0$ und $c|a$, $c|b)$

Addition

Subtraktion

Zuerst die Brüche gleichnamig machen, dann:

$\frac{a}{b} + \frac{c}{b} = \frac{a+c}{b}$

$\frac{a}{b} - \frac{c}{b} = \frac{a-c}{b}$

Multiplikation

$\frac{a}{b} \cdot \frac{c}{d} = \frac{a \cdot c}{b \cdot d}$

Division

$\frac{a}{b} : \frac{c}{d} = \frac{a \cdot d}{b \cdot c}$

Rechnen mit reellen Zahlen

Betrag einer Zahl a: $|a| = \begin{cases} a, \text{ wenn } a \geq 0 \\ -a, \text{ wenn } a < 0 \end{cases}$

Rechenregeln

$a - (-b) = a + b$

$-a - b = -(a + b)$

$(-a) - (-b) = -a + b$

$a \cdot (-b) = -ab$

$(-a) \cdot b = -ab$

$(-a) \cdot (-b) = ab$

$a : (-b) = -\frac{a}{b}$

$(-a) : b = -\frac{a}{b}$

$(-a) : (-b) = \frac{a}{b}$

Rechengesetze

Kommutativgesetze (Vertauschungsgesetze):
Addition: $a + b = b + a$
Multiplikation: $a \cdot b = b \cdot a$

Assoziativgesetze (Verbindungsgesetze):
Addition: $a + (b + c) = (a + b) + c$
Multiplikation: $a \cdot (b \cdot c) = (a \cdot b) \cdot c$

Distributivgesetze (Verteilungsgesetze) der Multiplikation:

$(a + b) \cdot c = ac + bc$

$(a - b) \cdot c = ac - bc$

$(a + b) \cdot (c + d) = ac + bc + ad + bd$

$(a - b) \cdot (c - d) = ac - bc - ad + bd$

$(a + b) \cdot (c - d) = ac + bc - ad - bd$

$(a - b) \cdot (c + d) = ac - bc + ad - bd$

Binomische Formeln:

$(a + b)^2 = a^2 + 2ab + b^2$

$(a - b)^2 = a^2 - 2ab + b^2$

$(a + b)(a - b) = a^2 - b^2$

Potenzen

$a^n = \underbrace{a \cdot a \cdot \ldots \cdot a}_{\text{n-mal Faktor a}}$ $(a \in \mathbb{R}, n \in \mathbb{N})$

a heißt Basis und n Exponent.
$a^0 = 1$; $a^1 = a$; $a^{-n} = \frac{1}{a^n}$

Wurzeln

$\sqrt[n]{a} = b$; wenn $b^n = a$ und $b \geq 0$
$(a, b \in \mathbb{R}, a \geq 0; n \in \mathbb{N})$

a heißt Radikand und n Wurzelexponent.

Potenzgesetze

Für alle n, m $\in \mathbb{Z}$ und a, b $\in \mathbb{R}$ gilt:

$a^n \cdot a^m = a^{n+m}$

$\frac{a^n}{a^m} = a^{n-m}$

$a^n \cdot b^n = (a \cdot b)^n$

$\frac{a^n}{b^n} = \left(\frac{a}{b}\right)^n$

$(a^n)^m = a^{n \cdot m} = (a^m)^n$

$\frac{1}{a^{-n}} = a^n$

$\left(\frac{a}{b}\right)^{-n} = \left(\frac{b}{a}\right)^n$

Wurzelgesetze

Für alle m, n $\in \mathbb{N}$ und a, b $\in \mathbb{R}$, a, b > 0 gilt:

$\sqrt[n]{a} \cdot \sqrt[n]{b} = \sqrt[n]{a \cdot b}$

$\frac{\sqrt[n]{a}}{\sqrt[n]{b}} = \sqrt[n]{\frac{a}{b}}$

$\sqrt[n]{a^m} = (\sqrt[n]{a})^m$

Für alle n $\in \mathbb{N}$; n ≥ 2; a $\in \mathbb{R}$ und a > 0 gilt:

$a^{\frac{1}{n}} = \sqrt[n]{a}$ $\quad a^{-\frac{1}{n}} = \frac{1}{\sqrt[n]{a}}$ $\quad a^{\frac{n}{m}} = \sqrt[m]{a^n}$ $\quad a^{-\frac{n}{m}} = \frac{1}{\sqrt[m]{a^n}}$

Prozent- und Zinsrechnung

Prozentrechnung $\frac{W}{p} = \frac{G}{100}$ G Grundwert W Prozentwert

$W = G \cdot \frac{p}{100}$ $\quad G = W \cdot \frac{100}{p}$ $\quad p\,\% = \frac{p}{100}$ Prozentsatz

$p\,‰ = \frac{p}{1000}$ Promillesatz

Zinsrechnung

K Kapital Z Zinsen p% Zinssatz q Zinsfaktor $q = 1 + \frac{p}{100}$

m Anzahl der Monate n Anzahl der Jahre t Anzahl der Tage

Jahreszinsen:
$Z = K \cdot \frac{p}{100}$

Monatszinsen:
$Z_m = \frac{K \cdot p \cdot m}{100 \cdot 12}$

Tageszinsen:
$Z_t = \frac{K \cdot p \cdot t}{100 \cdot 360}$

Zinseszinsen (K_n ist der Endwert des Anfangskapitals K_0 nach n Jahren):

$K_n = K_0 \cdot q^n$ $\quad K_n = K_0 \cdot \left(1 + \frac{p}{100}\right)^n$

Quadratische Gleichungen

Allgemeine Form
$ax^2 + bx + c = 0 \; (a \neq 0)$

Normalform
$x^2 + px + q = 0$

Lösungen:
$x_1 = -\frac{p}{2} + \sqrt{\frac{p^2}{4} - q}$

$x_2 = -\frac{p}{2} - \sqrt{\frac{p^2}{4} - q}$

Strahlensätze

1. z. B. $\frac{\overline{ZA}}{\overline{ZA'}} = \frac{\overline{ZB}}{\overline{ZB'}}$ und $\frac{\overline{ZA}}{\overline{ZA'}} = \frac{\overline{ZC}}{\overline{ZC'}}$

2. z. B. $\frac{\overline{AB}}{\overline{A'B'}} = \frac{\overline{ZB}}{\overline{ZB'}}$ und $\frac{\overline{BC}}{\overline{B'C'}} = \frac{\overline{ZC}}{\overline{ZC'}}$

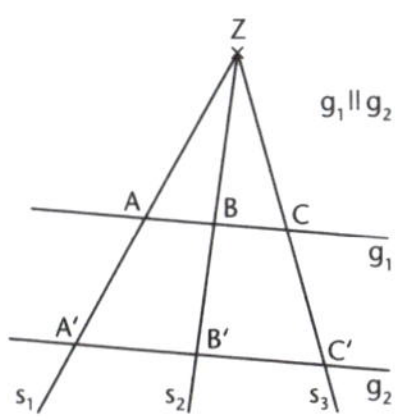

Winkel an Geraden

Nebenwinkel

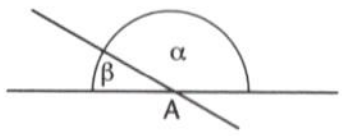

$\alpha + \beta = 180°$

Scheitelwinkel

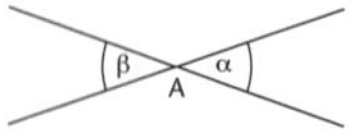

$\alpha = \beta$

Stufenwinkel

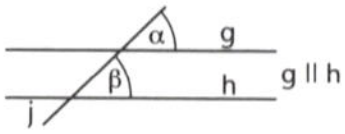

$\alpha = \beta$

Wechselwinkel

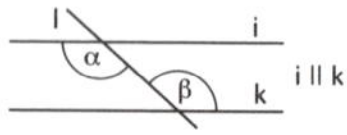

$\alpha = \beta$

Ähnlichkeits- und Kongruenzsätze für Dreiecke

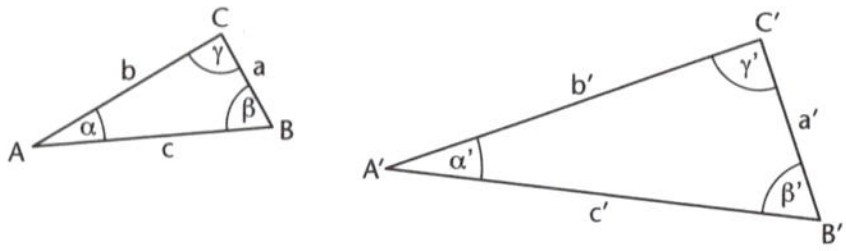

k Ähnlichkeitsfaktor

Ähnlichkeitssätze (k ≠ 1)	**Kongruenzsätze (k = 1)**
Wenn eine der folgenden Bedingungen gilt, sind die beiden Dreiecke ähnlich	kongruent
1. $a' : a = k$, $b' : b = k$, $c' : c = k$	$a' = a$, $b' = b$, $c' = c$ (Kongruenzsatz sss)
2. z. B. $a' : a = k$ und $b' : b = k$ und $\gamma' = \gamma$	z. B. $a' = a$ und $b' = b$ und $\gamma' = \gamma$ (Kongruenzsatz sws)
3. z. B. $\alpha' = \alpha$ und $\gamma' = \gamma$ (Hauptähnlichkeitssatz)	z. B. $a' = a$ und $\beta' = \beta$ und $\gamma' = \gamma$ (Kongruenzsatz wsw)
4. z. B. $a' : a = k$ und $b' : b = k$ und $\alpha' = \alpha$ mit $a > b$	z. B. $a' = a$ und $b' = b$ und $\alpha' = \alpha$ mit $a > b$ (Kongruenzsatz Ssw)

Dreiecke

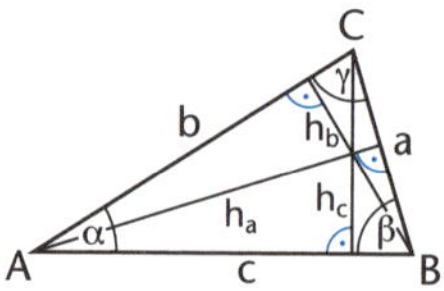

h_a, b_b, h_c Höhen im Dreieck auf der jeweiligen Seite

Innenwinkelsumme

$\alpha + \beta + \gamma = 180°$

Umfang u

$u = a + b + c$

Flächeninhalt A

$A = \frac{1}{2}a \cdot h_a$ *und* $A = \frac{1}{2}b \cdot h_b$ *und* $A = \frac{1}{2}c \cdot h_c$

allgemein: $A = \frac{1}{2}g \cdot h$ mit g Grundseite
h dazugehörige Höhe im Dreieck

Rechtwinklige Dreiecke

a und b Katheten
c Hypotenuse
h_c Höhe des Dreiecks
p und q Hypotenusenabschnitte

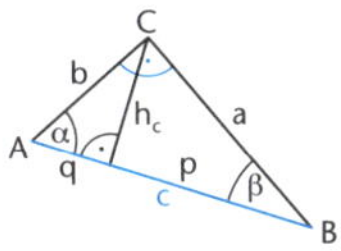

Satz des Pythagoras

$a^2 + b^2 = c^2$

Höhensatz

$h_c^2 = p \cdot q$

Kathetensatz

$a^2 = c \cdot p$
$b^2 = c \cdot q$

Umfang $u = a + b + c$

Flächeninhalt $A = \frac{1}{2}ab$ und $A = \frac{1}{2}c \cdot h_c$

Trigonometrische Beziehungen

Sinus eines Winkels ist gleich Gegenkathete geteilt durch Hypotenuse
z. B. $\sin\alpha = \frac{a}{c}$ $\quad \sin\beta = \frac{b}{c}$

Kosinus eines Winkels ist gleich Ankathete geteilt durch Hypotenuse
z. B. $\cos\alpha = \frac{b}{c}$ $\quad \cos\beta = \frac{a}{c}$

Tangens eines Winkels ist gleich Gegenkathete geteilt durch Ankathete
z. B. $\tan\alpha = \frac{a}{b}$ $\quad \tan\beta = \frac{b}{a}$

Trigonometrische Berechnungen an beliebigen Dreiecken

Sinussatz

$\frac{a}{b} = \frac{\sin\alpha}{\sin\beta}$

$\frac{a}{c} = \frac{\sin\alpha}{\sin\gamma}$

$\frac{b}{c} = \frac{\sin\beta}{\sin\gamma}$

Kosinussatz

$c^2 = a^2 + b^2 - 2ab\cos\gamma$

$b^2 = a^2 + c^2 - 2ac\cos\beta$

$a^2 = b^2 + c^2 - 2bc\cos\alpha$

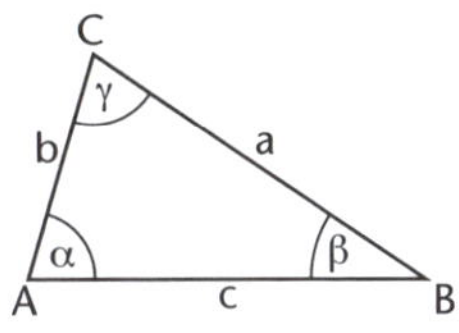

Vierecke und Kreis

A Flächeninhalt, u Umfang

Rechteck

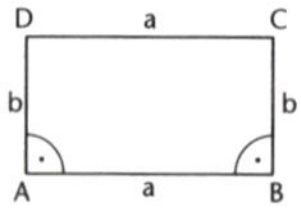

$u = 2(a + b)$
$A = a \cdot b$

Quadrat

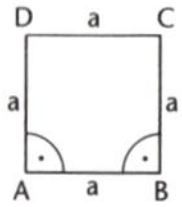

$u = 4 \cdot a$
$A = a^2$

Raute (Rhombus)

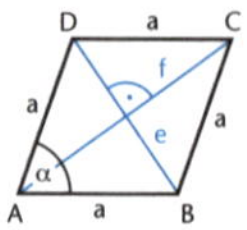

$u = 4 \cdot a$
$A = a^2 \cdot \sin\alpha$ *und*
$A = \frac{1}{2} e \cdot f$

Trapez

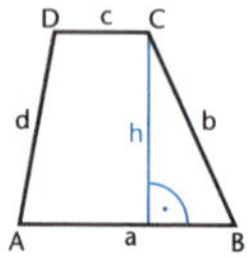

$u = a + b + c + d$
$A = \frac{1}{2}(a + c) \cdot h$

Parallelogramm

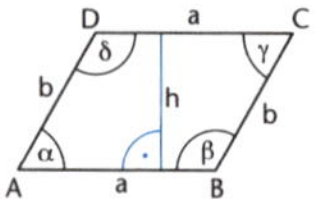

$u = 2(a + b)$
$A = a \cdot h$

Drachenviereck

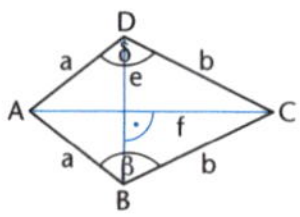

$\beta = \delta$
$u = 2(a + b)$
$A = \frac{1}{2} e \cdot f$

Kreis

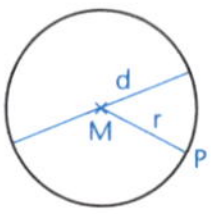

d	Durchmesser	$d = 2r$
r	Radius	$u = 2\pi r$ *und* $u = \pi d$
M	Mittelpunkt des Kreises	$A = \pi r^2$ *und* $A = \frac{\pi}{4} d^2$

Kreisausschnitt (Kreissektor)

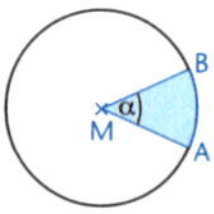

b	Kreisbogen	$u = b + 2r$	$b = 2\pi r \cdot \frac{\alpha}{360°}$
α	Zentriwinkel	$A_\alpha = \pi r^2 \cdot \frac{\alpha}{360°}$	$A_\alpha = \frac{1}{2} br$

Bogenmaß x einer Winkelgröße im Gradmaß α als Maßzahl der zugehörigen Bogenlänge im Einheitskreis. (Zusammenhang zwischen dem Gradmaß und dem Bogenmaß eines Winkels):

Bogenmaß x $\quad x = \alpha \cdot \frac{\pi}{180°}$

zu $\alpha = 45°$ gehört $x = \frac{\pi}{4}$

Gradmaß α $\quad \alpha = x \cdot \frac{180°}{\pi}$

zu $x = \frac{\pi}{6}$ gehört $\alpha = 30°$

Satz des Thales

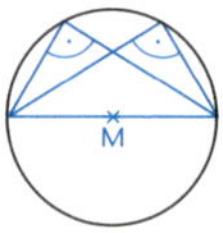

Peripheriewinkel über dem Durchmesser eines Kreises sind rechte Winkel.

Kreisring

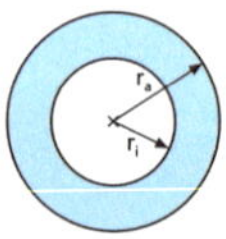

$u = 2\pi(r_a + r_i)$
$A = \pi(r_a^2 - r_i^2)$

r_a Außenradius
r_i Innenradius

Körper

M Mantelfläche, O Oberfläche, G Grundfläche, V Volumen

Quader

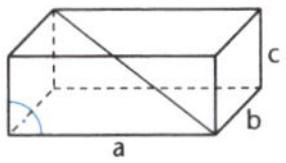

$O = 2(ab + ac + bc)$
$V = abc$

Würfel

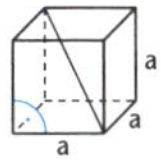

$O = 6a^2$
$V = a^3$

Quadratische Pyramide

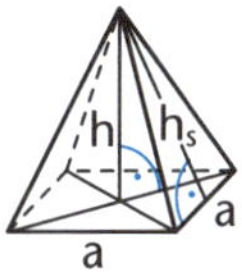

$G = a^2$ $\quad h_s^2 = \left(\frac{a}{2}\right)^2 + h^2$
$M = 2ah_s$
$O = G + M$
$V = \frac{1}{3}a^2\,h$

Gerader Zylinder

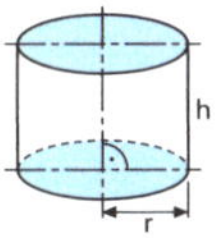

$M = 2\pi rh$
$O = 2\pi r(r + h)$
$V = \pi r^2 h$

Gerader Hohlzylinder

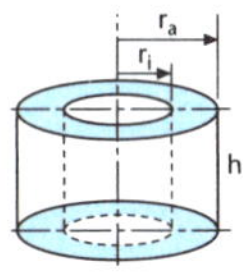

$G = \pi r^2$
$G = \pi(r_a^2 - r_i^2)$
$O = 2 \cdot G + M_a + M_i$
$V = \pi h(r_a^2 - r_i^2)$

Gerader Kegel

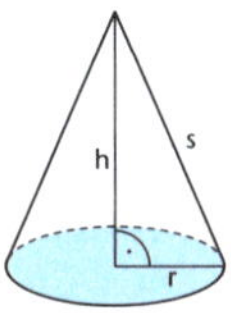

$G = \pi r^2$
$M = \pi rs$
$O = \pi r(r + s)$
$V = \frac{1}{3}\pi r^2 h$

Kugel

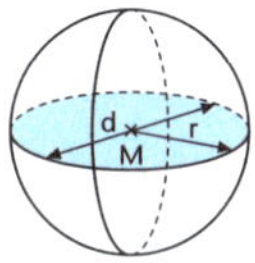

$O = 4\pi r^2$
$V = \frac{4}{3}\pi r^3$
$V = \frac{1}{6}\pi d^3$

Funktionen

Lineare Funktionen

Def.: $\mathbb{R}$; *Wert.:* $\mathbb{R}$

Funktionsgleichung: $y = f(x) = mx + n;\ m \neq 0$ *Der Graph ist eine Gerade:*

Steigung: $m = \frac{y_2 - y_1}{x_2 - x_1}$; $m = \tan\alpha$

Steigende Gerade, wenn $m > 0$
fallende Gerade, wenn $m < 0$

Nullstelle: $x_0 = -\frac{n}{m}$

Schnittpunkt des Graphen von f(x) mit der y-Achse: $S(0|n)$

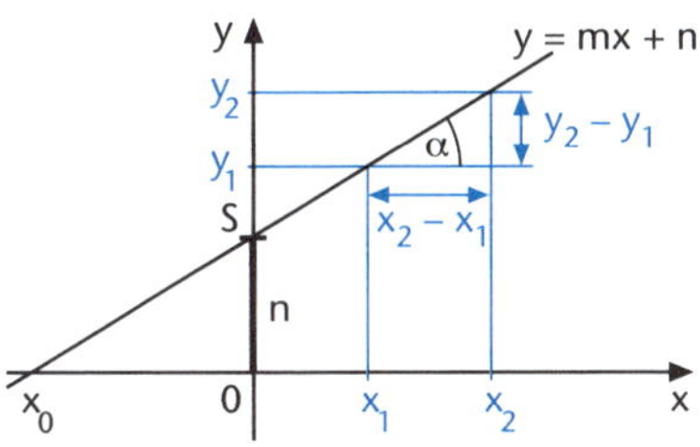

Quadratische Funktionen

Normalform: $y = f(x) = x^2 + px + q$

Def.: $\mathbb{R}$; *Wert.:* $[q - \frac{p^2}{4}; \mathbb{R}_+]$

Nullstellen: $x_1 = -\frac{p}{2} + \sqrt{\frac{p^2}{4} - q}$

$x_2 = -\frac{p}{2} - \sqrt{\frac{p^2}{4} - q}$

Diskriminante D: $D = \frac{p^2}{4} - q$

Wenn $D > 0$, dann zwei Nullstellen
Wenn $D = 0$, dann eine Nullstelle
Wenn $D < 0$, dann keine Nullstelle

Der Graph ist eine Parabel:

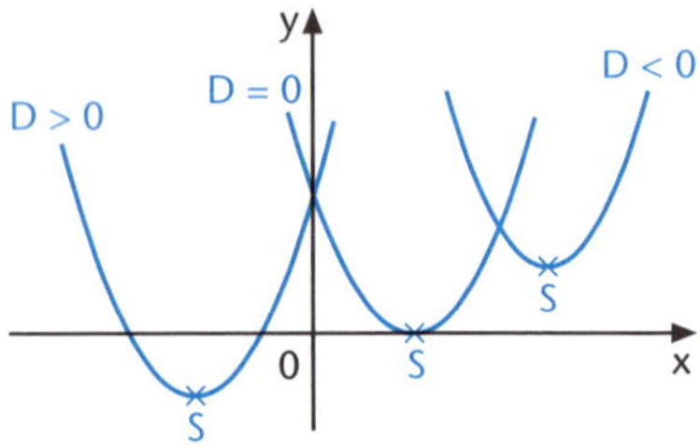

Scheitelpunkt S des Graphen:

$S\left(-\frac{p}{2} \middle| -\frac{p^2}{4} + q\right)$

Spezialfälle quadratischer Funktionen:

$y = x^2 \quad S(0|0)$; $\quad y = (x + d)^2 \quad S(-d|0)$; $\quad y = (x + d)^2 + e \quad S(-d|e)$

Trigonometrische Funktionen (Winkelfunktionen)

Sinusfunktion $y = f(x) = \sin x$

Def.: $\mathbb{R}$ *Wert.:* $[-1; 1]$
Nullstellen: $x_k = k \cdot 180°$ mit $k \in \mathbb{Z}$
Periode: 360°

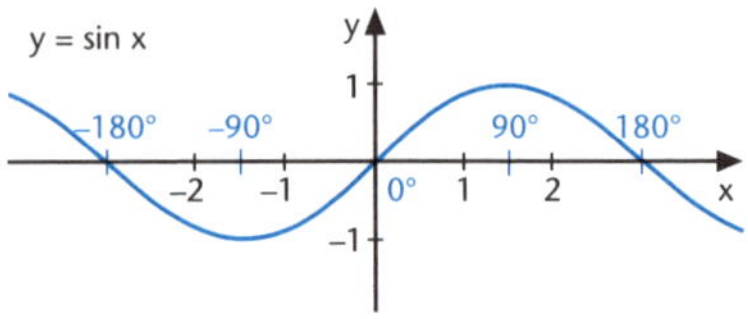

Kosinusfunktion $y = f(x) = \cos x$

Def.: $\mathbb{R}$ *Wert.:* $[-1; 1]$
Nullstellen: $x_k = (2k + 1) \cdot 90°$ mit $k \in \mathbb{Z}$
Periode: 360°

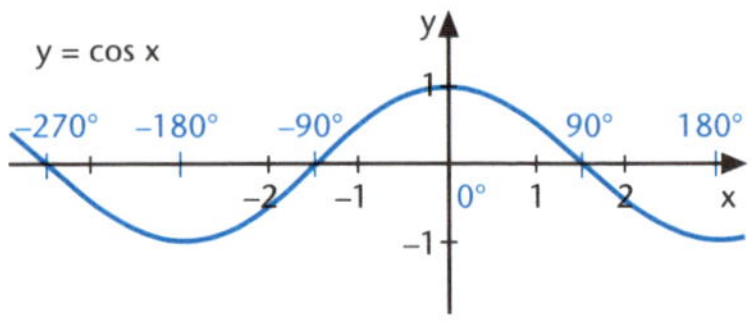

Tangensfunktion $y = f(x) = \tan x$

Def.: $\mathbb{R}$ und $x \neq (2k + 1) \cdot 90°$ mit $k \in \mathbb{Z}$
Wert.: $\mathbb{R}$
Nullstellen: $x_k = k \cdot 180°$ mit $k \in \mathbb{Z}$
Periode: 180°

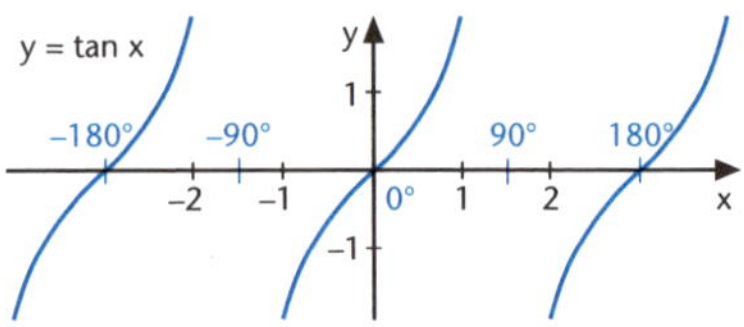

Beziehungen

$\sin^2 x + \cos^2 x = 1$

$\tan x = \frac{\sin x}{\cos x}$

Statistische Untersuchungen

Modalwert m:
Häufigster Wert unter den Ergebnissen x_n einer Stichprobe

Arithmetisches Mittel $\bar{x}$ (Mittelwert):

$$\bar{x} = \frac{x_1 + x_2 + \ldots x_n}{n}$$

Stichprobe $x_1;\ x_2;\ \ldots;\ x_n$

Zentralwert (Median) z:
In der Mitte der geordneten Ergebnisse stehender Wert einer Stichprobe oder der Mittelwert der zwei in der Mitte stehenden Ergebnisse

Spannweite w:
Differenz zwischen größtem und kleinstem Ergebnis einer Stichprobe
$w = x_{max} - x_{min}$

Mittlere Abweichung a von Mittelwert $\bar{x}$:

$$a = \frac{|x_1 - \bar{x}| + |x_2 - \bar{x}| + \ldots + |x_n - \bar{x}|}{n}$$

Box-Plot:
Der Box-Plot ist eine grafische Darstellung der wichtigsten Verteilungsmerkmale von Häufigkeiten einer Variablen. Es genügt meist, eine Fünf-Punkte-Zusammenfassung einer Verteilung bestehend aus $x_{min};\ x_{0,25};\ x_{Median};\ x_{0,75}$ und x_{max} grafisch als Box-Plot zu konstruieren. In der Box entspricht $x_{0,25}$ dem Anfang; $x_{0,75}$ dem Ende und $x_{0,75} - x_{0,25}$ der Länge der Box. Der Median wird als Punkt oder Gerade in der Box und x_{min} und x_{max} als Linien (whiskers) außerhalb der Box dargestellt. Ein Box-Plot erfasst die Lage und die Streuung einer Verteilung.

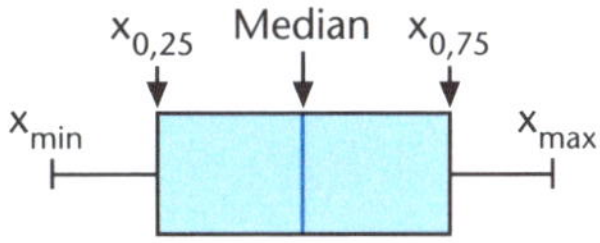

Wahrscheinlichkeitsrechnung

Zufallsexperiment:
Versuch mit mehreren möglichen Ergebnissen $x_1;\ x_2;\ \ldots;\ x_n$

Die Ergebnisse bilden zusammen die Ergebnismenge.

Ereignis E:
E ist Teilmenge der Ergebnismenge der Stichprobe.
Die absolute Häufigkeit $H_n(x_i)$ bzw. $H_n(E)$ gibt an, wie oft das Ergebnis x_i bzw. das Ereignis E bei n Versuchsdurchführungen eingetreten ist.

Relative Häufigkeit $h_n(x_i)$ bzw. $h_n(E)$:

$$h_n(x_i) = \frac{H_n(x_i)}{n} \qquad h_n(E) = \frac{H_n(E)}{n}$$

Wahrscheinlichkeit p (E):
Bei einer hinreichend großen Anzahl von Versuchen kann die relative Häufigkeit h_n (E) als Maß für die **Wahrscheinlichkeit** des Ereignisses E gewählt werden. Die Wahrscheinlichkeit des Ereignisses E wird mit p (E) bezeichnet.

Gleichverteilung (klassische Wahrscheinlichkeit) im Laplace-Experiment:

$$p(E) = \frac{\text{Anzahl der zu E gehörenden Ergebnisse}}{\text{Anzahl der möglichen Ergebnisse}}$$

Erwartungswert:
Der Erwartungswert gibt bei einer beliebigen Versuchszahl n den durchschnittlich zu erwartenden Wert an.

Gibt es nur zwei mögliche Ausgänge des Versuchs (z. B. die Fußgängerampel zeigt rot mit (p)rot = 0,7 und grün mit p(grün) = 0,3, so berechnet man den Erwartungswert mit Erwartungswert = n · p (E).
Beispiel: Wenn man 50-mal an der Ampel vorbeigeht, zeigt sie in n · p = 50 · 0,7 = 35 Fällen rot an.

Mehrstufiger Zufallsversuch:

Ein *mehrstufiger Zufallsversuch* kann durch ein Baumdiagramm beschrieben werden.

1. Pfadregel: Die Wahrscheinlichkeit für ein Ergebnis ist das Produkt der Wahrscheinlichkeiten längs des Pfades, der zu diesem Ergebnis führt.
2. Pfadregel: Die Wahrscheinlichkeit eines Ereignisses ist die Summe der Wahrscheinlichkeiten aller Pfade, die zu diesem Ereignis gehören.

Beispiel:
In einer Dose sind 3 blaue und 5 rote Kugeln. Nacheinander werden zwei Kugeln gezogen und nach Notieren der Farbe zur Seite gelegt.

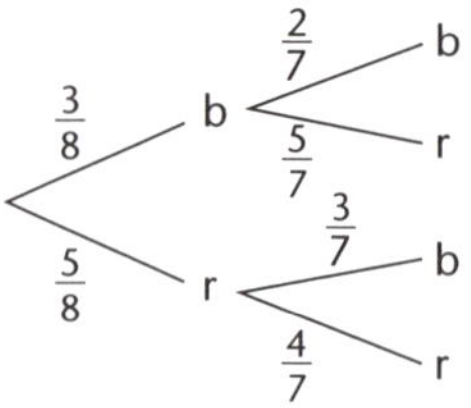

Wahrscheinlichkeit für br:

$$\frac{3}{8} \cdot \frac{5}{7} = \frac{15}{56}$$

Wahrscheinlichkeit für gleichfarbige Kugeln:

$$\frac{3}{8} \cdot \frac{2}{7} + \frac{5}{8} \cdot \frac{4}{7} = \frac{13}{28}$$